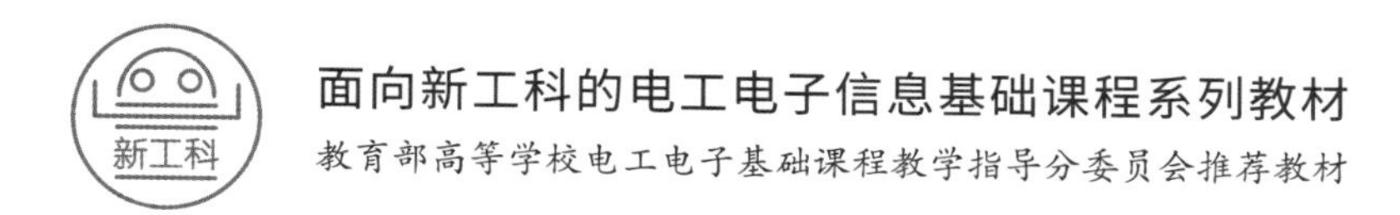

面向新工科的电工电子信息基础课程系列教材

教育部高等学校电工电子基础课程教学指导分委员会推荐教材

微加工技术工艺

原理与实验

陈军　黄展云　张宇　卢星　王冰　陈晖　编著

清华大学出版社

北　京

内 容 简 介

本书共分6篇12章，系统介绍了微加工技术工艺原理和实验教程。本书内容理论和实验相结合，涵盖了微加工技术工艺中的光刻、刻蚀、薄膜沉积、氧化和掺杂等工艺。理论部分着重对各种工艺的原理进行阐述。实验部分列举了光刻、刻蚀、薄膜制备和掺杂四大类工艺的单项实验，器件制造工艺实验和器件特性测量实验。

本书对初步涉足这一领域的高等院校本科生、研究生，以及相关科研人员、工程技术人员具有很好的参考价值，可作为高等院校微电子科学与技术、光电信息科学与工程、电子科学与技术、电子信息工程等专业本科生或研究生的相关课程教材。

图书在版编目(CIP)数据

微加工技术工艺原理与实验/陈军等编著. —北京：清华大学出版社，2024.4
面向新工科的电工电子信息基础课程系列教材
ISBN 978-7-302-66121-4

Ⅰ. ①微… Ⅱ. ①陈… Ⅲ. ①特种加工－高等学校－教材 Ⅳ. ①TG66

中国国家版本馆CIP数据核字(2024)第085126号

责任编辑：文 怡 李 晔
封面设计：王昭红
责任校对：申晓焕
责任印制：宋 林

出版发行：清华大学出版社
网　　址：https://www.tup.com.cn，https://www.wqxuetang.com
地　　址：北京清华大学学研大厦A座　　**邮　　编**：100084
社 总 机：010-83470000　　**邮　　购**：010-62786544
投稿与读者服务：010-62776969，c-service@tup.tsinghua.edu.cn
质量反馈：010-62772015，zhiliang@tup.tsinghua.edu.cn
课件下载：https://www.tup.com.cn，010-83470236
印 装 者：三河市铭诚印务有限公司
经　　销：全国新华书店
开　　本：185mm×260mm　　**印　　张**：16.25　　**字　　数**：378千字
版　　次：2024年6月第1版　　**印　　次**：2024年6月第1次印刷
印　　数：1～1500
定　　价：69.00元

产品编号：089545-01

前言

以集成电路为代表的微电子器件是现代信息社会的基石。微加工技术是微电子器件制造的关键，是微电子科学与工程和集成电路及其相关专业本科生和研究生必须学习的内容。微加工技术教学要让学生不仅掌握微电子器件制造工艺的基本理论知识，还要掌握微电子工艺实验技能并具有一定的工艺开发能力。

编者近年来在中山大学开设了“微加工技术”理论课程，并开设了配套的“微加工工艺实验”实验课程。理论课程主要讲授集成电路微加工工艺的技术原理，包括半导体集成电路制造所涉及的各项单项工艺技术。实验课程围绕集成电路制造的工艺技术，设计了一系列单项工艺实验项目，包括器件制备的综合性实验和创新性实验项目。整个课程具有理论和实践紧密结合的特点，自开设以来一直受到学生的欢迎。

本书作为“微加工技术”和“微加工工艺实验”这两门课程的教材，使学生通过学习了解微加工工艺制造半导体集成电路的原理和方法，并通过动手实践(在实验课程中)更加深刻地理解和掌握相关理论知识。课程将进一步加强学生的动手能力、独立分析问题和解决问题的能力，着重培养学生的创新能力，为后续进入微电子行业打下坚实基础。

全书共6篇，每篇2章，合计12章。第一篇主要介绍微加工技术的发展现状和基本流程，以及微加工工艺环境和实验室安全事项。第二到六篇介绍技术原理和实验教程，详细分述微加工的分步工艺。第二篇介绍光刻工艺，包括光刻技术的原理、主要技术指标、光刻技术的种类，以及光刻工艺实验的设计和实验流程。第三篇介绍刻蚀工艺，包括刻蚀工艺原理、刻蚀设备、刻蚀工艺实验的设计和实验流程。第四篇介绍薄膜制备工艺，包括多种薄膜沉积技术的原理、工艺参数指标和薄膜沉积实验的工艺流程实验。第五篇介绍掺杂工艺，包括氧化、扩散掺杂、离子注入和热退火等工艺，重点介绍热氧化和扩散工艺实验设计方案与实验流程。第六篇介绍工艺集成与集成电路的制造方法，包括器件的工作原理、版图设计、制备流程和特性测试，以及器件制备实验的全流程。

全书涉及微加工技术工艺的基本概念、物理原理、设备组成、工艺流程实验等。内容兼顾基本原理和实验操作，具有实践性强、应用范围广等特点。对刚刚涉足微电子领域的高等院校的本科生、研究生和相关技术人员具有很好的参考价值，可作为高等学校微电子科学与技术、光电信息科学与工程、电子科学与技术、电子信息工程等专业本科生或研究生相关课程的教材。

本书从筹备到出版，得到中山大学教务部、电子与信息工程学院等单位的支持和资助；清华大学出版社、中山大学电子与信息工程实验教学中心对本书的编写给予了极大帮助，在此表示衷心的感谢。

限于编者的水平，不足之处在所难免，敬请广大读者批评指正。

编　者

2024年4月

目录

第一篇　导　论

第二篇　单项工艺 1：光刻

目录

目录

目录

第一篇

导　论

第1章 集成电路与微纳加工技术

1.1 引言

在过去的几十年中，以集成电路为核心的微电子产业迅猛发展，推动了信息技术革命浪潮，改变了人类社会。近几年，人工智能、大数据、智能制造、无人驾驶、物联网、5G通信等高新技术产业快速发展，而支撑这些产业发展的核心正是集成电路。微电子产业已经成为关系国计民生的支柱产业，也是体现国家高新科技水平的标杆产业，发展微电子产业已上升至国家战略的高度。

为了加快我国集成电路产业发展，我国政府密集出台了相关政策和方针。2020年8月，国务院发布《新时期促进集成电路产业和软件产业高质量发展的若干政策》，从财税、投融资、研发、进出口、人才和知识产权等8个方面，总计出台了40条支持政策，不断探索构建集成电路关键核心技术攻关的新型举国体制。国务院学位委员会通过了设立集成电路一级学科的提案，大力推进高水平集成电路人才的培养，支持产教融合发展。预期未来十年将是中国集成电路产业的"黄金十年"，有望取得迅速发展，赶上世界先进水平。

集成电路产业大体可划分为三大部分：集成电路设计、集成电路制造和集成电路封装测试。其中，设计是前端流程，主要依靠EDA设计工具进行结构、逻辑、版图等层面的设计以形成器件功能；制造是中端流程，主要依靠微纳加工技术将设计出的器件制造出来；封装测试是后端流程，将制造出的微型器件加工成可使用的产品。三大部分各成体系，又有紧密联系。

基于产业的三大部分，集成电路公司的运作模式可分为3类。第一类，垂直整合型公司(Integrated Device Manufacturer，IDM)，其涵盖集成电路生产全链条，集设计、制造、封装和测试等全产业链于一身。优点是各环节协同创新，有利于产品的最优化和新技术的快速落地，是早期集成电路企业常用的方式。缺点是投资规模大，运营成本高，更新换代慢，随着产业发展趋势的变化，现阶段只有少数巨无霸企业能够维持该模式，典型企业包括Intel、三星和德州仪器等。第二类，集成电路设计公司(Fabless)，只做集成电路设计环节，属于轻资产公司，无须大量投资贵重设备，运行费用低，有利于产品快速转型。缺点是不具备生产能力，需要通过制造工厂代工产品，需要高度市场化的产业运行模式协助变现产品。典型企业包括苹果、海思和高通等。第三类，集成电路制造工厂(Foundry)，只做集成电路制造环节，但不具备设计能力，即所谓的代工厂。制造工厂需要先进的制造设备以实现不断缩小的纳米尺度制造线程，资产投入极大，设备更新换代快，进入门槛较高，但一旦具备生产能力，就可以承接Fabless的各种订单。典型企业包括台积电、中芯国际和Global Foundries等。产业环节的分化是集成电路产业发展的需求，也是产业全球化、市场化的大趋势，通过精细分工以分散公司风险，提高生产效率，实现最佳的产业利润。当然，缺点也非常突出，产业全球化决定了任何一个环节都不能脱轨，一旦某个环节出现问题，整个产业都会备受打击。例如，2020年新冠疫情和极端自然灾害导致的生产能力下降，就让整个集成电路产业陷入产能不足的困局。

1.2 集成电路产业发展简史

电子工业的出现可追溯到20世纪初，1906年，德弗雷斯特(Lee Deforest)发明真空三极管，使人类开始通过控制电学信号来获得各种功能性应用。真空三极管结构包括阴极、栅极和阳极，通过栅极控制阴极发射电子，电子在真空中输运到阳极形成电流，是一种电压控制型电子管。真空三极管的主要功能是开关和放大。开关可实现电压控制接通和关断电流；放大可实现将小电流变成大电流。基于这两大功能，一系列电子产品得以问世，如收音机、电视机和更具划时代意义的计算机。1946年，宾夕法尼亚大学Mauchly博士采用真空三极管制成了第一台电子计算机ENIAC(Electronic Numerical Integrator and Calculator)，目的是用来计算炮弹弹道，运算速度5000次/秒。这台机器使用了18800个真空管，长15米，宽9米，占地135平方米，重达30吨，耗电量极大，真空三极管寿命短，使用可靠性低。

1947年，美国贝尔实验室的Bardeen、Shockley和Brattain三位科学家发明了固态半导体晶体管。半导体晶体管具有小型化、低功耗和低成本的优势，逐步取代真空管成为电子产业的主流产品。晶体管也成为计算机采用的元器件。但是，无论是真空管还是晶体管，都是分立器件，需要通过组装来制成计算机，存在体积庞大、可靠性差、性能低的问题。

1957年，美国德州仪器公司工程师Jack Kilby在锗衬底上制作了由多个晶体管、电容和电阻元器件组成的相移振荡器电路，这是历史上的第一块集成电路，开创性地在平面化衬底上制造一体化元器件和电路。

1961年，美国仙童公司的Robert Noyce进一步发展出一套在硅衬底上制造晶体管器件结构并通过铝线连接来形成完整电路的平面化制备技术，制造出硅基集成电路，这是硅基集成电路量产的开端。自20世纪60年代起，集成电路材料、制作工艺和生产设备被快速开发和不断更新，集成电路产业蓬勃发展。高性能和微小体积的集成电路开始广泛应用于各类工业设备和电子产品，获得巨大的成功。特别是计算机，得益于集成电路的运算能力提升，其性能大幅提升，加速了计算机改变人类生活的进程。

1968年，Noyce与Grove、Moore离开仙童公司，创办Intel(英特尔)公司，并最终发展成集成电路产业巨头。Intel公司的发展过程可以说是集成电路产业快速发展的缩影。1971年，Intel公司推出第一块微处理芯片4004，它包含2250个晶体管，采用2英寸晶圆、10μm的PMOS工艺制造。4004微处理器虽然并不是首个商业化的微处理器，却是第一个在公开市场上出售的计算机元件。1980年，IBM PC XT问世，进一步推进了计算机对高性能集成电路的需求。1985年，Intel 386微处理器问世，含有275 000个晶体管。386微处理器为32位芯片，采用1.5μm的CMOS技术，具备多任务处理能力。1988年，Intel公司16M DRAM问世，在1cm^{2}硅片上集成了3500万个晶体管，标志着半导体产业进入超大规模集成半导体器件(ULSI)阶段。

21世纪初，Intel公司已在集成电路产业独占鳌头，工艺制程远超其他厂家，所生产的微处理器被广泛应用。为了提高集成电路的集成度以满足高性能计算的需求，Intel公司通过技术革新实现线宽更小的晶体管。2002年，Intel公司发布90nm工艺的Pentium 4处理器，线宽进入100nm以下，集成的晶体管数目超过5000万个，CPU工作频率为3～3.8GHz，采用12英寸(300mm)直径硅圆片制造。2006年，Intel公司发布65nm工艺的P4和Core 2的处理器。2007年，Intel公司发布45nm工艺的Core 2四核处理器，晶体管数量超过8亿个，并采用突破性的高*K*金属栅极技术。2011年，Intel公司在22nm工艺采用了新结构的晶体管——3D晶体管，也称鳍型晶体管(FinFET)。使用3D晶体管的微处理器(代号为Ivy Bridge)与32nm平面晶体管相比，可带来最多37%的性能提升，且在同等性能下的功耗减少一半。

进入21世纪20年代，随着线宽等比例缩小带来的技术设备升级换代越来越困难，Intel公司发展势头明显出现阻滞。2014年底，比原计划推迟了两年的14nm工艺才进入量产。随后，10nm工艺不断推迟量产时间表，从2015年一直推迟到2020年才终于实现量产，但是Intel公司集成电路制造水平初露颓势已经是不争的事实。

期间，世界上若干集成电路制造厂商，以台积电公司(TSMC)和三星公司(Samsung)为代表，抓住技术节点更新换代的机会迎头赶上，在纳米线宽制程工艺的竞赛中超越英特尔公司。早在2008年，台积电公司就积极引进浸没式光刻机技术应用在40nm工艺，在线宽上赶上了Intel公司的水平。2016年，基于FinFET晶体管结构的进一步工艺改进，台积电公司和三星公司都研发了10nm工艺并成功量产，获得了业界大量的代工订单。2019年，台积电公司首次采用EUV技术，实现7nm工艺量产。2020年，台积电公司5nm工艺量产，达到现阶段业界最高水平。进入2021年，台积电公司3nm工艺试量产，使晶体管的密度提升70%，运算速度提升11%，运算功耗减少27%。同时，三星公司和台积电公司都预计在2～3nm工艺中采用全环绕栅极晶体管(GAA)取代FinFET作为下一代的晶体管结构，以解决FinFET结构出现的寄生电容和电阻导致性能问题，并进一步规划了1nm工艺节点的发展路线图。

1.3 集成电路制造的发展路线

线宽是指集成电路生产工艺可达到的最小导线宽度，芯片上最基本功能单元门电路和门电路间连线的宽度，可以是线段、间距或孔洞，是IC工艺先进水平的主要指标。集成电路制造发展的过程实质上就是通过制造工艺革新使得线宽不断缩小、集成度不断提升的过程。

线宽的不断缩小，带来的是芯片单位面积集成的晶体管数量不断翻倍，集成电路集成度的提升，进一步带来芯片运算性能的提升。20世纪60年代，Moore总结出著名的摩尔定律，即硅集成电路每隔24个月集成度翻一番，集成电路产业发展一直遵循着摩尔定律。但是，随着线宽接近极限，集成电路等比例缩小的发展趋势逐渐变缓，集成电路的发展是否仍遵循摩尔定律也引起了学术界和工业界的争论。2016年，Waldrop发表在*Nature*的评论文章就明确指出，集成电路制造的下一步发展趋势不应再以摩尔定律为目标，而应实现多路线发展。同年，国际半导体协会发布的技术路线图(ITRS)中，不再单纯提等比例缩小提高集成度的发展路线，而是增加了纵横发展的路线方向。例如，除了继续关注 CMOS 器件进一步缩小的路径之外，采用更多的技术手段(如 3D 堆叠技术)以继续提高晶体管集成度；注重以软件为主导的软硬结合新思路，通过了解移动终端、物联网设备及数据中心软件的需求，再规划硬件的设计以优化支持这些软件应用需要的处理能力；关注异构组件和系统集成，包括 MEMS、传感器、自旋电子学器件、忆阻器等非 CMOS 器件，以及如何将不同技术和不同异构组件整合集成为一体，等等。

因此，在后摩尔定律时代，集成电路产业将不再以摩尔定律和线宽作为唯一衡量标准，而是呈现多路线并行发展：部分厂家继续深挖更小线宽工艺，部分厂家会根据客户需求开发器件，部分厂家会发展 More Than Moore 功能化器件。

在继续追求缩小线宽提高集成度的发展路线上，出现了更多的技术方法。例如，光刻方面，已经进入应用阶段的极深紫外(EUV)光刻机预期经过进一步技术升级后可以满足 1nm 工艺节点的需求。器件结构方面，下一代器件将使用环绕栅极晶体管，3D 堆叠器件也被提上日程。此外多种新原理晶体管也在研发过程中，如隧穿晶体管、负电容晶体管、莫特晶体管和自旋电子晶体管等，有望在亚纳米技术节点上取代传统的场效应晶体管。材料方面，锗(Ge)和Ⅲ-Ⅴ族化合物半导体材料有可能取代硅作为新的沟道材料，以在同一线宽下获得更高性能的晶体管。此外，碳纳米管也有望作为沟道层引进到工艺中，但是可控制备与大规模集成是碳纳米管晶体管的难点问题；石墨烯具有单原子层厚度(0.34nm)和高的电子迁移率，但是缺乏合适的能带宽度，不利于实现 CMOS 集成电路。具有带隙的二维原子晶体材料，如 MoS_2、WSe_2 和黑磷等有望成为下一代的沟道层材料。在集成结构上，3D 集成技术逐步形成应用，通过在垂直尺度集成多层器件以提升单位面积晶体管密度。进一步地，通过将运算单元、存储单元等垂直整合在同一芯片中，预期可实现存算一体化的芯片系统。

在发展 More Than Moore 的功能化器件发展路线上，基于微纳加工技术可制造的功能器件变得越来越多，包括显示、光电探测、微机电系统(MEMS)、化学和生物传感等微纳功能器件。其中，加速度传感器、陀螺仪和数字微镜芯片(DMD)等微机电系统器件已经成熟商用化，进入日常工业和消费级应用。进一步地，将功能型器件与逻辑处理器、存储模块和电源模块等结合在一起，整合为真正的片上系统(System On Chip，SOC)，是一个需求巨大且未来可期的宏伟愿景。例如，把光互连系统集成在芯片中可以提高运算速度，从而实现光互连高速计算机；把真空电子管微缩可以实现弹道输运的纳米真空管，让古老的真空电子器件重新焕发活力；把多种血液检测设备集成到一个化学传感芯片中可以实现微量血液检测多项指标的医疗功能；微型化光电传感芯片可以促进与生物体的嵌入结合，实现电子皮肤、大脑芯片交互界面等功能。因而，在 More Than Moore 器件领域，关键问题是要实现不同类型的微纳功能化器件并与硅 CMOS 器件集成，解决这些问题比减小线宽提高芯片集成度显得更为重要。相应地，必须发展相应的微纳制造技术。如异质集成技术可以整合不同制造工艺、不同材料、不同类型的微纳电子器件集成在同一芯片，成为当今微电子领域的一个研究热点。

1.4 集成电路制造的基本流程

集成电路的制造流程如图 1.1 所示。第一阶段，根据器件需求设计各类版图，形成一系列的掩模板。第二阶段，在硅片衬底上采用微纳加工工艺将系列掩模版的图案依次制作到硅片衬底内部和上部，形成器件结构及其互连线，工艺技术包括光刻、刻蚀、镀膜、掺杂等四大类，工艺步骤少则几十步，多则数千步，是整体流程中占比最大的一块。其中，硅晶圆、各类气体、溶液和固态原材料的供给是非常重要的制造支撑条件。第三阶段，将通过测试的器件进行封装，包括划片、贴片、焊线、注模和键合等步骤，形成独立封装的芯片。最后，经过测试筛选后可出厂。

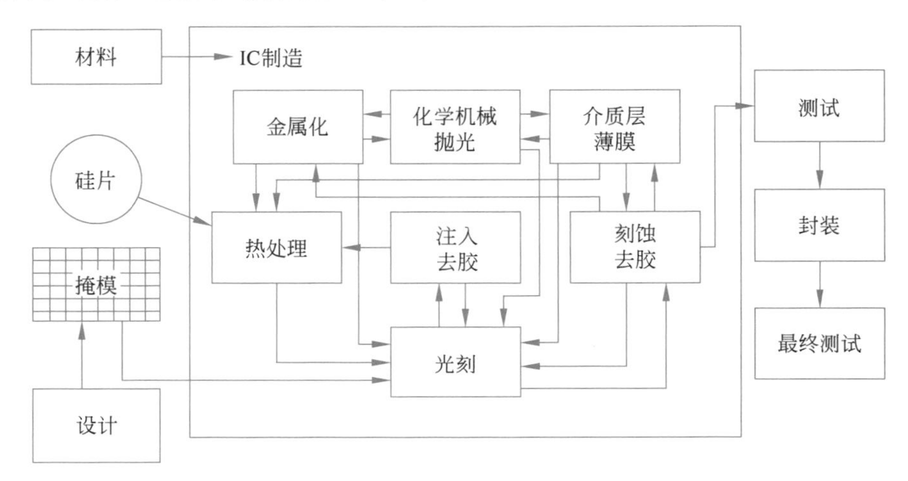

图 1.1 集成电路的制造流程

本书将重点介绍微纳加工技术及工艺，即集成电路制造中最核心的部分。集成电路设计和晶体管工作原理不在本书的介绍范围内。可以看到，尽管超大规模集成电路芯片的制造需要经过上千道工序，但是实质上只需要多次运用有限的几种工艺就能完成，也就是说整个集成电路制造过程就是使用有限工艺的重复循环和组合顺序来制成复杂结构的硅基器件结构。例如，图 1.2 是一个简单的 CMOS 器件制备的 24 道工艺，包含了上面的四大类工艺，有一些工艺是反复经历的，如经历了五次光刻、四次刻蚀和去胶。

在工艺循环中，必须意识到工艺中的各种变换；如工艺参数、材料和设备等，会直接影响到制成的器件性能。因此，需要对制造工艺进行精确和合理的调控，以让这些制造工艺在硅片上执行一系列复杂的化学或物理过程来形成所设计的器件结构。针对四大类工艺，将重点介绍紫外光刻、电子束光刻、干法和湿法刻蚀、物理气相沉积和化学气相沉积、离子注入和热扩散等单项工艺的工艺原理、工艺流程、工艺设备和关键技术问题，并配套对应工艺的专业实验，以方便相应的学生和从业人员进行实践操作。同时，也会介绍器件集成的相关工艺，包括器件隔离、多层金属布线等，并配套一种简单 CMOS 器件的整体制作流程及特性测试、其他元器件的创新实验供实践操作。

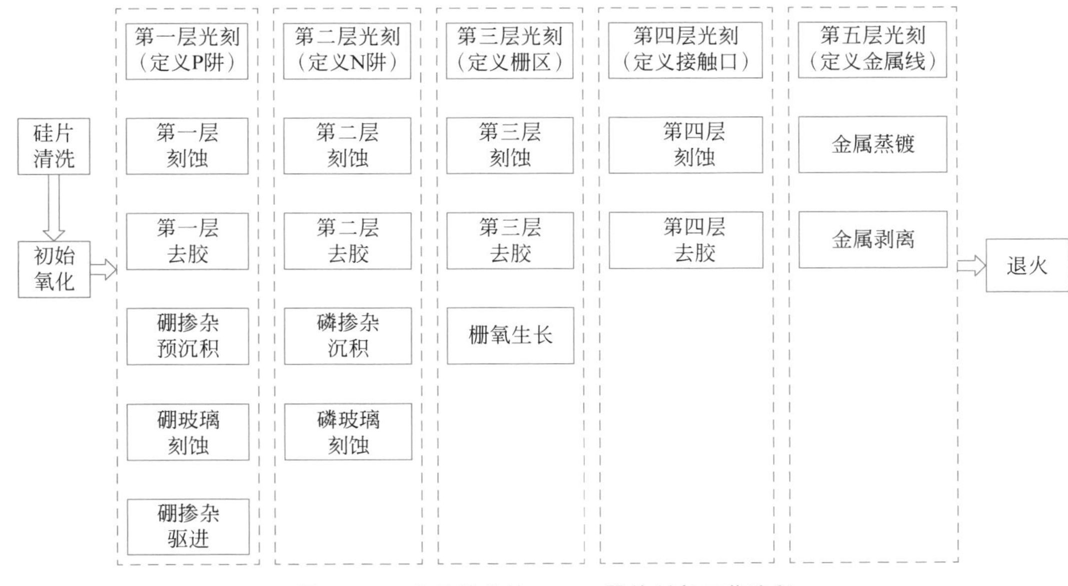

图 1.2　一个最简单的 CMOS 器件制备工艺流程

第2章 微加工工艺环境介绍

2.1 微加工工艺环境的建设

2.1.1 洁净室简介

在集成电路芯片中，每个圆硅片表面都有许多个芯片，每个芯片又是由成千上万个器件通过互连组成的，随着芯片的特征尺寸不断缩小，对污染物变得越来越敏感，污染是可能将芯片生产工业扼杀于摇篮中的重要问题之一。

这些污染物可以归纳为四大类，分别是颗粒污染物、金属杂质污染物、化学物质污染物和空气中的分子污染物。它们对器件的良品率、性能和可靠性都会产生很大的影响。在集成电路制造过程中，任何与芯片接触的物质，都可能带有上面 4 种污染物，都是潜在的污染源。常见的污染源有环境中的空气，厂务设备和工艺设备，工艺中使用的水、溶液和气体，工作人员，静电等。其中工作人员是最大的污染源，即使一个经过风淋的工作人员，当他静止不动时，每秒也可释放 10 万～100 万个颗粒，活动时释放得更多。因此，进入洁净室，工作人员要把身体的每个部位罩住，也就是从头到脚都要在洁净服里面。

整个微加工工艺必须要在一个洁净间中进行，这就需要建设一个洁净室，基本原则是有一个封闭的空间，由非污染物建造，并能提供洁净的空气，它以超净的空气把芯片制造与外界污染源隔离，还包括可以防止由外界或操作人员带入的意外污染。为了维持洁净室的高洁净度，除了建立一个完整的空气循环系统外，其日常维护也是很重要的。

洁净室是指将一定空间范围内的空气中的微粒子、有害气体、细菌等污染物排除，并将室内的温度、洁净度、室内压力、气流速度与气流分布、噪声振动及照明、静电控制在某一范围内，而特别设计的房间。也就是说，不论外在空气条件如何变化，室内均能具有维持原先所设定要求的洁净度、温湿度及压力等特性。按照国际惯例，无尘净化级别主要是根据每立方米空气中粒子直径大于划分标准的粒子数量来规定。也就是说，所谓无尘并非 100%没有灰尘，而是控制在一个非常微量的情况下。当然这个标准中符合灰尘标准的颗粒相对于我们常见的灰尘已经是小得微乎其微，但是对于光学构造而言，哪怕是一点点的灰尘都会产生非常大的负面影响，所以在光学构造产品的生产上，无尘是必然的要求。每立方米将小于 0.3μm 粒径的微尘数量控制在 3500 个以下，就达到了国际无尘标准的 A 级。目前应用在芯片级生产加工的无尘标准对于灰尘的要求高于 A 级，这样的高标主要被应用在一些等级较高的芯片生产上。5μm 及以下的微尘数量被严格控制在每立方米 1000 个以内，这也就是业内俗称的 1K 级别。

洁净室状态分为 3 种：空态、静态和动态，3 种状态的描述见表 2.1。

表 2.1 洁净室的 3 种状态描述

洁净室状态	洁净室内的环境	设备状态	人员状态
空态	已经建造完成并可以投入使用的洁净室（设施）。它具备所有有关的服务和功能	没有操作人员操作的设备	没有操作人员

续表

洁净室状态	洁净室内的环境	设备状态	人员状态
静态	各种功能完备、设定安装妥当，可以按照设定使用或正在使用的洁净室(设施)	有操作人员操作的设备	设施内没有操作人员
动态	处于正常使用的洁净室，服务功能完善	有操作人员操作的设备	设施内有操作人员，如果需要，可从事正常的工作

2.1.2 微电子工艺洁净实验室建设

从2016年开始，中山大学先后投放了超过千万元建设微电子工艺洁净实验室，包括洁净实验室设计、实验室场地装修、微加工教学工艺线仪器购置。微电子工艺教学实验室面积约为700m^2，实验教学和实验室管理由学院专任教师和实验技术人员共同承担。

洁净实验室分为四大区域：准备间、洁净间、灰区、辅助系统区域等。

准备间是连接外界和洁净间的区域，也是外界与洁净间之间的缓冲部分，在这个区域中，存放着口罩、鞋套、手套和洁净服。准备间的管理还包括准备间的物品和衣服管理，外来物品允许和禁入管理等。人是污染的重要来源，进入洁净室前，有关人员需要脱掉外套，去除不必要的物品，更换洁净服，佩戴手套和口罩，经过风淋室除尘，才能进入洁净间。本实验室的准备间采用二进室设计，一进室放置外来物品，二进室更换洁净服，尽量减少外来物品对洁净室带来的污染。更换好洁净服后，需要经过风淋室，进入洁净间。在风淋室中，高速流动的空气除掉洁净服外面的颗粒微尘。同时，风淋室配备互锁系统，防止前后两扇门同时打开。

洁净间是指对空气洁净度、温度、湿度、压力、噪声等参数根据需要都进行控制的密闭性较好的空间。洁净间对洁净度要求极高，必须严格控制洁净间内颗粒的数量，而且颗粒主要随气流的流动而流动。根据洁净间内空气中悬浮粒子数量，洁净间分成两部分，分别是千级和万级，千级洁净间主要从事微加工工艺实验，万级洁净间主要从事器件的测试实验。其平面设计图如图2.1所示，在千级洁净间里，建立两个灰区区域，灰区的洁净度为万级，用于放置泵组、燃烧筒、维修设备等。同时，在洁净间内有序设计灰区的位置，有效对仪器设备进行干湿分离，甩干机、清洗槽可以放置于灰区1的一边，高温炉子放置于另一边，薄膜沉积仪器放置于灰区2两侧。合理分布仪器设备，有效利用空间，可以在实验室内同时进行多个工艺实验，互不干扰。

辅助系统对实验室的运作起着至关重要的作用，包括空气净化系统、超纯水系统、循环冷却水系统、气体系统、尾气处理系统、消防安全系统。这些系统，按照规划设计，集中供给，不必重复建设，主管道都连接到天花夹层，仪器到位后，把仪器分别与主管道连接，即可以使用所有的辅助系统。

1. 空气净化系统

我们日常呼吸的空气不能满足微电子工艺对空气洁净度的要求，必须对空气进行净

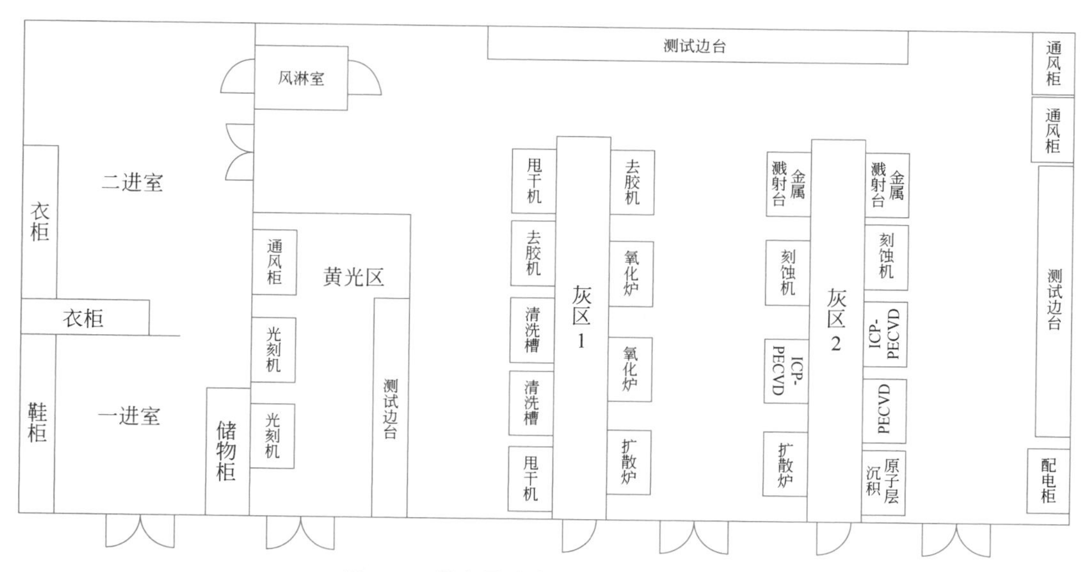

图 2.1 微电子洁净实验室平面设计图

化，无尘净化级别规定了洁净实验室里空气的质量等级，为实现洁净实验室的超净环境，并且保持稳定的温度和湿度，需要设计空气净化系统。本实验室的净化系统分为三级：初效、中效和高效过滤。初效和中效过滤器设置在洁净室外面的机房，经过这两级过滤器后，空气通过过道进入洁净室夹层，再通过洁净室天花板上的高效过滤器过滤后，进入洁净室内。过滤的空气进入循环系统，不断地补充洁净的空气，从而达到对空气洁净度的要求。

2. 超纯水系统

在芯片制造的整个过程中，圆硅片要经过多次光刻刻蚀，需经过多次清洗，因此需要用到大量的工艺用水。工艺用水必须经过严格处理，达到洁净实验室洁净度的要求，因此，每个洁净实验室都需要配备超纯水(UPW)系统。在我们日常使用的自来水中，含有大量的污染物，如大量的金属离子、颗粒、细菌、有机物以及溶解到水中的气体分子。从自来水经过过滤，达到超纯水标准的过程如图 2.2 所示。金属离子需要通过去离子工艺去除，从而使本身导电的自来水，变成高阻超纯水，即去离子水，在 25℃时，电阻率需要达到 18MΩ · cm，通过反渗透(RO)和离子交换系统完成，水质数据如图 2.3 所示。颗粒通过砂滤器从水中去除，有机物和气体分子可以通过碳滤器去除，细菌通过紫外线杀菌器去除。

3. 循环冷却水系统

循环冷却水系统是指用冷却水换热水并经降温，再循环使用的给水系统，由冷却设备、水泵和管道组成。在微电子工艺实验中，需要用到大量真空设备和射频设备，这些设备的泵组和射频源需要使用冷却水进行降温。

4. 气体系统

气体系统建设包括普气系统、特气系统、空气压缩系统，由气瓶、控制阀、管道、气体

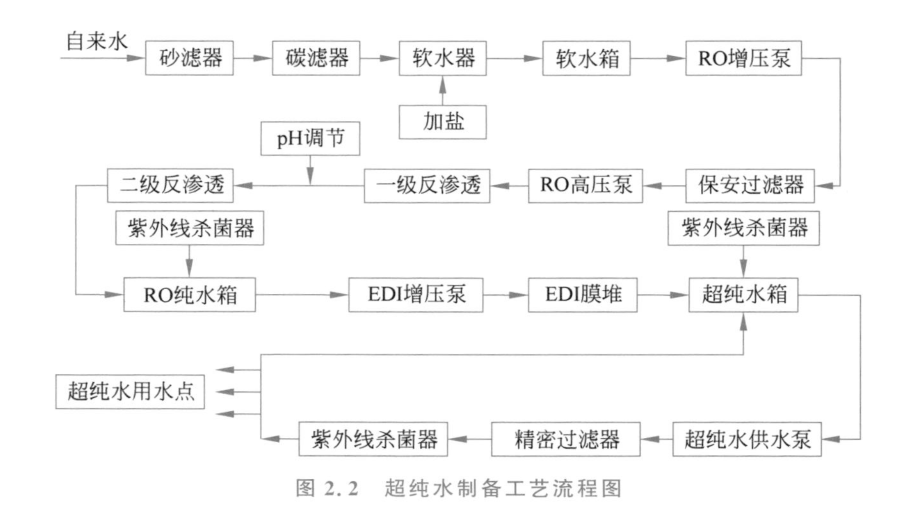

图 2.2 超纯水制备工艺流程图

一级RO电导率	3.2	μs/cm	EDI进水电导率	0.7	μs/cm
二级RO电导率	0.2	μs/cm	EDI浓水电导率	1.7	μs/cm
一级RO产水流量	1.85	m^3/h	EDI产水流量	1.05	m^3/h
二级RO产水流量	1.48	m^3/h	EDI产水电阻率	18.25	mΩ • cm
RO泵前压力	0.36	MPa	超纯水供水电阻率	18.25	mΩ • cm
RO泵后压力	1.45	MPa	EDI进水压力	0.14	MPa

图 2.3 超纯水水质数据

监测装置组成。气体统一放置于气体房，方便安全规范管理。实验室主要用到的普通气体有氮气、氩气和氧气等。特种气体是指工艺气体，是微电子工艺制造中所需的原料来源，有硅烷、氨气、三氟甲烷、六氟化硫和一氧化二氮等。特种气体比较危险，大多数具有毒性、腐蚀性和自燃。相对于特种气体，普通气体比较安全。

5. 尾气处理系统

在工艺实验中，会产生一些有毒有害的气体，需要经过尾气处理才能排放到空气中。常见的尾气处理方法有溶解法、燃烧法和中和法。

溶解法：在水或其他溶剂中溶解度特别大的气体，用合适的溶剂把它们完全或大部分溶解掉。

燃烧法：部分有害的可燃性气体，在排放口点火燃烧，消除污染。例如，实验中使用到的硅烷，尾气需要在燃烧桶里处理后再排放。

中和法：对于酸性或碱性较强的气体，用适当的碱或酸进行吸收。

6. 消防安全系统

实验室消防安全是实验室安全管理工作的重中之重，微电子洁净实验室内会使用易燃易爆危险化学品，同时通风橱、冰箱、扩散炉、气体钢瓶等是具有火灾危险性的仪器，属于消防安全重点部位。消防安全系统主要包括三类：一是感应监控系统，包括烟感系统、24 小时视频监控系统；二是灭火系统，包括室内消防栓，灭火器；三是信号指示系统，用于报警并通过灯光和响声来指挥现场人员的各种设备，如消防通信系统、报警器等。

2.2 实验室安全与注意事项

在微加工工艺实验过程中，会用到化学溶液（腐蚀或有毒）、压缩气体、高温、高压电、辐射、机械危险等，进入洁净室前，必须进行实验室安全培训，熟悉工艺化学品、气体等性质，通过考核才能进入实验室。进入实验室后，必须遵守实验室各项规定，严格执行操作规程，做好安全和实验记录。同时，实验室内必须留有逃生通道、警报系统，必须存放足够的消防器材，并将其放置在便于取用的明显位置，定期检查和更换。

1. 工艺化学品使用安全

在洁净室内要用到大量的化学溶液，如酸类药品（浓硫酸、浓盐酸、浓硝酸、氢氟酸、浓磷酸、醋酸）、碱类药品（氢氧化钠、氢氧化钾、TMAH、氨水）和有机药品（甲苯、丙酮、乙醇、异丙醇），应正确安全使用这些化学药品，并学习一些急救措施。在使用化学试剂前，要先看清楚标签和注意事项，或者查阅相关的安全资料，查明是否会对人体造成伤害，药品使用完毕要放回原位。

酸碱类强腐蚀品与水等溶解时，会放出大量热，并发生猛烈喷溅而伤人，接触其蒸气、烟雾可引起急性中毒，操作时应避免皮肤外露，做好个人防护——戴上耐酸碱手套，穿上塑胶围裙，并戴上防护面罩；使用有机药品时，应戴上乳胶手套，并戴上防护面罩。

在配置浓硫酸溶液时，浓硫酸应最后缓慢加入水溶液中，并用石英棒不断搅动，绝对禁止把水溶液到入浓硫酸，以免飞溅伤人。

使用氢氟酸时，务必使用塑料容器，严禁使用玻璃容器；氢氟酸溶液使用完毕后，应把残液倒入废气氢氟酸桶内，严禁直接倒入下水管道。

酸废液需稀释后方可倒入酸碱腐蚀槽内（除氢氟酸废液外），切不可任意倾倒，更不可与有机溶液混合。尤其是浓硫酸废液需稀释并等溶液完全冷却后方可倒入酸碱腐蚀槽内；碱废液需稀释后方可倒入酸碱腐蚀槽内，切不可任意倾倒，更不可与有机溶液混合。

若不慎与酸碱接触，可采用如下急救措施：

（1）皮肤或眼睛接触浓硫酸切忌用水冲洗，先用棉布吸取浓硫酸，再用大量水冲洗，接着用 3%～5%的碳酸氢钠溶液中和，最后再用水清洗。

（2）皮肤接触氢氟酸时，先用大量清水冲洗较长时间，直至伤口表面发红，然后用葡萄糖酸钙软膏涂抹，用消毒纱布包扎，服用葡萄糖酸钙口服液；眼睛接触氢氟酸时，应先用大量水冲洗，再用 3%～5%的碳酸氢钠溶液清洗。

（3）皮肤或眼睛接触浓盐酸、浓硝酸、浓磷酸或醋酸时，应先用大量水冲洗，再用 3%～5%的碳酸氢钠溶液清洗。

（4）皮肤或眼睛接触碱类药品应先用大量水冲洗，再用 2%的乙酸溶液清洗。

（5）皮肤接触有机药品时，应用清水和肥皂水彻底冲洗；眼睛接触有机药品后，可提起眼睑，用流动清水或生理盐水冲洗。

此外，需要注意的其他安全事项包括：

(1) 在倾注或加热溶液时，应在通风橱中完成，不要俯视容器，以防液体溅在脸上或皮肤上；加热液体或超声有机溶液时，应关闭好橱门，以免液体飞溅伤人；溶液配制完毕后，应在容器上贴上标签，注明所配制溶液的名称；在工作时，应养成良好的工作姿势，上身应避免前倾进入通风橱中，这样做除了可避免危险外，还可减少污染机会。

(2) 无论晶片处于清洗还是腐蚀状态，绝不可轻忽省略，擅自离开。

(3) 若药品不慎洒落地面或实验台面上，应立即向工作人员汇报，依照药品性质，按照 MSDS 及时妥善处理，有撤离需要时应依照指示撤离。

(4) 禁止用手直接接触化学品，禁止用嘴和鼻子鉴别溶剂和药品。

(5) 所有废液、药品和空瓶都需要按化学属性分类回收，及时确认处理，禁止遗弃在垃圾桶、公共场所，禁止将有毒、有害、强腐蚀性试剂和液体倒入水池中。

2. 工艺设备使用安全

使用仪器前要先了解仪器的性能、配备和正确操作方法，严禁拆卸零件及附件，不能私自调整仪器的参数。设备发生异常动作时，请立即按下急停按钮。

使用光刻机时，应注意以下安全事项：光刻胶不能在常光下打开，需要戴防护手套，避免与化学药品直接接触；要尽量避免眼睛对着曝光光源看，也要尽量避免手被曝光光源照射，否则会对身体造成一定危害。

氧化扩散炉运行时，炉内温度可以达到 1000℃以上，加热体及其相连部分表面温度很高，注意热防护，避免直接触碰炉体；送硅片和扩散源进入炉体时，必须佩戴绝热手套。炉管内都是石英材料制作的，触碰石英器件时一定要戴绝缘手套，轻拿轻放，防止石英器件被碰碎。

使用薄膜沉积设备时，必须打开循环冷却水，放置装置因为高温损坏，造成人员伤亡和财产损失。注意分子泵的使用安全，当分子泵高速旋转时，切勿触碰。在原子层沉积系统中，大多前驱体是具有毒性、易燃易爆的。工艺完成后源瓶的手动阀处于开启状态将可能导致有毒气体的吸入与由湿气侵入导致的爆炸。在工艺完成后应确保将手动阀关闭。

使用通风橱、清洗槽时，必须开启通风设备才能进行实验。在实验过程中，需要拉下视窗，保持视窗与台面距离为 100～150mm，禁止存放或实验易燃易爆物品，禁止把头伸进通风橱或清洗槽内做实验。

3. 气体使用安全

气体钢瓶必须专瓶专用，不得随意改装其他种类的气体，应定期检查钢瓶的送检日期，如在使用中发现严重的腐蚀或损伤，要提前进行检验。可燃性气体钢瓶与助燃气体钢瓶不得混合放置，各种钢瓶应存放在阴凉、干燥处，远离热源、明火，避免暴晒，禁止碰撞和敲击，必须有固定装置固定，以防倾倒。打开气体时，必须观察流量计，以免充气过度使设备损坏；气体使用完毕，必须把气体的总开关关闭。

实验室使用 $1m^3$ 的压缩容器属于特种设备，操作人员需要经过相应培训，持证上岗。

压力表和安全阀每年送年检。

氧气瓶严禁油污，应注意手、扳手或身上不能有油污。实验室使用的氮气来源于杜瓦罐，液氮经过气化和纯化后，得到高纯氮气。氮是低温制品（温度为－196℃），在使用过程中要防止冻伤，工作人员不得正对液氮罐泄压口，以防液氮喷溅伤人。

一氧化二氮俗称笑气，是一种助燃性气体，具有麻醉作用，并能致人发笑。在实际使用过程中，注意要远离油等可燃物，远离热源和火种。当发生气体泄漏时，泄漏污染区人员应迅速撤离至上风处，并隔离污染区直至气体散尽，应急事件处理人员要佩戴好防护设备。切断气源，做好通风工作，勿使泄漏物与可燃物质（如木材、纸、油等）接触。

硅烷是一种提供硅组分的气体源，硅烷的化学性质比烷烃活泼得多，极易被氧化，是一种可自燃的气体，着火下限低，燃烧能量大。在与空气接触时可发生自燃，并放出很浓的黄色的无定型二氧化硅烟雾。应避免与强氧化剂、强碱、卤素接触。在硅烷的使用操作中，必须预防高浓度硅烷与氧接触发生自燃着火，必须防止硅烷泄漏在有限的空间内与氧混合，形成不稳定爆炸性气团。

氨气是一种具有强烈刺激气味的气体，能灼伤皮肤、眼睛、呼吸器官的黏膜。人吸入过多氨气，可能引起肺肿胀，以至死亡。使用前应做好个人防护，佩戴防护眼镜、呼吸器和手套，眼睛或皮肤不慎接触到氨气时，用大量水冲洗，并立即就医。

4. 用电安全

实验室内的电气设备的安装和使用管理，必须符合安全用电管理规定，大功率设备必须使用专线和独立电气开关。电气设备与电缆要保证有良好的绝缘和接地，在带电设备上操作时，绝不能用金属笔、金属尺，或佩戴戒指、手表等。当手、脚或身体在出汗、潮湿的情况下，请勿触碰电气设备。电器插座请勿接太多插头，以免负荷过大，引起电器着火。

对于一些高压设备，操作过程中身体切勿触碰仪器的电压输出端，以防触电。

设备上的电压和电流都足够危险以引起触电，灼烧或致死，在维修前请切断电源。

当忽然停电、停水时，应立刻切断仪器设备的电源和水源开关，以防来电时，因无人在场发生意外事故。

扩展阅读：《洁净室消防安全工作管理条例》

1. 进入洁净室前，必须知会管理员，并通过安全培训；本科生在参与工艺实验前，由任课教师进行安全培训，学生要了解洁净室的仪器操作、酸碱等化学药品的使用和防护、高温防护和洁净室的结构。

2. 洁净室内严禁吸烟、饮食、嬉闹奔跑；必要带入洁净室的物品，必须用酒精擦拭干净；任何设备进入前，请知会管理员，在洁净室外擦拭干净，方可进入。

3. 进入洁净室前，需在准备室外脱去外鞋置于鞋柜，佩戴口罩和手套；进入二进室，从衣柜取出洁净服，按步骤穿着洁净服，把鞋子、帽子整理好；排队通过风淋室，去除灰尘才能进入洁净室。

4. 不论进入或离开洁净室，需按规定在二进室穿脱洁净服，不可在其他区域，尤其是不可在洁净室内边走边脱；脱下洁净服后，必须把洁净服叠好，整齐放进衣柜，不得携带出洁净室。

5. 洁净服应定期清洗，有破损，脱线时，应及时换新。

6. 在洁净室内工作，必须严格按照设备操作规范，未经许可，切勿触碰仪器和化学药品；若遇紧急情况，依紧急处理步骤作适当处理，如关闭水、电、气体等的开关。

7. 洁净室内的防护用品包括防护眼镜(防止紫外伤害)、耐酸碱手套、耐高温手套、防护口罩、防护围裙、防溅面具等，按照实验的需要佩戴。

8. 使用完的用品必须放回原位，易燃的化学品必须远离火种，易挥发的化学品必须扭紧容量口放在通风橱里。

9. 实验室工作人员离开前必须检查洁净室内的水、电、气以及化学药品是否已关闭或放在安全的地方，注意：洁净室内使用的是加压水，务必要把总闸关闭。

10. 当发生火灾时，请保持冷静，如果是小火，可用灭火器喷熄；如果火情不能控制，必须通过安全门离开洁净室，拨打火警电话 119 报警并通知学校安全保障部门。

《化学药品使用安全指引》

1. 使用强酸(浓硫酸、浓盐酸、浓硝酸)或氢氟酸药品，使用碱类药品(氢氧化钠、氢氧化钾、TMAH、氨水)前，应戴上耐酸碱手套和围裙、防护面罩；使用有机药品(丙酮、乙醇、异丙醇)时，应戴上丁腈手套和防护面罩。

2. 在配制浓硫酸溶液时，浓硫酸应最后缓慢加入水溶液中，并用石英棒不断搅动，绝对禁止把水溶液倒入浓硫酸，以免飞溅伤人。

3. 使用氢氟酸时，务必使用塑料容器，严禁使用玻璃容器；氢氟酸溶液使用完毕后，应把残液倒入废弃氢氟酸桶内，严禁直接倒入下水管道。

4. 酸废液需稀释后方可倒入酸碱腐蚀槽内(除氢氟酸废液外)，切不可任意倾倒，更不可与有机溶液混合。尤其是浓硫酸废液需稀释并等溶液完全冷却后方可倒入酸碱腐蚀槽内。

5. 皮肤或眼睛接触浓硫酸切忌用水冲洗，先用棉布吸取浓硫酸，再用大量水冲洗，接着用 3%～5%的碳酸氢钠溶液中和，最后再用水清洗。

6. 皮肤接触氢氟酸时，先用大量清水冲洗较长时间，直至伤口表面发红，然后用葡萄糖酸钙软膏涂抹，用消毒纱布包扎，服用葡萄糖酸钙口服液；眼睛接触氢氟酸时，应先用大量水冲洗，再用 3%～5%的碳酸氢钠溶液清洗。

7. 皮肤或眼睛接触浓盐酸、浓硝酸、浓磷酸或醋酸时，应先用大量水冲洗，再用 3%～5%的碳酸氢钠溶液清洗。

8. 配制氢氧化钠或氢氧化钾溶液时，严禁把固体氢氧化钠或固体氢氧化钾放在天平上称量，需放在称量纸上称量，称后应迅速转入溶液容器中；同时配制溶液时务必先加入水，后加入固体氢氧化钠或固体氢氧化钾。

9. 皮肤或眼睛接触碱类药品应先用大量水冲洗，再用 2%的乙酸溶液清洗。

10. 碱废液需稀释后方可倒入酸碱腐蚀槽内，切不可任意倾倒，更不可与有机溶液混合。

11. 皮肤接触有机药品时，应用清水和肥皂水彻底冲洗。眼睛接触有机药品时，提起眼睑，用流动清水或生理盐水冲洗。

12. 在倾注或加热溶液时，不要俯视容器，以防溅在脸上或皮肤上。

13. 使用药品时，应在通风橱中完成。加热液体或超声有机溶液时，应关闭好橱门，以免液体飞溅伤人；在工作时，应养成良好的工作姿势，上身应避免前倾进入通风橱中，这样除了可避免危险外，还可减少污染机会。

14. 溶液配制完毕后，应在容器上贴上标签，注明所配制溶液的名称。

15. 无论晶片处于清洗还是腐蚀状态，绝不可轻忽省略，擅自离开。

16. 化学药品外泄时应立即向工作人员汇报，并做适当处理，有撤离需要时应依照指示撤离。

第二篇

单项工艺1：光刻

第3章 光刻技术

3.1 光刻技术介绍

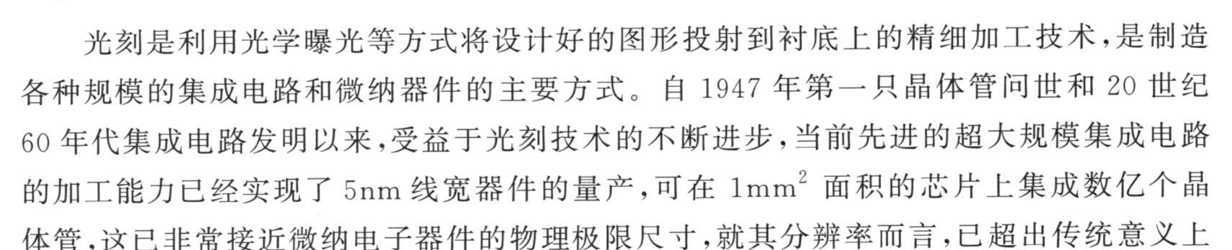

光刻是利用光学曝光等方式将设计好的图形投射到衬底上的精细加工技术，是制造各种规模的集成电路和微纳器件的主要方式。自1947年第一只晶体管问世和20世纪60年代集成电路发明以来，受益于光刻技术的不断进步，当前先进的超大规模集成电路的加工能力已经实现了5nm线宽器件的量产，可在1mm^{2}面积的芯片上集成数亿个晶体管，这已非常接近微纳电子器件的物理极限尺寸，就其分辨率而言，已超出传统意义上的“光学曝光”的极限。

与传统的照相方式相似，光刻的主要过程是将事先制作在掩模板(类似于照相的底片)上的图形通过曝光和显影转移到涂敷在硅等衬底材料的光刻胶上(类似于洗印的相纸)，然后再以光刻胶为阻挡层刻蚀其下方的衬底或薄膜材料等器件层，从而将设计好的图形转移到器件层中。其基本的流程示意如图3.1所示。虽然，各种微纳器件通常都具有三维结构，但完全可以将其分解成多个二维图形的叠加。因此，通过多次曝光和刻蚀的反复流程，即可制造出精细的三维器件结构。例如，当前最先进的集成电路的制造过程需要进行几十次到上百次的光刻。光刻技术是集成电路制造的核心与关键，也是我国集成电路制造产业亟须攻克的核心技术堡垒和面临的最严峻挑战之一。

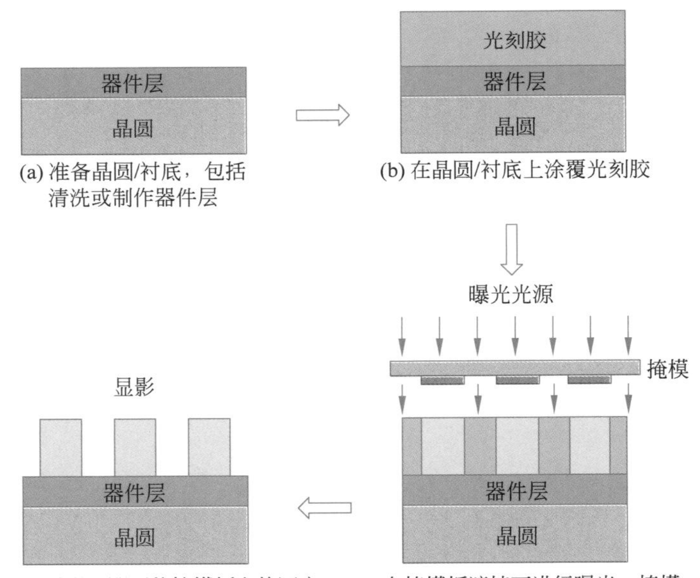
器件层
晶圆
(a) 准备晶圆/衬底，包括清洗或制作器件层
光刻胶
器件层
晶圆
(b) 在晶圆/衬底上涂覆光刻胶
曝光光源
掩模
器件层
晶圆
(c) 在掩模板遮挡下进行曝光：掩模板上的深色区域不透光，浅色区域透光
显影
器件层
晶圆
(d) 曝光后显影，即可将掩模板上的图案转移到光刻胶中。以含有图案的光刻胶为阻挡层，用刻蚀的方法可将图形向光刻胶下方的器件层或衬底中继续转移

图3.1 光刻流程示意图

3.2 光学光刻技术

3.2.1 光学曝光原理与方式

光学曝光的原理是将事先设计好的图形通过光学方式投射到涂敷了光刻胶的衬底或晶圆上。设计图形可以直接写入到衬底或晶圆上，这种方式称为直写式曝光，通常由激光束或电子束的扫描运动配合工作台的移动来完成；更常见的方式是将设计图形事先制作在掩模板上，然后利用光学投影或扫描的方式将其投射到晶圆或衬底上。

1. 掩模对准式曝光

掩模对准式曝光是早期发展起来的技术，如图 3.2(a)所示的接触式曝光，掩模板与涂有光刻胶的晶圆直接硬接触，然后由紫外光源进行曝光。这种曝光方式比较简单，甚至仅需一个汞灯和一个掩模板即可完成。但其缺点也是显而易见的，由于掩模板与晶圆之间硬接触，很容易对掩模板造成损伤或由光刻胶黏附造成污染。如果将掩模板与光刻胶表面以一个间隙(如几微米或十几微米)分开，即可克服接触式曝光的上述缺点，大大延长掩模的寿命，如图 3.2(b)所示，这种曝光方式称为邻近式曝光。但这又带来另外一个显见的问题——由于掩模板与光刻胶之间存在间隙，光源投射到光刻胶上的光强分布受到掩模图形的衍射效应的影响，从而使曝光和显影后的图形尺寸与掩模图案发生偏离。具体的光强分布依赖于图案形状和间隙大小，可由菲涅尔衍射来估算。曝光图形的保真度与掩模间隙存在如下简单的关系：

$$w = k\sqrt{\lambda d} \tag{3-1}$$

式中，w 是在光刻胶上实际成像的尺寸和掩模板上设计图案的尺寸之差，k 是由工艺条件决定的经验参数，λ 是照明光源的波长，d 是掩模板与光刻胶表面的间隙。显然，为了使曝光图形的尺寸与设计尺寸尽可能接近(即 w 越小越好)，除了工艺参数 k 和光源波长

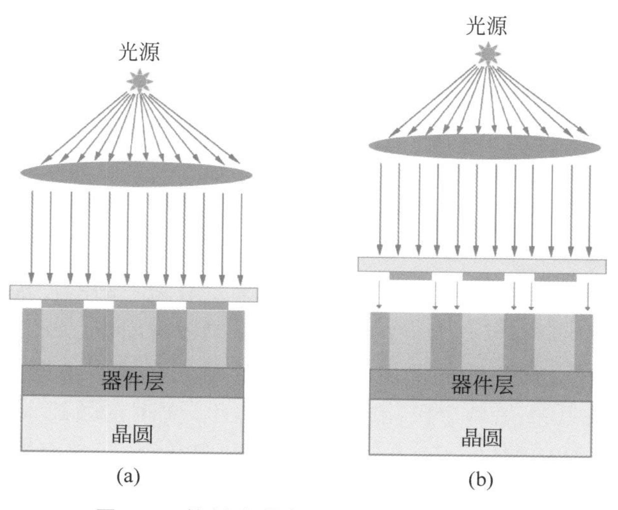

图 3.2 接触式曝光(a)和邻近式曝光(b)

λ 之外，只能尽量减小掩模与晶圆表面的间隙 d，当 d 减小到 0 时，邻近式曝光成为硬接触式曝光。

掩模对准式曝光机通常包括由光源和反射镜、透镜组成的照明系统、安置掩模板的机构、固定晶圆的样品台、观察对准标记的显微镜等组成。光源通常使用汞灯，主要使用其发光光谱中波长为 405nm 或 365nm 的紫外光。近年来，由于紫外发光二极管技术(LED)的成熟，已有不少曝光机开始用紫外 LED 替代汞灯作为光源，具有成本低、寿命长、结构紧凑等优点。除光源之外，照明系统还包括会聚和准直光学部分，将光源发出的光尽可能高效地投射到掩模板和晶圆上。掩模架通常采用机械固定或真空吸附的方式固定掩模板，可以安装几种不同尺寸的掩模板。安放晶圆的样品台也往往采用真空吸附的方式，样品台需要具有精确移动和对准的能力，使多次曝光过程中不同层的图形可以对准，因此显微镜观察系统也非常重要。有些曝光机具有双面对准的功能，在掩模架的下方也有两个显微镜，可以读取掩模板和硅片反面的对准标记，进而实现双面对准。

掩模对准式曝光机结构简单，成本较低，虽然已不适用于大规模集成电路的制造，但在对图形分辨率要求不高的工艺以及科研中依然有广泛的应用。例如，在微流体、微机电(MEMS)等器件制造中依然可以应用，这类器件的结构尺寸远大于集成电路器件，对图形分辨率要求不高，且很多制造工艺与标准的集成电路工艺不同，掩模对准式曝光机适用于这类工艺开发和研究。设计良好的曝光机在硬接触曝光模式下可以达到 1μm 的图形分辨率，若抽真空后硬接触则可达到 0.5μm 的分辨率，对准精度也可达到 1μm 的误差之内。例如，德国 Suss 公司的 MA6 掩模对准式曝光机具有代表性且应用广泛，其曝光分辨率和对准精度可达到上述性能。

2. 掩模投影式曝光

掩模投影式曝光在掩模板和晶圆之间加入透镜等光学成像系统，将掩模板上的图形投影成像到晶圆表面，从而不再受掩模板和晶圆之间的间隙影响，解决了邻近式曝光中光学成像受掩模-晶圆间隙影响而不一致的问题。其曝光模式如图 3.3(a)所示。图 3.3(b)所示的是扫描投影式曝光，这种曝光机在光源中加入一个狭缝，部分遮挡住光源所发出的光，然后使掩模板和晶圆同步运动，将掩模板上的图形逐步扫描投影到晶圆上。这种方式可以避免投影式曝光容易受晶圆边缘衍射效应的影响，所能曝光的最小图形尺寸约为 1μm。

根据投影光学设计的不同，投影式曝光有 1∶1 投影和缩小式投影。1∶1 投影到晶圆上的图形尺寸与掩模板上的图形尺寸相同，但随着集成电路最小图形尺寸的迅速缩小，1∶1 投影的掩模板制作变得困难。缩小式投影在晶圆上的图形尺寸是掩模板上的图形尺寸的 1/4、1/5 或 1/10，因此大大缓解了制作掩模板的困难。缩小式投影曝光将整个投影图形区域缩小，在大面积的硅晶圆上通过重复曝光形成多个同样的投影图形区域，每个投影图形区域可以包含一个或几个不同的芯片，从而在晶圆上逐步制作出芯片阵列。由于每次只曝光晶圆的一个区域，可以较方便地补偿晶圆表面平坦度或几何形状的改变。这种曝光方式自 20 世纪 80 年代以来就成为集成电路制造工业的一个主要的曝光方式。图 3.4 所示为步进/重复投影式曝光。

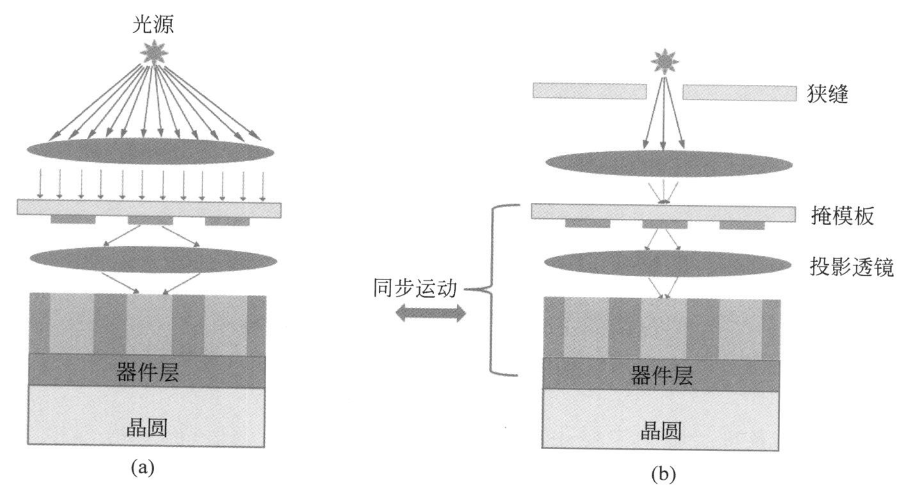

图 3.3 投影式曝光(a)和扫描投影式曝光(b)

3. 投影式曝光系统的光学分辨率

如图 3.3 所示,投影式曝光在掩模板和晶圆之间加入了投影透镜,光源发出的光照射掩模板后经过投影透镜成像到晶圆表面。直观地看,光源照射掩模板存在衍射效应,透过掩模板后在其附近的光强分布取决于掩模图案的衍射。可以用单缝衍射来简要说明这一效应,如图 3.5 所示,一束光入射到一个狭缝之后在缝后的屏幕上呈现明暗相间的条纹分布。在大学物理中已经学过,单缝衍射的光强分布既可以用菲涅尔半波带法进行半定量计算,也可以用矢量叠加法进行定量计算。若图 3.5 中的缝宽为 b,入射光的波长为 λ,则在屏幕上衍射明暗条纹的角分布满足以下关系:

$$b\sin\theta = k\lambda(k = 1,2,\cdots) \tag{3-2}$$

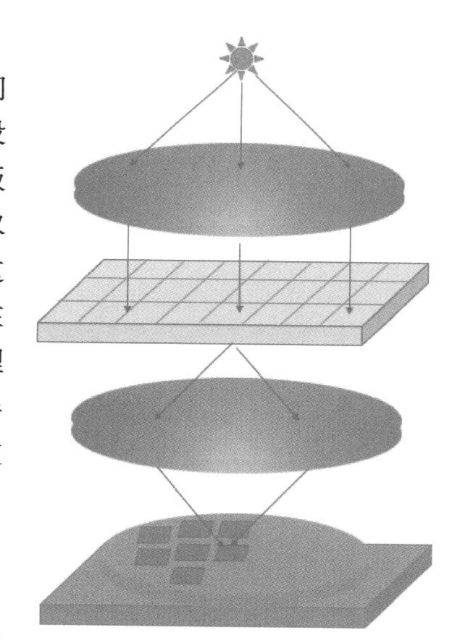

图 3.4 步进/重复投影式曝光

式中,k 代表衍射条纹级数。衍射效应的存在使得衍射屏上的光强分布与缝宽大大偏离,若单缝由掩模板上的图案代替,则在邻近式曝光中在光刻胶表面所成的像必然与掩模板上的图形发生偏离,曝光分辨率受限,这可用图 3.6 更为清晰地说明。

可用 $b\sin\theta=k\lambda$ 中的单缝宽度 b 来代表曝光成像的极限能力,即成像的尺寸与掩模板上图形的尺寸完全一致,因此曝光的光学分辨率 $R=b$。此时对应的是衍射效应的中央主极大,取 $k=1$,则 $b\sin\theta=k\lambda$ 变为

$$R = b = \frac{\lambda}{\sin\theta} \tag{3-3}$$

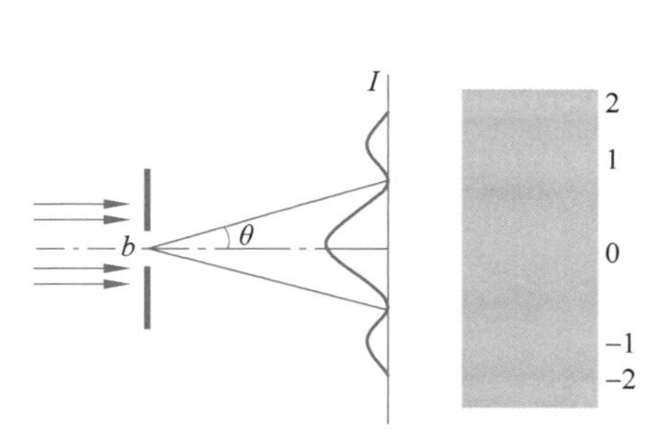

图 3.5　单缝衍射光强分布(衍射角为 θ,缝宽为 b)

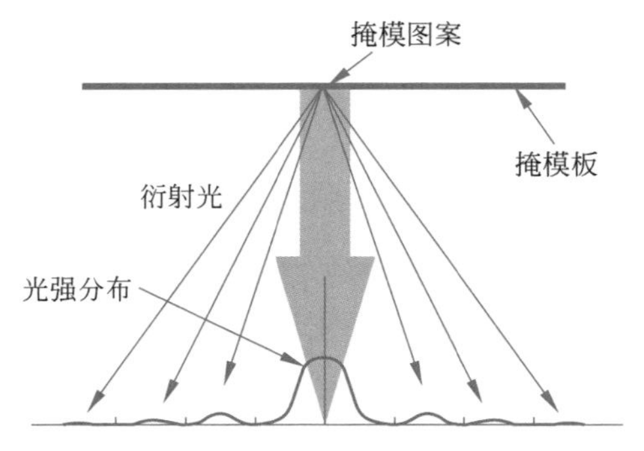

图 3.6　曝光掩模板后的光强分布

其次,投影式曝光通过透镜将掩模板的衍射光会聚成像到晶圆表面,因此透镜可以将扩散开的衍射光尽量会聚起来,其效应可以用图 3.7 来近似描述。透镜的会聚能力越强,就能把衍射扩散的光强越多地会聚到晶圆表面,从而增强曝光效果。但由于衍射效应的扩散性和透镜有限的孔径,透镜不并能将全部的衍射光强会聚到晶圆上,因此这里需要引入数值孔径来定量表达透镜的收集和会聚衍射光的能力。

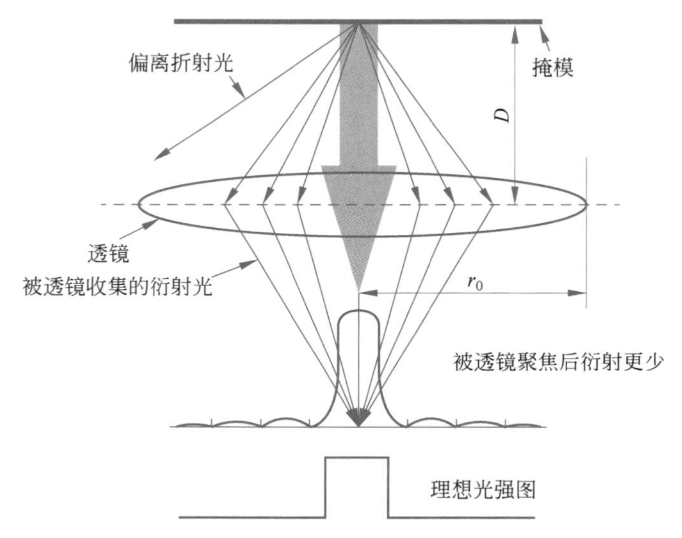

图 3.7　投影式曝光中掩模板的衍射效应和透镜的会聚作用

数值孔径(Numerical Aperture,NA)与透镜对光的会聚角 θ 和光传播空间介质的折射率 n 成正比,即

$$\mathrm{NA} = n\sin\theta \tag{3-4}$$

将数值孔径代入式中,并考虑到具体工艺的影响,引入一个工艺参数因子 k_1,则投影式曝光的光学分辨率公式变为

$$R = k_1 \frac{\lambda}{\mathrm{NA}} \tag{3-5}$$

可见，决定投影式曝光分辨率的因素包括工艺因子 k_1、曝光波长 λ 和投影透镜的数值孔径 NA。因此，提高光学分辨率的途径包括降低工艺因子 k_1、缩短曝光波长和增加透镜的数值孔径 NA。投影式曝光技术正是沿着这三条主要途径发展的。表 3.1 列出了当 $k_1=0.6$、NA=0.6 时，不同曝光波长的分辨率。可见，随着曝光波长的缩短，曝光分辨率从 0.436μm 提高到 0.193μm。因此，光刻技术所用的曝光波长不断缩短，从紫外光到深紫外光(Deep Ultro-Violet，DUV)，再到极紫外光(EUV)、X 射线，再到电子束曝光，事实上已经超出了光学曝光的范畴。

表 3.1　曝光分辨率随曝光波长的变化($k_1=0.6$)

曝光波长名称	曝光波长/nm	数值孔径	曝光分辨率/μm
G 线	436	0.6	0.436
I 线	365	0.6	0.365
深紫外光	248	0.6	0.248
	193	0.6	0.193

下面介绍光刻技术中采用的曝光光源和波长的演化历程。汞灯是光刻技术早期开始采用的曝光光源，汞灯的发射光谱较宽，包含很多尖锐的发光峰，如图 3.8(a)所示。其中，波长 436nm 的峰称为 G 线，波长 365nm 的峰称为 I 线。对微米量级或更大线宽的光刻工艺，G 线曝光已足够。对微米以下线宽的曝光，需要用 I 线曝光，正如表 3.1 所示。当器件线宽低于 0.35μm 时，I 线曝光已无法胜任，此时需要更短的曝光波长。但是汞灯光谱中更短波长的谱线的发光能量太低，无法满足曝光的能量需求。因此为满足深紫外曝光需求，开发了相应的准分子激光器。其中，发光波长 248nm 的是采用氟化氪(KrF)气体的准分子激光器，发光波长 193nm 的是采用氟化氩(ArF)气体的准分子激光器。这两种激光器技术成熟，性能稳定，发射功率较高，足以满足大规模集成电路量产需求。波长 248nm 的氟化氪激光器的相对功率最高，因此最先引入集成电路的生产，随后是 193nm 的氟化氩激光器。如图 3.8(b)所示，从 20 世纪 80 年代初的最小图形尺寸 3μm 的集成电路到 2004 年的最小图形尺寸 90nm 的集成电路，曝光波长也从 G 线到 I 线，再到深紫外光的 248nm 和 193nm。事实上，半导体制造和集成电路产业曾经投入研发了波长 157nm 的氟分子(F_2)激光器，试图进一步缩短曝光波长以继续提高曝光分辨率。但很快遇到难以解决的关键问题，包括光学透镜、掩模保护膜(pellicle)和光刻胶材料。其主要原因在于上述关键部件所用的材料都对 157nm 波长的深紫外光有强烈的吸收，由此开发能满足应用需求的材料和部件遇到了很大困难。加上 193nm 光源结合浸没式曝光实现了 70nm 以下线宽的曝光，最终导致采用 157nm 波长光源的光刻技术未能应用在集成电路量产中。

3.2.2　光刻的关键指标

特征尺寸(Critical Dimension，CD)是指在一个集成电路中或一个器件的内部结构中的最小尺寸，可以是线宽、间距或金属接触线的尺寸。特征尺寸代表一种光刻工艺的最

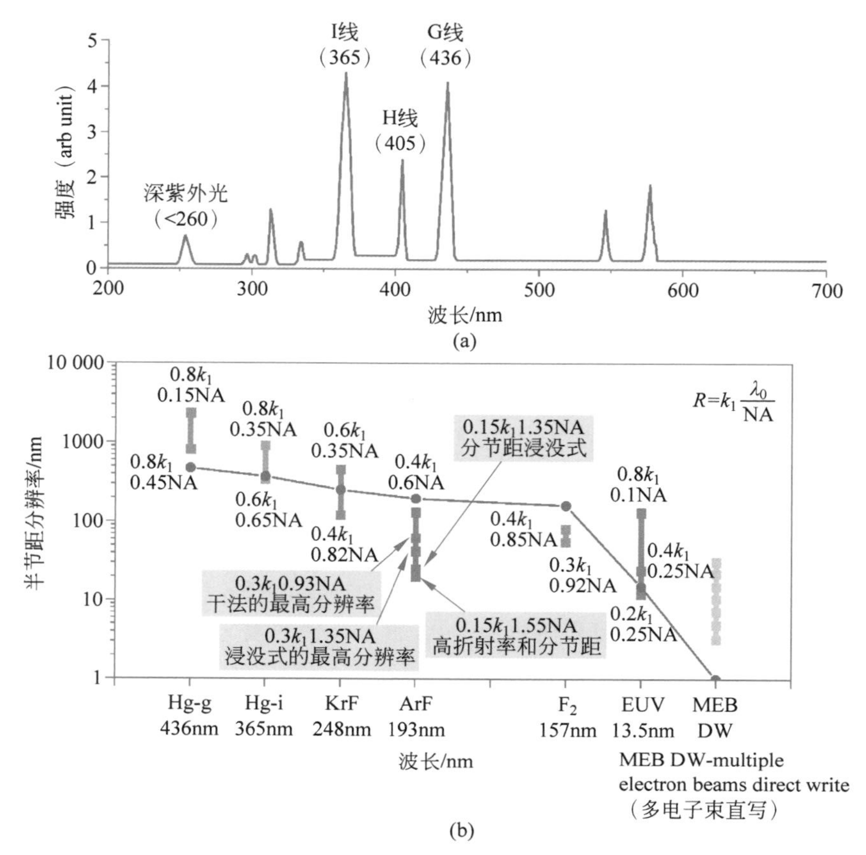

图 3.8 汞灯的发光谱(a)曝光分辨率基于曝光波长的演化历程(b)

大能力。在集成电路芯片中,常用两条金属线的间距,即半节距(half pitch)代表特征尺寸,而半节距又常用来指代技术节点,例如,22nm、14nm 等。相比之下,特征尺寸虽然代表了集成电路中的最小尺寸,但与集成器件的密集程度无关。光学曝光最难实现的是等间距或等周期的密集分布图形。因为密集分布的图形曝光时图形之间的光强分布相互影响,很难达到理想中的分辨率,这比曝光同尺寸的稀疏或孤立图形困难很多。而半节距同时包含了最小图形尺寸和密集程度,因此自 2001 年开始半导体工业界引入了“半节距”概念。分辨率是指可以曝光出来的特征尺寸,或者将晶圆上两个邻近的特征图形区分开的能力。通常表达为可分辨的且能保持一定容差的最小特征尺寸,集成电路制造中一个典型值是线宽分布标准偏差值的六倍不超过线宽的 10%。分辨率受到诸多因素的影响,如光源、光学系统、掩模板、衍射效应、光刻胶的灵敏度、掩模板与晶圆的对准精度、晶圆或掩模板的平坦度的不均匀性等。

焦深(Depth Of Focus,DOF):在成像系统的光学焦点附近的能够使成像连续清晰的一个范围,类似于照相机的景深,如图 3.9 所示。焦深的数学表达式为

$$\mathrm{DOF}=k_2\frac{\lambda}{(\mathrm{NA})^2} \tag{3-6}$$

其中，k_2 是与曝光系统和光刻工艺相关的常数，NA 是曝光系统的数值孔径，λ 是曝光波长。可见，焦深与数值孔径的平方成反比，虽然提高数值孔径可以获得高分辨率，但这必然导致焦深降低。在大规模集成电路制造中，焦深是一个非常重要的参数，其重要程度甚至超过分辨率。尤其是硅晶圆的直径多在 8～12 英寸(1 英寸≈2.54 厘米)，如此大的尺寸无法做到晶圆绝对平整。加之多道制造工艺必然在晶圆表面形成高低起伏的电路结构形貌。如果曝光系统焦深过小，则掩模板在晶圆表面成像只在极小的范围内清晰，超出这一范围就散焦不再清晰，使得制造工艺精度无法保证。当然随着技术的不断进步，尤其是硅晶圆表面平整化技术的发展，对曝光系统焦深的要求已不再如 20 世纪 90 年代初期时那样严苛，现代的曝光系统允许焦深小于 0.5μm。

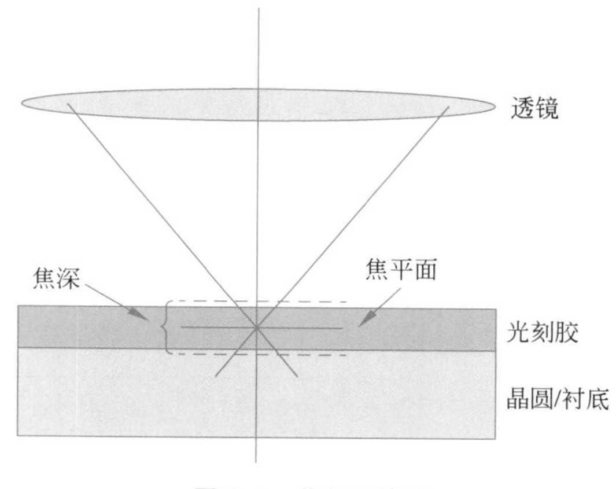

图 3.9　焦深示意图

套刻精度：集成电路和器件的制造过程需要多次光刻，这就要求每次曝光时都要与晶圆或衬底上已制作好的图形精确对准，即套刻精度。套刻误差影响晶圆上不同图案之间的布局宽容度。套刻精度受很多因素影响和控制，包括曝光机上移动工作台的步进、扫描同步精度、镜头像差、温度控制等，对准标记的识别和读取精度以及制造工艺对对准标记的影响也影响到套刻精度。现代的曝光机能够对硅晶圆的畸变进行补偿。

线宽均匀性：包括曝光区域内(intra-field)和曝光区域间(inter-field)的均匀性。曝光区域内的线宽均匀性受掩模板线宽均匀性、扫描能量稳定性、照明均匀性、扫描同步精度误差等影响。曝光区域间的线宽均匀性受到照明能量稳定性、晶圆上器件层的厚度均匀性、晶圆表面平坦度等因素影响。

3.2.3　分辨率增强技术

1. 增加数值孔径

在 3.1.1 节中提到，由式(3-5)可见增加曝光系统中光学透镜的数值孔径能提高光学分辨率，其主要原因在于大的数值孔径可以增强透镜对高阶衍射光的会聚能力。但是由式(3-6)可见，焦深与数值孔径的平方成反比，因此大的数值孔径必然会使焦深急剧减小。而焦深在曝光系统中的重要性甚至超过分辨率，因此不能单纯地增加数值孔径，而必须在焦深和分辨率之间取得平衡。表 3.2 对比了不同曝光波长的分辨率和焦深，在集成电路普遍采用 G 线和 I 线曝光的早期，保证 1μm 的焦深非常重要。但前面也提到，随着集成电路工艺的迅速发展，大尺寸硅晶圆的平坦度已大为提高，加上化学机械抛光工艺的发展使经过多次工艺的晶圆表面的平坦度也非常高，这就降低了对曝光系统焦深的要求。因此曝光系统的光学透镜的数值孔径可以不断提高，从 20 世纪 80 年代的约 0.3 提高到了 21 世纪初的 0.85。但是大的数值孔径提高了透镜的设计和制造难度，光学透镜的尺寸和重量变得非常大。例如，用于早期 I 线的光学透镜在 NA＝0.35 时质量约为 14kg，但当 NA 提高到 0.63 时透镜的总质量已达半吨之巨。当数值孔径提高到 0.8 以上时，还必须考虑光的极化（偏振）效应。对如此大的数值孔径，光波通过透镜后已不能用标量波来近似描述，必须用矢量波来描述。光波从透镜出射后入射到光刻胶表面的入射角大大提高，可超过光刻胶的布儒斯特角，即反射光中只包含 S 波，相当于光刻胶对入射光不同的偏振分量有选择性地反射。其结果是导致入射光能量损失，降低光刻胶的成像对比度。大学物理中讲过，光学材料的布儒斯特角取决于其折射率，因此要想通过增加布儒斯特角来进一步提高透镜的数值孔径就必须增加光刻胶的折射率，这显然是很难做到的。因此一个解决办法是将整个曝光系统都采用偏振光照明，这又必然增加系统的复杂度。

表 3.2　不同曝光波长下的技术节点对焦深的需求

曝光波长/nm	技术节点/nm	[b]焦深/μm
248	250	0.5～0.6
	180	0.45
	130	0.35
193	90	0.35
	65	0.25
[a]193i	45	0.15
	32	0.1

[a]此处的“i”指浸没式（immersion）曝光。

[b] 此处的焦深只针对前道（Front-end of line，FEOL）工艺，对后道（Back-end of line，BEOL）工艺焦深可适当放宽。

2. *浸没式曝光*

光学透镜的数值孔径的极限为 1（$\sin\theta \leqslant 1$），空气的折射率 n 约为 1，因此传统的光学曝光系统的数值孔径无法大于 1。如图 3.10 所示将曝光透镜和光刻胶之间的介质由空气改为水，例如 193nm 波长的光在水中的折射率为 1.44，这样就可以使数值孔径大于 1。将光学透镜浸没在油等高折射率液体中来提高光学分辨率在显微镜中早有应用，但将这一技术应用到光刻技术中并非易事。其主要技术难点在于步进扫描时曝光镜头在晶圆表面高速移动，这使得镜头与晶圆之间的水溶液层会产生大量微气泡，严重影响光在水中的传输性质。日本的 Nikon 公司和荷兰的 ASML 公司后来解决了相关问题，使用 193nm 光源结合浸没式曝光，在 2007 年就将集成电路制造技术节点提高到了 45nm，浸没式曝光取得了很大的成功。

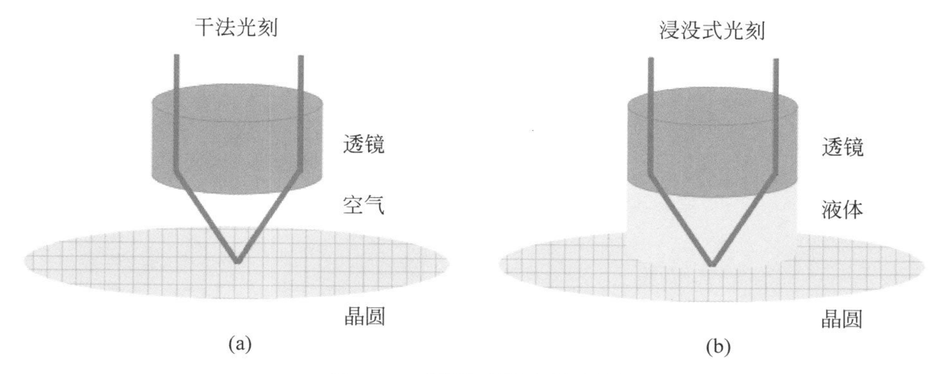

图 3.10 浸没式曝光示意图

3. 多重曝光技术

我们知道，曝光同样尺寸的密集分布图形比稀疏或孤立图形难度大很多。集成电路制造进入 32nm 技术节点时，用 193nm 波长的单次浸没式曝光已无法应对，为此开发了二重曝光(double exposure)和多重曝光(multi-exposure)技术。二重曝光是将密集图形分两次曝光，每次曝光的图形的间距是设计值的 2 倍，因此是相对稀疏的。将两次曝光后的图形重叠，合成的图形就与原设计的一致。当然并不能将同一层光刻胶直接进行两次曝光，那样会互相干扰和影响，每次曝光都必须用单独的光刻胶。二重曝光的实现方式有多种，如图 3.11 所示，可以是每次曝光后就刻蚀，也可以在第一次曝光后将显影后的光刻胶“冻结”，然后重新涂胶进行第二次曝光和显影，最后一起刻蚀，此外还有一些其他的方式，如自对准方式等。二重曝光对图形的对准精度要求非常高，要求两次曝光图形的对准精度达到 1.5～3nm，甚至更高。荷兰 ASML 公司的 NXT：1950i 浸没式曝光系统在 2010 年就已实现了 2.5nm 的对准精度。沿用 193nm 波长的曝光光源对集成电路工艺改动较小，加之当时极紫外曝光技术尚未成熟，因此半导体工业采用二重曝光直至多重曝光，都继续使用 193nm 波长的浸没式曝光，并将技术节点推进到了 32nm 以下，达到 20nm、14nm，193nm 波长的光刻技术显示了很强的技术潜力。

虽然光学曝光技术不断追求实现更高的曝光分辨率，但事实上在超大规模集成电路的制造和生产中，只有少数几道曝光工艺需要用到最高的分辨率，因此集成电路制造工艺的一个显著特点是高分辨率曝光和普通的较低分辨率的曝光技术混用。

4. 降低工艺因子 k_1

光刻技术中除光学成像系统之外的其他的影响曝光分辨率的因素都归于 k_1，由式(3-5)可见，降低 k_1 也是提高曝光分辨率的途径之一。随着光刻技术的发展，k_1 在过去几十年中持续降低。传统上认为 k_1 的理论极限在 0.25，但多重曝光技术的发展使 k_1 因子突破了理论极限。下面将要介绍的几种增强曝光分辨率的方式都可以认为是在降低 k_1。

1）移相掩模技术

掩模板上两个相邻的图形曝光时在各自边缘处由于衍射效应会存在超出图形范围的光强分布，通常情况下两个相邻图形边缘的光场是同相位的，这时就会发生相长干涉

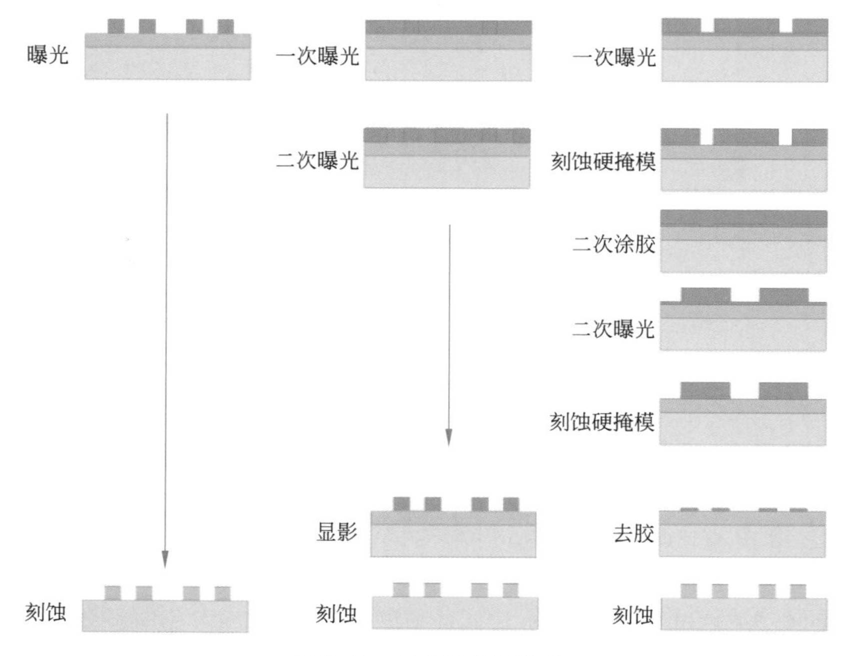

图 3.11　二重曝光示意图

效应，使两个相邻图形的中间区域的光强大大提高，严重降低光强对比度，使相邻图形难以分辨。移相掩模技术的原理是通过改变两个相邻图形之一的透射光场的相位，使相邻图形的透射光场产生 180°的相位差，即反相，从而使原本的相长干涉变为相消干涉，使相邻图形的中间区域的光强大大降低，从而提高对比度，改善曝光分辨率。基本原理如图 3.12 所示。移相掩模还可以增加焦深。

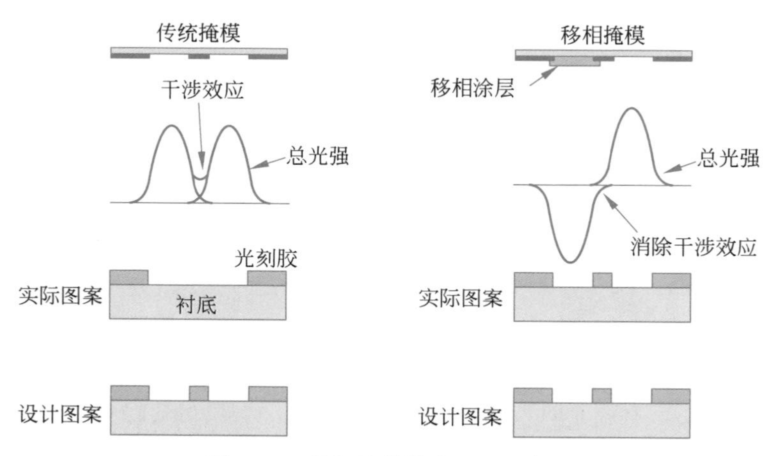

图 3.12　移相掩模技术原理示意图

移相掩模有多种实现方式，例如，交替式、边沿式、无铬式、衰减式等，如图 3.13 所示。总体而言，移相式掩模能提高曝光分辨率，改善曝光效果，但移相式掩模板制作方式非常复杂，成本比传统的光学掩模板高出很多。移相层可以采用刻蚀或沉积的方式制作。无论采用哪种方式，都需要精确控制移相层的厚度，尽量消除移相误差。由于增加了移相层的制作，移相掩模板产生缺陷的概率也高于传统的掩模板，且缺陷的成像特性也不同。

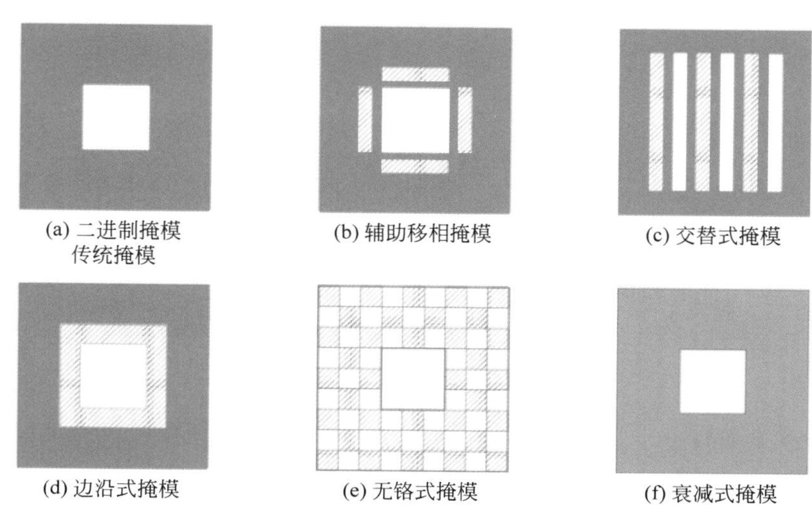

图 3.13 不同的移相掩模方式

2）光学邻近效应校正

投影式曝光本质上受到衍射光学的限制，曝光过程中的衍射现象导致图形空间像的部分高频分量（这里指物理光学中的空间频率）丢失，使成像清晰度受限，成像不能全部重现掩模设计图形。如图 3.14 所示，实际曝光中会出现原本是方形的图形边缘变为圆角，或使线端变短，这就是光学邻近效应（Optical Proximity Effect）。这种效应使得曝光和显影后的图形发生失真，偏离原设计图案，因此必须校正光学邻近效应。一种典型的办法是，有意修改设计的曝光图形的形状和尺寸，例如，对一些特定部位添加或删减一些形状。这些添加或删减的部位的尺寸低于曝光分辨率，因此并不会实际出现在曝光和显影的光刻胶中，但由于其衍射效应可以显著改变曝光光强的分布，从而使曝光、显影后的图形尽可能地与原设计意图的形状接近或一致。

光学邻近效应依赖于具体的设计图形，必须有针对性地修改具体的图形才能充分校正这种效应。在一个复杂的设计版图中往往存在多种不同类型的图形，因此对其精确分析和校正是一件比较费力的工作。在计算机辅助技术的帮助下，现在可以利用分析模型法，即用特定的计算光强分布的算法来精确分析所有的掩模图形，计算出光强分布的具体情形，然后加以校正。还有一种办法是从理想光学成像的角度出发进行反向设计，得益于当前强大的计算能力，现在用这种方法可以获得能够产生理想图像的掩模图形。其设计出来的图形可能与实际图形存在巨大差异，甚至完全不同。

校正光学邻近效应所需要制造的掩模板也存在一些挑战，一个主要原因是需要添加或删减很多尺寸低于曝光分辨率的图形。而用来制作掩模板的电子束曝光或激光直写

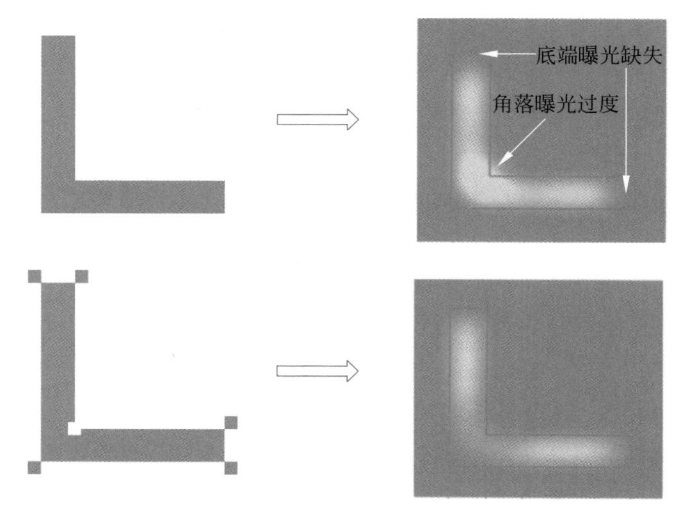

图 3.14 光学邻近效应所导致的图形畸变及校正方式示意图

曝光系统也受到各自分辨率和邻近效应的限制，因此制作这种掩模板的难度、成本和周期仍然高于制造传统的掩模板。

3.2.4 光刻胶的类型和特性

光刻胶是一种形象的叫法，其英文名为 photoresist，也译为“光阻”或“抗蚀剂”，其作用就是作为抗刻蚀层保护晶圆表面不需要刻蚀的地方。光刻胶是一大类具有光敏化学作用的高分子聚合物材料，其形态为胶体，可以均匀涂敷在晶圆表面。在曝光过程中光刻胶被曝光的区域发生改性，因此可复制掩模板上的图形或与其相反的图形。根据光刻胶复制图形的极性可分为正性光刻胶和负性光刻胶，正性光刻胶的曝光区域在显影液中溶解掉，而负性光刻胶的曝光区域在显影液中不溶解，未曝光区域则被溶解，如图 3.15 所示。正性与负性光刻胶的光敏化学反应过程不同，正性光刻胶中聚合物的长链分子受光照而截断为短链分子，这一过程称为断链。短链分子更容易溶解，因此正性光刻胶的曝光区域在显影液中溶解。负性光刻胶聚合物中的短链分子受光照发生交联反应形成长链分子，这一过程称为交联(cross linking)。长链分子密度较高，不容易溶解，因此负性光刻胶的未曝光区域在显影液中溶解。

1. 光刻胶的主要成分

光刻胶在工业应用中已有上百年的历史，每种光刻胶都根据具体应用经过专门设计，但所有光刻胶基本上都由四个主要部分组成：树脂型聚合物(resin)用作基体材料，是光刻胶的主体，使光刻胶具有抗刻蚀能力；感光化合物(Photo-Active Compound，PAC)控制光刻胶对特定波长的感光度，例如，在正性光刻胶中感光化合物在曝光前作为抑制剂，降低光刻胶在显影液中的溶解速度，而曝光中会发生光化学反应，转而增加光刻胶在显影液中的溶解速度；溶剂(solvent)使光刻胶保持液体状态便于涂覆，同时控制光刻胶的机械性能，如基体黏滞性等；添加剂(additives)控制光刻胶的光吸收率或溶解度。

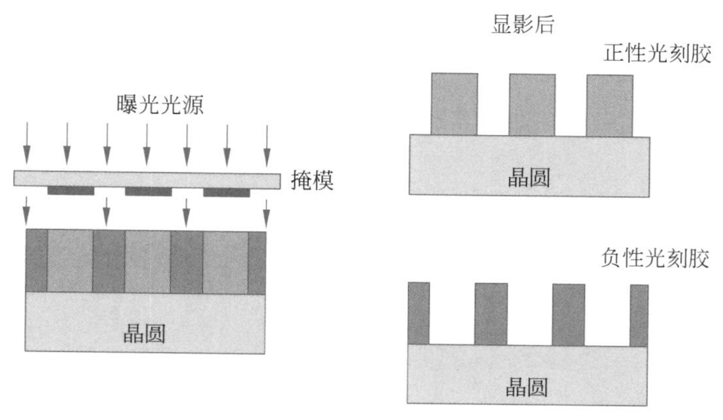

图 3.15　正性与负性光刻胶的区别

2. 光刻胶的性能指标

1）灵敏度

灵敏度是指发生光化学反应所需的最低的曝光剂量，单位为 mJ/cm^2。曝光剂量为光强(单位面积的光功率)乘以曝光时间。正性光刻胶的灵敏度定义为通过显影将曝光的光刻胶完全去除所需要的曝光剂量；负性光刻胶的灵敏度则定义为通过显影保留50%以上胶厚所需的曝光剂量。

2）对比度函数(对比度曲线)

对比度函数表示光刻胶区分掩模上亮区和暗区的能力。高对比度意味着曝光后的光刻胶图形具有陡直的边壁和较大的图形深宽比。图 3.16 所示为对比度函数曲线，其中，D_0 是开启光化学反应所需的最低曝光剂量，D_{100} 是光刻胶充分完成光化学反应所需的最低曝光剂量。由曲线可见，其直线斜率越大，对比度越高；剂量差越小，对比度越高。对于特定的光刻胶，这一对比度曲线并不固定，而是受到很多工艺条件(如显影过程、烘烤条件、曝光波长以及晶圆表面反射率等)的影响。光刻工艺优化的任务之一就是通过调整工艺参数，在获得最大的光刻胶对比度的同时将光刻的速度维持在合理可接受的范围内。

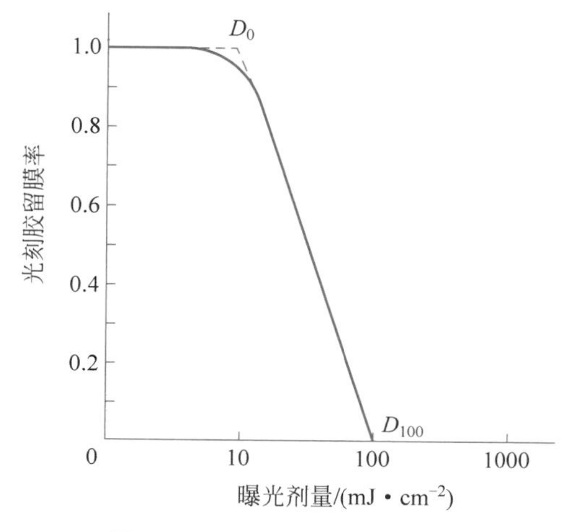

图 3.16　光刻胶的对比度函数

3）分辨率

光刻胶的分辨率受到多种因素的影响，包括曝光系统的分辨率，显影条件与烘烤温度，以及光刻胶的厚度、分子质量和平均分布等。

4）抗刻蚀比

在精确复制掩模图案后，光刻胶的主要作用是用作抗蚀剂将图案进一步转移到晶圆或器件层中。等离子体干法刻蚀要求光刻胶有较强的抗腐蚀性，刻蚀光刻胶的速率与刻蚀衬底或器件层的速率之比称为抗刻蚀比或选择比（selectivity）。在器件制造工艺中这是一个重要参数，决定了需要多厚的胶层才能满足对衬底或器件层一定厚度的刻蚀。

5）黏度

黏度表征液态光刻胶的可流动性，通常由光刻胶中的聚合物固体含量来控制。通过调节聚合物固体浓度，同一种光刻胶可以具有不同的黏度。这在涂胶时控制胶层厚度很有用，是一个重要的参数。

3. 几种典型光刻胶实例

1）紫外曝光正性光刻胶

典型的I线紫外正性光刻胶，其感光化合物为重氮萘醌（diazonaphthoquinone），简称DNQ。光刻胶的主体成分是酚醛树脂（novalak），是一种含有两个甲基和一个羟基的芳香族环烃，其基本的环结构可以重复5～200次，易溶于水。在树脂中加入二甲苯和各种醋酸盐溶剂可以调节光刻胶的黏度。曝光前，重氮萘醌的作用是阻止酚醛树脂溶于碱性显影液，其对光刻胶的溶解速率可产生十倍以上的抑制效果，光刻胶几乎完全不溶；曝光后重氮萘醌转化为一种羧酸（-COOH），光化学反应如图3.17所示。羧酸与酚醛树脂混合物迅速吸收水，反应中放出的氮气也使光刻胶起泡沫，这两者均可以促进胶的溶解，溶解过程中羧酸进一步分裂为水溶的胺，这些效应使光刻胶在碱性显影液中迅速溶解。这种胶的优点是未曝光区域在显影液中溶解率极低，能够制作高精度图形。酚醛树脂耐化学腐蚀性能极好，对后续的等离子体刻蚀是一种很好的掩模材料。这种光刻胶可形成的最小图形线宽约为0.35μm。

2）负性光刻胶

在半导体工艺早期，直到20世纪70年代中期，负性光刻胶都居于主导地位。其基底树脂是一种聚异戊二烯的天然橡胶，溶剂采用二甲苯，感光剂是一种经过曝光释放出氮气的光敏剂。经过曝光感光剂产生的自由基在橡胶分子间产生交联反应，使光刻胶变得不可溶。但在显影过程中负性光刻胶会吸收显影液产生膨胀（swelling），使位置接近的线条可能发生粘连，导致难以实现高分辨率的工艺。负性光刻胶一般不适合制作尺寸小于2μm的线条，而且在空气中很容易被氧化。

3）化学放大胶

20世纪90年代集成电路制造技术节点推进到0.25μm，主要是为满足256Mb的DRAM存储芯片需求。基于准分子激光器的深紫外曝光机开发成功，激光波长为248nm和193nm。然而I线光刻胶在深紫外光波长具有强烈的光吸收，曝光时光线从光刻胶顶部向底部传播过程中被光刻胶迅速吸收，到达光刻胶底部的光强不足以使其充分

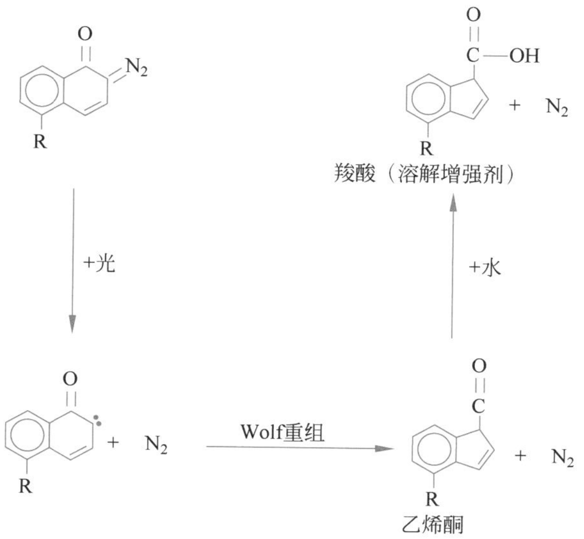

图 3.17 重氮萘醌 DNQ 的光化学反应示意图

曝光，显影后光刻胶的断面呈梯形，无法曝光满足集成电路制造需求的 1μm 厚的光刻胶。满足深紫外曝光需求的是一种新的化学放大光刻胶。化学放大光刻胶含有一种光酸产生剂(Photo Acid Generator，PAG)，光酸产生剂在深紫外光照射下分解产生少量光酸分子，然后在后烘过程中会诱发级联反应产生更多的光酸，一个光酸分子在后烘过程中可以诱发产生 800～1200 个光酸分子。大量的光酸分子催化光刻胶被曝光部分的去保护反应，使其变为可溶(正性光刻胶)或不可溶(负性光刻胶)。主要的化学反应是在后烘过程中发生的，产生初始的光酸只需要很低的曝光剂量，因此化学放大胶具有很高的灵敏度。同时化学放大胶的对比度、分辨率和抗刻蚀性能也都非常好。但由于其依赖光酸，如果环境中含有碱性成分，则容易对光刻胶的顶部渗透并中和一些光酸，导致顶部局部线宽变大，因此化学放大胶易被空气污染，在空气中稳定性不好。

3.3 其他的光学曝光技术

3.3.1 极紫外曝光

如前所述，缩短曝光光源的波长是获得高分辨率的主要途径之一。采用波长 248nm (KrF)和 193nm(ArF)的准分子激光器作为光源，辅以分辨率增强技术并结合浸没式曝光，集成电路工业将曝光图形的技术节点推进到了 22nm，这一进展使得波长 157nm 的光源未能实现产业化。而进一步提高曝光分辨率，推进技术节点，工业界直接采用了极紫外曝光(EUV)技术。极紫外技术采用波长 13.4nm 的激光等离子体光源，ASML 公司经过长期研发终于使这一技术实现产业化，使集成电路产业的技术节点进入了 7nm 和 5nm 时代，且台积电采用 EUV 技术的更先进工艺的研发也比较顺利。

极紫外光的产生方式与传统的气体放电灯和激光器不同，其采用激光束加热锡液滴或其他元素至电离态，这些元素在激发后会产生软 X 射线辐射，如图 3.18 所示。其中 13.4nm 是一个峰值波长，因此极紫外曝光采用了这一波长。极紫外光源本身是一个异常复杂的装置，在极紫外曝光技术发展过程中，提高光源的发光功率以达到满足集成电路量产需求是一个核心任务。经过长期努力，ASML 的极紫外光源功率从 2010 年 10W 的水平提高到了 2017 年 250W 的水平，最终使曝光能力达到了每小时不低于 120 片 12 英寸的硅晶圆，满足了量产需求。

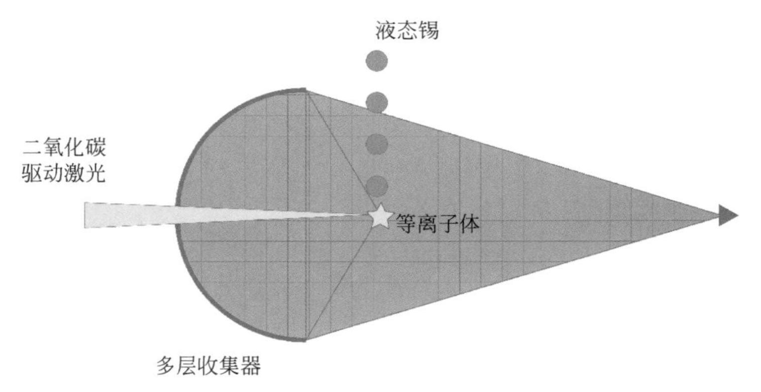

图 3.18　极紫外光的产生方式示意图

极紫外光波长可被几乎所有材料吸收，传统的折射光学成像系统完全不适用，因此极紫外曝光系统的光学成像部分，包括掩模板，全部采用反射式。其投影光学部分由几个反射镜构成，由于极紫外光在几乎所有材料表面的反射率都很低，因此反射镜必须镀上抗反射层。抗反射层采用多层交替薄膜，即布拉格反射镜，每层膜的光学厚度为极紫外光波长的 1/2。实际制作的钼-硅反射镜的峰值反射率约为 68%。除采用常规的光学分辨率增强技术之外，极紫外曝光要在真空中进行(空气对极紫外光波长也有很强的吸收作用)。极紫外曝光系统异常复杂和昂贵，目前只有 ASML 一家公司能够提供可用于集成电路量产的设备。例如，其 NEX：3400B 具有功率 250W 的光源，每小时能曝光至少 120 片硅晶圆。设备单价超过 1 亿美元，且由于 ASML 产能有限，只有台积电等极少数企业能采购并使用极紫外曝光机。图 3.19 为 ASML 公司的极紫外光刻机的构造示意图。

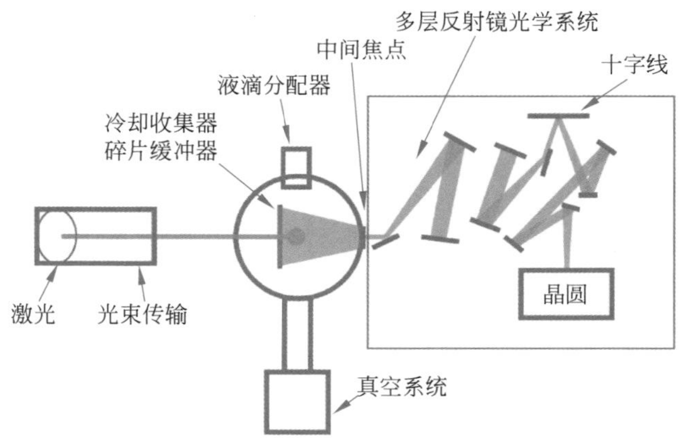

图 3.19　ASML 公司的极紫外光刻机的构造示意图

3.3.2 X 射线曝光

极紫外光的波长非常接近于 X 射线，X 射线覆盖的波段范围从伽马射线到波长约 10nm 的软 X 射线，由于其波长更短，理论上用 X 射线作为曝光光源可以获得更小尺寸的曝光图形。但 X 射线曝光受到一系列因素的影响：首先，X 射线在几乎所有材料中的折射率都约为 1，这就难以使用折射光学对 X 射线会聚和成像；其次，X 射线能穿透大部分物质，很难制作出来类似极紫外曝光系统中的反射镜，反射光学也难以用在 X 射线曝光系统中。这两点使得 X 射线曝光系统只能使用邻近式曝光；最后，X 射线曝光的掩模板采用透射式，其原理为低原子序数的材料 X 射线的透过率高，高原子序数材料的 X 射线透过率低，利用 X 射线透过率的不同来制作掩模板。如图 3.20 所示，基底材料采用硅或氮化硅等材料，其对 X 射线的透射率不低于 25%；掩模材料采用金、Pt、钨等，这些材料对 X 射线的吸收率要大于 90%。最终能够使用的 X 射线的波长取决于掩模板的基底材料和掩模材料，其波长限制在 0.4～2nm。

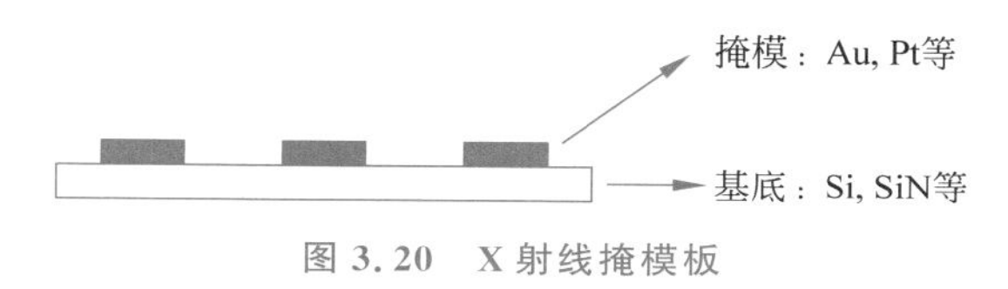

图 3.20 X 射线掩模板

X 射线掩模板的制作难度较大，例如，若采用 1nm 波长的 X 射线，使用硅作为掩模基底材料，则其厚度为 1～2μm。由于只能采用 1∶1 的邻近式曝光，因此掩模板的整体尺寸与晶圆相当，这就需要制作出来大面积的薄膜，其机械强度很差。同时掩模板与晶圆表面的间隙需要精确地控制在大约 10μm，这要求晶圆具有极高的平坦度，因此整个工艺难度非常大。

X 射线曝光的另一个问题在于：虽然其波长非常短，理论上应该能得到更小尺寸的曝光图形，但事实上 X 射线曝光在实验室条件下获得的最小图形尺寸在 30nm 左右，这甚至还不如 193nm 波长的浸没式曝光。其主要原因在于：首先，X 射线曝光采用邻近式曝光，掩模板与晶圆表面必须保持一定的间隙，例如，若波长为 1nm，间隙为 10μm，根据曝光分辨率的公式 $R=k\sqrt{\lambda d}$，假设工艺参数 $k=1$，则分辨率也只有 100nm。其次，X 射线透过掩模板后存在衍射效应，使透光区与未透光区缺少明确的界限，实际的曝光宽度取决于光刻胶的曝光阈值。使用相干性好的 X 射线光源时衍射效应尤其显著，这就需要在设计掩模图形时对其尺寸进行严格的校正，以补偿衍射效应造成的光强分布畸变。最后，X 射线会在光刻胶中激发光电子和俄歇电子，当 X 射线穿透光刻胶照射到衬底上时也会产生二次电子，这些光电子和二次电子对光刻胶有曝光作用，其各向同性散射会进一步扩大 X 射线曝光的范围，降低所能获得的曝光分辨率。这在短波长的 X 射线中尤其显著。这几个因素加上传统的光学曝光技术的迅速进步，使 X 射线曝光未能获得集成电路量产应用。但因 X 射线极强的穿透性，在厚胶曝光中有其独特的优势和应用，具体将在下面详述。

3.3.3 激光扫描无掩模曝光

激光扫描无掩模曝光也称激光直写曝光，即通过激光束与载有样品的工作台的相对运动使激光束直接对光刻胶曝光。这种方式不需要单独制作掩模板，在集成电路掩模板制作成本高昂的情况下，激光直写式曝光在科研中应用非常方便。海德堡公司的激光直写曝光机具有代表性，可以产生最小尺寸 0.5μm 的图形，图 3.21 为其照片。激光直写式曝光的劣势在于其速度远低于投影式曝光，因此无法应用到大批量集成电路的生产中，但激光直写式曝光在光学掩模板的制作上应用十分广泛。此外，激光直写式曝光在一些对图形尺寸和分辨率要求不高的制造工艺中，例如，微机电、微光学器件、平板显示行业的液晶面板等制造中也有广泛应用。

HEIDELBERG
INSTRUMENTS
μPG 501

图 3.21 海德堡公司的激光直写式曝光机照片

3.3.4 反射镜阵列无掩模曝光

这种曝光方式基于用微机电技术制作的微型反射镜阵列，每个微反射镜的面积约为几十平方微米，通过电极可以单独控制其偏转角度，进而改变其对光的反射能力。阵列中的每个微反射镜用作一个反射光的单独像素，整个阵列可以反射出不同的图形，如图 3.22 所示。美国德州仪器公司生产的微反射镜阵列器件广泛应用在各种投影显示系

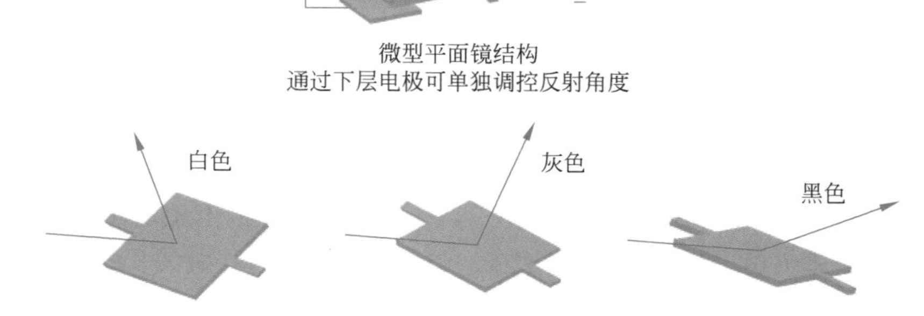
微型平面镜结构
通过下层电极可单独调控反射角度
白色
灰色
黑色
通过调控反射角度，分别可以产生白色、灰色和黑色像素

图 3.22 反射镜阵列无掩模曝光

统中，例如，电影院的放映设备，又称作数字镜器件(Digital Lens Device，DLD)。近年来，基于这种微反射镜阵列的无掩模曝光机技术逐渐成熟并开始商用，可以制作出最小尺寸约 1μm 的器件。相比激光扫描无掩模曝光，这种微反射镜阵列反射的图像可以一次投射到像平面上，其曝光速度远高于激光扫描曝光方式。此外，其反射的图像还可以通过透镜系统大大缩小，其缩小倍率可低于 1/200，因此其能实现小于 100nm 的曝光图形。

3.3.5 LIGA 技术

LIGA 技术是 20 世纪 80 年代德国的 Karlsruhe 核技术研究所首先提出并研发的，LIGA 是德文 Lithographi (LI) Galvanoformung (G) Abformung (A)的缩写，分别代表(深度 X 射线)光刻、电铸成型和塑料铸模。将这三者结合，可以制造非常精细的三维结构。前面介绍的 X 射线曝光所使用的 X 射线波长对 LIGA 技术仍然太长，LIGA 普遍使用波长小于 1nm、光子能量大于 20 keV 的硬 X 射线，这只能由同步辐射光源产生。而且所产生的 X 射线发散角通常在 1mrad 以下，具有高度的平行性，因此适用于超深结构的曝光。例如，采用 0.2～0.3nm 波长的 X 射线一次就能对 500μm 厚的 PMMA 完成曝光。LIGA 的工艺流程如图 3.23 所示。

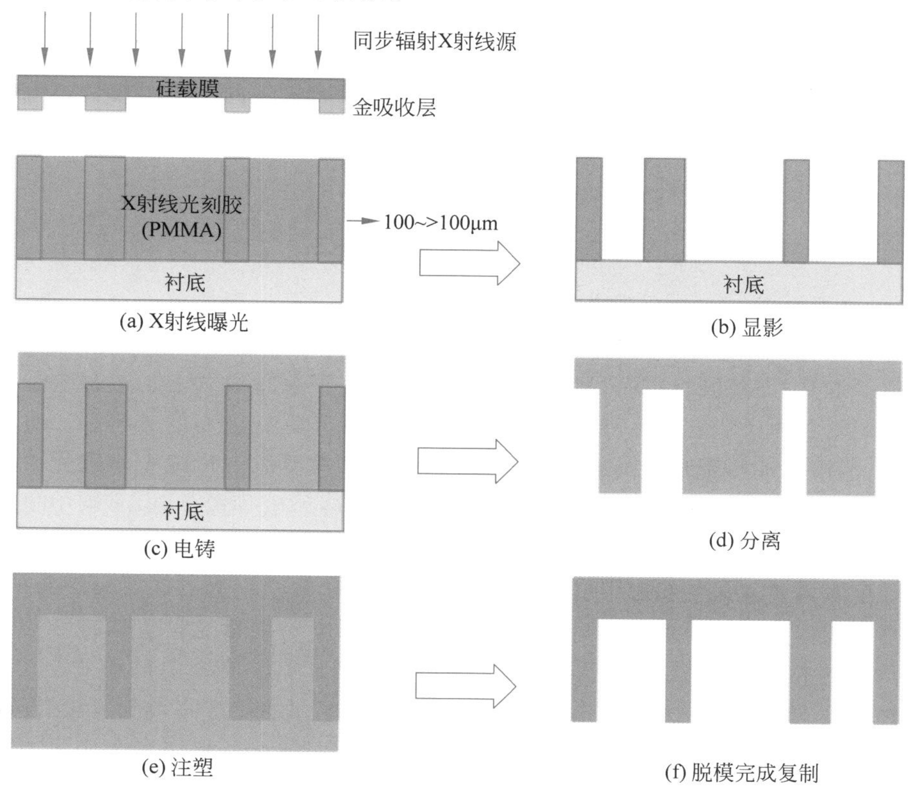

图 3.23 LIGA 的工艺流程

X 射线通过掩模板对光刻胶(聚合物材料涂层,PMMA)曝光,显影后得到图形结构;然后进行金属电铸填充满微结构,之后去除分离掉光刻胶,即可得到金属微结构。此结构用来作为下一步注塑的模具,如图 3.23 所示,注入塑料或其他材料,成型后脱模即可完成微结构的复制。用这种方式可以制作出深宽比大于 100 的微结构,高度可达几百微米,而横向尺寸在亚微米量级。LIGA 技术可以制作硅工艺无法实现的立体金属微结构,作为塑料、陶瓷元件的成型模具,其主要应用领域在微机械、微型传感器和执行器、微光学元件等。但近些年随着深硅刻蚀技术的快速发展,同样深宽比的微结构也可用硅材料实现,X 射线 LIGA 技术的应用领域受到挤压。

3.4 非光学光刻技术

电子束曝光

电子束能够用于光刻技术主要基于两个原因:

(1) 某些高分子聚合物对电子束敏感因而可以用来制造曝光图形;

(2) 电子因其波粒二象性具有极短的德布罗意波长,电子束因而具有类似光波的效应,但由于其波长极短,电子光学具有极高的分辨率。

聚焦电子束最早在 20 世纪初就开始以阴极射线的方式在显像管中用于显示用途,后来电子束用在透射和扫描电子显微镜中,将显微技术的分辨率推进到了原子尺度,远远超出光学显微镜的极限能力。究其根本,在于电子具有极短的波长。在量子力学中讲到,实物粒子具有波粒二象性,其波长 λ 可由下式计算:

$$\lambda = \frac{h}{p} = \frac{hc}{\sqrt{2mc^2 E_k}} = \frac{1.226}{\sqrt{V}}(\mathrm{nm}) \tag{3-7}$$

式中,h 是普朗克常数,p 是粒子的动量,m 是粒子的质量,c 是真空光速,E_k 是粒子的动能,V 是以电子伏特(eV)为单位的粒子能量,由此公式计算出来的粒子波长的单位是纳米(nm)。如果电子的能量为 100eV,则由此公式计算出来的电子波长只有 0.12nm。如果提高电子能量,则其波长更短,可以比光学波段短 4 个数量级以上。透射电子显微镜能够直接观察到原子尺度正是因为电子极短的波长使其具有极高的分辨率。对电子束光刻来说,其波长远小于曝光图形的尺寸,因此可以忽略类似于传统光学曝光中的影响图形分辨率的衍射效应。限制电子束曝光分辨率的是各种电子像差、电子束中电子之间的库仑作用和电子在光刻胶(电子抗蚀剂)中的散射效应。

电子束曝光技术最初起源于电子显微镜中高能电子辐照引起的碳污染现象的发现。电子束曝光技术的发展历史已超过 60 年,利用现代的电子束曝光设备和特殊的光刻胶能够制作出纳米尺度的精细结构,并以其灵活性在微纳米科学研究中得到了极其广泛的应用。然而电子束曝光技术始终未能在超大规模集成电路的量产中得到直接应用,主要原因是其曝光效率远低于光学曝光的效率。但是电子束曝光是制作光学掩模的主要工具之一,并且是制作极紫外曝光的掩模图形的唯一选择。

1. 电子光学原理简介

电子在电磁场中运动时其速度与方向的变化依赖于电磁场的分布，在某些特殊分布的电磁场中运动时电子的运动轨迹和规律与几何光学有类似之处，故称为电子光学。与光在不同折射率的介质中传播时发生折射相似，通过控制电磁场的分布也可以控制电子的速度和方向，进而使电子束产生折射效应。电子在三维电场中的运动方程为

$$\frac{\partial^2 \boldsymbol{r}(x,y,z)}{\partial t^2}=\frac{e}{m}\boldsymbol{E}(x,y,z) \tag{3-8}$$

式中，$\boldsymbol{r}(x,y,z)$是电子的空间位置坐标，t 是时间，e 是电子电量，m 是电子质量，$\boldsymbol{E}(x,y,z)$是电场强度矢量。如果电场分布是轴对称的，那么用轴坐标代替直角坐标，可将上述电子的运动方程简化为

$$r''=\frac{(1+r'^2)}{2V(r,z)}\left[\frac{\partial}{\partial r}V(r,z)-r'\frac{\partial}{\partial z}V(r,z)\right],\quad r''=\frac{\mathrm{d}^2 r}{\mathrm{d}z^2};\quad r'=\frac{\mathrm{d}r}{\mathrm{d}z} \tag{3-9}$$

式中，$V(r,z)$是空间电位分布，是径向坐标 r 和轴向坐标 z 的函数。由上述方程可以得到电子透镜的焦距的公式：

$$\frac{1}{f_i}=\frac{1}{4\sqrt{V_i}}\int\frac{V''(z)}{\sqrt{V(Z)}},\quad V''(z)=\frac{\mathrm{d}^2 V(z)}{\mathrm{d}z^2} \tag{3-10}$$

因此，电子透镜的聚焦能力与轴向电位分布的二阶导数成正比，或者与电场强度分布的一阶导数成正比。这说明只有变化的电磁场才对电子束在具有透镜作用，均匀分布的电磁场并无此作用。电场与磁场均可用作电子透镜，例如，一个中间存在缝隙的圆筒电极即可产生电子透镜作用，如图 3.24 所示是圆筒 A 和 B 的沿着长度方向的剖面图，在 A 和 B 上加电压，用三维仿真可获得电位的空间分布状态，可见电位的分布并不均匀，其等位面的形状类似于光学镜面的曲面。而一束发散的电子束在圆筒 A 的左端入射时，经过 A 与 B 之间的缝隙，电子束的轨迹与光线通过光学透镜时向光轴方向的会聚状态非常相似。对电子束来说这是由其受到轴向的电场力导致的，因此圆筒电极具有电子透镜的作用。电子在磁场中运动时受到洛伦兹力的作用，具有轴向旋转对称的磁场对电子束也具有透镜作用，如图 3.25 所示。相比之下，增强静电透镜的会聚能力需要提高电极间隙的电场变化，电位差过大时容易击穿，保持绝缘比较困难。而提高磁场透镜的会聚能力需要的大电流，且大电流产生的热量容易通过冷却而散掉。因此电子束曝光系统较多采用磁透镜来聚焦电子束，且磁透镜的像差也比静电透镜的小。

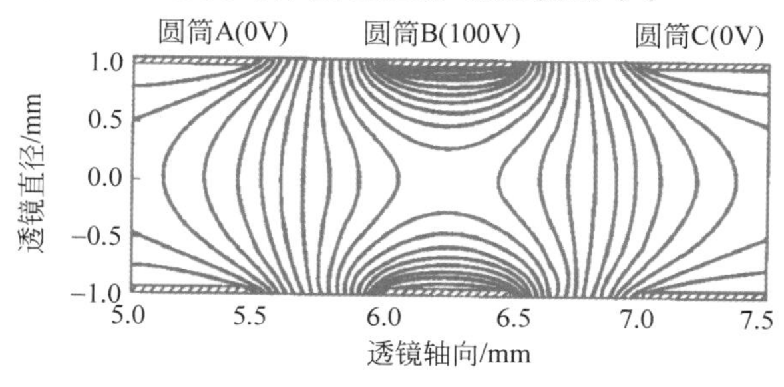

图 3.24　圆筒电极中的空间电位分布和发散电子束的运动轨迹

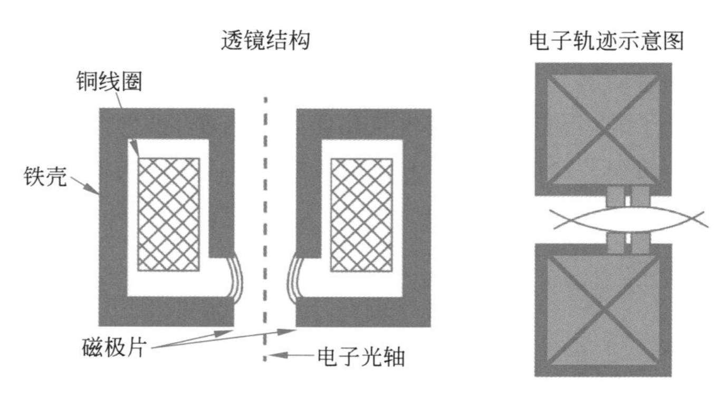

图 3.25　通电线圈产生的具有电子透镜作用的磁场

在电子透镜中，旋转轴对称的电场和磁场对电子具有聚焦作用，对场中的高斯束可以理想成像。但在实际中难以实现电场和磁场的轴对称，也难以获得初速度相等的发射电子束，这导致不能理想成像，无法将物平面上任意点发射出来的电子都聚焦到同一平面的相应点上，这种像与物的差异即为电子像差，与光学透镜存在像差类似。电子光学像差限制了会聚电子束所能形成的最小束斑尺寸，其最小束斑直径为

$$d=\sqrt{d_g^2+d_s^2+d_c^2+d_d^2} \tag{3-11}$$

式中，无像差束斑直径：$d_g=\dfrac{d_v}{M}$（d_v 为电子经阴极透镜聚焦后形成的交叉截面半径——虚源，M 为透镜缩小倍率）；球差：$d_s=\dfrac{1}{2}C_s\alpha^3$（$C_s$ 为球差系数，α 为电子束会聚角）；色差：$d_c=C_c\alpha\dfrac{\Delta V}{V}$（$C_c$ 为色差系数，ΔV 为电子束能量分散，V 为电子束能量）；衍射像差：$d_d=0.6\dfrac{\lambda}{\alpha}$（$\lambda$ 为电子波长，$\lambda=\dfrac{1.2}{\sqrt{V}}$，单位为 nm）。

电子束的球差和色差是主要像差，因此电子透镜的设计需要考虑这些因素。此外，由上述公式可见，电子束的能量分散程度影响电子色差，而电子束的能量分散与具体产生电子束的方式有关，因此电子束源的选择要考虑其对电子色差的影响。电子像差直接依赖于电磁场的空间分布，但并不能任意改变电磁场的分布，因此电子像差的校正不能像光学像差的校正那样通过改变透镜的折射面曲率或形状来部分完成。上述电子像差都是相对电子束的光轴而言的，而使电子束偏转扫描时还会产生偏转像差，即像散和场曲，如图 3.26 所示。这些像差使电子束的尺寸和形状产生畸变，影响曝光质量。

除了这些等效的光学像差之外，若电子束的空间密度较高，由于电子之间的库仑排斥力作用会产生空间电荷效应，所以会使电子束直径增大，聚焦变差，降低分辨率。这一由空间电荷效应导致的像差是光学系统所没有的。要减弱这种效应，一个直观的方式是降低电子束的空间电荷密度，即减小束流。但减小电子束流会直接减弱曝光作用，因此通常通过提高电子束能量而不是减小电子束流的方法来控制空间电荷效应。

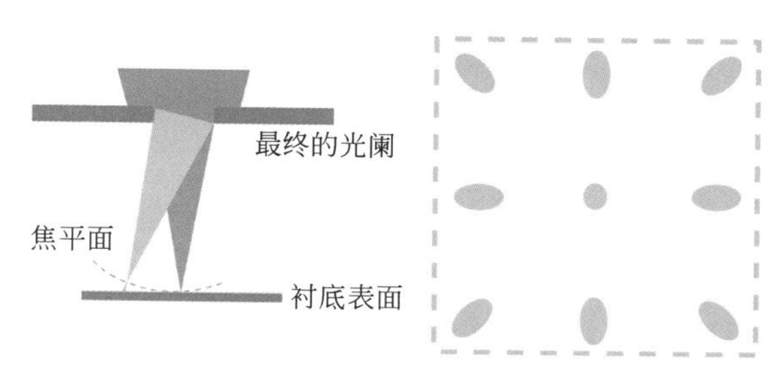

图 3.26　电子束扫描偏转所产生的像差

2. 电子束曝光系统(含曝光方式)

电子束曝光系统通常包含 3 个大的基本功能模块：电子枪、聚光透镜和物镜偏转器，以及很多其他的辅助功能组件。图 3.27 是一个电子束曝光系统的简要示意图。

(1) 电子枪。电子枪是产生电子束的源，通常由发射电子的阴极和对发射的电子聚束的阴极透镜组成，如图 3.28 所示。由阴极发射的电子经过阴极透镜聚焦后形成一个交叉截面，这个交叉截面作为后面电子光学系统的等效源，或称虚源(virtual source)，如图 3.29 所示。电子透镜并不是直接把电子阴极成像到像平面上，而是把这个虚源成像到像平面上。

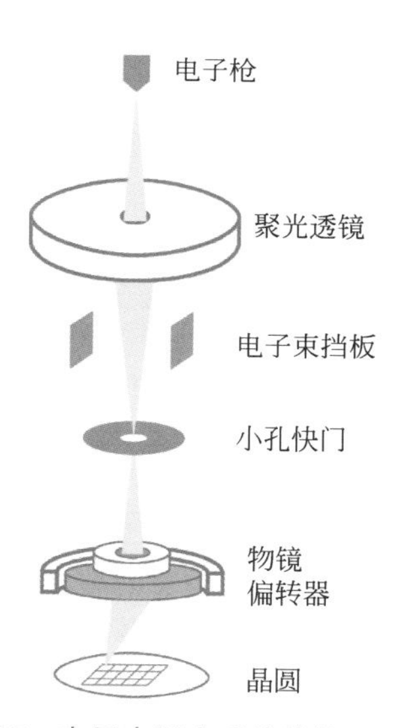

图 3.27　电子束曝光系统的简要示意图

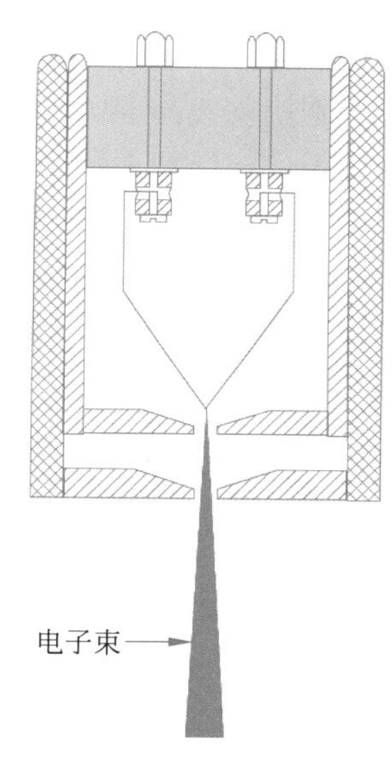

图 3.28　电子枪的结构示意图和实物照片

有两种发射电子的阴极：热阴极(thermionic cathode)和场发射阴极(field emission cathode)。热阴极是把钨丝或六硼化镧(LaB_6)加热到 2000～3000K 的高温，电子的动能可以直接克服阴极材料的表面势垒(即功函数)而逸出其表面，在外加电场作用下形成电子束。阴极透镜再对其聚束即可作为后续电子光学系统的电子束。场发射阴极则是将阴极材料加工成极细的尖端，尖端直径不足 500nm。加上外加电压即可在尖端形成强电

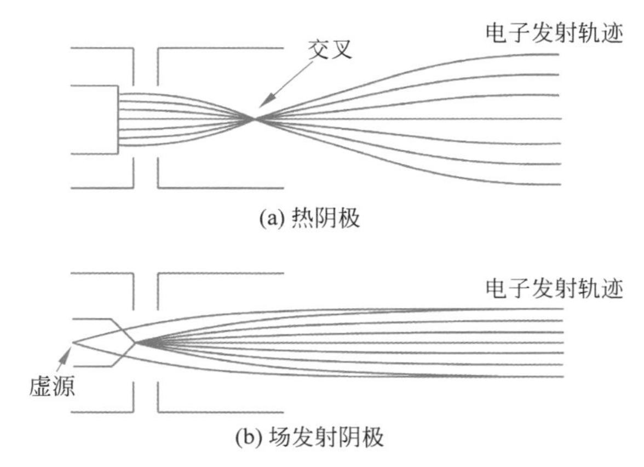

图 3.29 热阴极和场发射阴极产生的电子束虚源示意图

场,电场强度可达 10^8 V/m。在如此强的电场下,阴极表面的电子可以通过隧穿作用直接逸出表面形成发射的电子束。这种电子阴极是由尖端强电场和电子隧穿作用共同实现的,在室温下即可工作而不需要加热,因此又称冷阴极。由于冷阴极的表面积极小因此并不需要阴极透镜会聚电子束。冷阴极必须工作在极高的真空环境中。表 3.3 对比了热阴极和场发射阴极的主要特征和性能参数。

近年来又发展了一种热场发射阴极,这种阴极将传统的场发射阴极加热,在高温下减少了气体原子在阴极表面的吸附,提高了冷阴极工作的稳定性。这种热场发射阴极在电子束曝光系统中的应用越来越广泛。

表 3.3 热阴极和场发射阴极对比

	工作原理	材料	亮度(B)($A/cm^2/Sr$)	能带宽度(eV)	灯丝温度	真空度(Torr)
热阴极	高温电子发射	W	$\sim 10^5$	2～3	～3000K	$10^{-5}\sim 10^{-6}$
		LaB_6	$\sim 10^6$	2～3	2000～3000K	$10^{-7}\sim 10^{-8}$
场发射阴极	高场电子隧穿	W	$10^9\sim 10^{10}$	0.2～0.5	室温	$<10^{-8}$

(2) 电子枪准直系统(gun alignment):对电子枪发射的电子束准直,消除加工或装配误差所带来的电子束的偏移。

(3) 聚光透镜(condenser lens):类似光学曝光系统中光源的聚光透镜,将电子枪发射的电子最大程度地到达曝光表面。

(4) 电子束快门(beam blanker):开关电子束,使电子束只在需要时到达曝光表面。

(5) 变焦透镜(zoom lens):调制电子束焦平面位置和动态聚焦。

(6) 消像散器(stigmator):校正电子束的形状。

(7) 孔径(aperture):限制电子束张角,调节束流。

(8) 投影透镜:聚焦和缩小电子束,形成最终到达曝光表面的电子束斑。

(9) 物镜偏转器(deflector):控制电子束的偏转和扫描。

电子束曝光系统除了这些电子光学主体部分外,还包括束流检测、反射电子检测、工作台、真空系统、图形发生器、高压电源等其他重要的组成部分。

电子束曝光系统主要采用电子束直写方式,即通过电子束和工作台的相对移动,使电子束直接对光刻胶曝光并产生设计的图形。由于电子束偏转的范围有限,一般只有几百微米到几毫米,通常将曝光图形划分成许多小区域(field),又称曝光写场,电子束只在每个曝光写场内扫描曝光,然后通过工作台的移动使曝光写场拼接起来,最终完成对整个曝光图形的扫描。如图 3.30 所示。拼接必然产生误差,通常为 30～60nm,如果曝光图形尺寸与拼接误差接近,则必然影响到曝光图形的精度,所以在设计时需要注意。

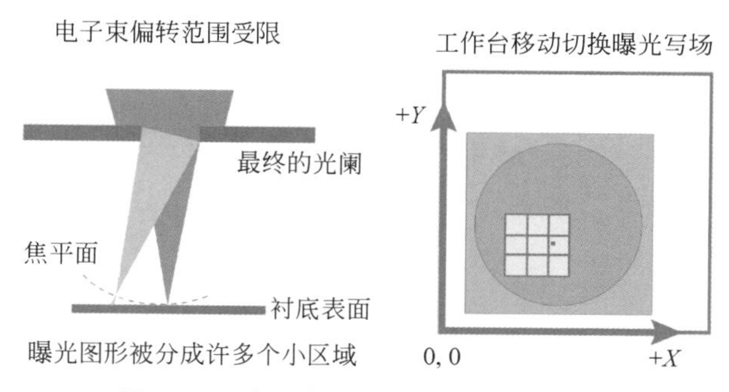

图 3.30 电子束偏转和曝光写场的拼接

电子束曝光系统的曝光方式有矢量扫描(vector scan)曝光和光栅扫描(raster scan)曝光两种,如图 3.31 所示。矢量扫描方式是电子束仅在需要曝光的区域扫描,在不需要曝光的区域则关断束流,并做矢量位移,将电子束移到需要扫描的下一个区域的起点然后开始该区域的扫描。矢量扫描的分辨率高,但是速度较慢。光栅扫描方式不需要电子束做矢量位移,而是在整个图形区域扫描,在需要曝光的位置打开电子束流进行曝光,在不需要曝光的位置关断电子束流。光栅扫描的速度快,但是分辨率低。矢量扫描比光栅扫描方式效率高很多,但光栅扫描的逻辑设计比较简单。矢量扫描的电子束的束斑为圆形,束斑内的电流分布为高斯函数分布,因此又称为高斯束。图 3.32 所示为电子束的束斑尺寸(spot size)和扫描步距(beam step size)。矢量扫描的频率取决于电子束流、曝光剂量和单步扫描面积,如下所示:

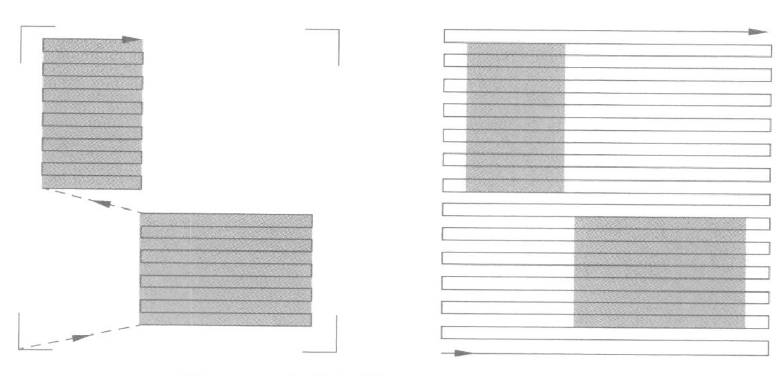

图 3.31 矢量扫描(左)和光栅扫描(右)

$$F(\mathrm{MHz})=\frac{I_b}{\mathrm{dose}\times\mathrm{bbs}^2} \tag{3-12}$$

式中，F 是扫描频率，单位是 MHz；I_b 是电子束流，单位是 nA；dose 是曝光剂量，单位是 $\mu\mathrm{C/cm}^2$；bbs 是扫描步距，单位是 μm。矢量扫描的频率一般为 25～50MHz，光栅扫描的频率可达 500MHz。

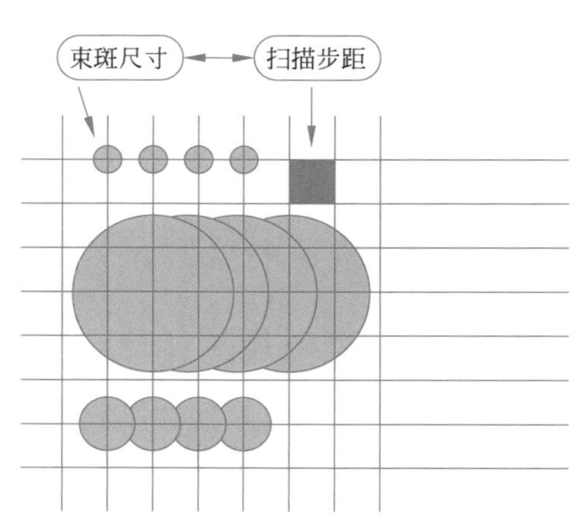

图 3.32　矢量扫描的电子束斑和扫描步距

3．电子束光刻精度的影响因素

影响电子束曝光精度的因素除了上述的电子光学的各种像差之外，还有一个重要的因素，就是电子入射到抗蚀剂中发生的各种散射效应。入射电子与抗蚀剂中的原子发生弹性散射改变飞行方向，但不损失能量；在两次弹性散射之间，电子与抗蚀剂中的电子发生非弹性散射而损失能量，这部分能量转移给抗蚀剂的电子。电子与固体中的原子和电子碰撞是一个随机过程，其散射方向也是随机的，因此形成散乱的电子轨迹。电子散射过程所损失的能量转移给了抗蚀剂，使得电子能量在抗蚀剂中的分布大于电子束曝光的图形，相当于入射电子束被展宽，这种散射称为电子的前向散射(forward scattering)。此外，电子穿过抗蚀剂到达衬底时，还会在衬底表面反射，这部分反射的电子重新回到抗蚀剂中，这部分电子称为背散射(back scattering)电子。除了这些散射之外，电子在抗蚀剂中损失的能量还会激发其二次电子。多数二次电子都是能量介于 2～50eV 的低能电子，因其是抗蚀剂的化学反应的主要部分。但也有少量二次电子具有高达 1000eV 以上的能量，这部分电子可以扩散一定的距离进一步产生低能二次电子。低能二次电子的扩散范围直径约 10nm，这从根本上限制了电子束的分辨率。可以用蒙特卡洛方法(Monte Carlo method)来计算模拟电子的散射轨迹。图 3.33 所示为电子在抗蚀剂和衬底界面处的散射过程和用蒙特卡洛方法模拟的电子散射轨迹。

4．电子束邻近效应及其校正

由于电子在抗蚀剂和衬底中受到散射而偏离原来的入射方向，如果两个图形比较靠近，则由电子散射形成的曝光能量分布延伸到相邻的图形区域中，曝光图形发生畸变，分

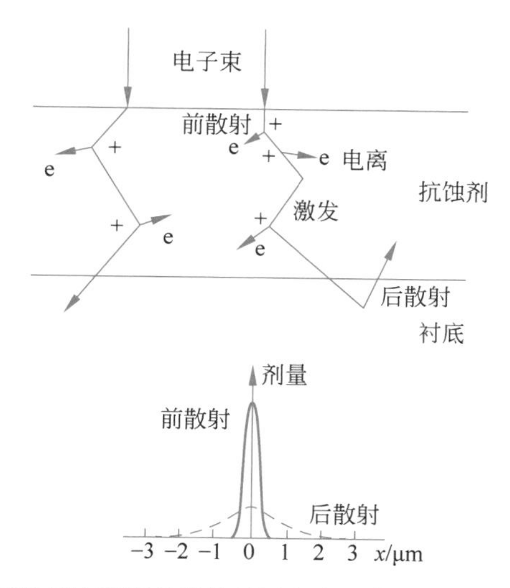

图 3.33 电子在抗蚀剂和衬底界面处的散射过程和用蒙特卡洛方法模拟的电子散射轨迹

辨率降低，这就是电子束邻近效应。在同一图形内部，电子的散射也会导致曝光能量分布偏离原图形，图形边缘处的曝光能量低于图形中间的能量。因此，电子束邻近效应会同时出现在图形之间(intershape)和图形内部(intrashape)。图 3.34 显示了这两种典型的电子束邻近效应。电子束曝光的邻近效应与图形的疏密程度存在直接关系，这与光学邻近效应有相似之处，但其根源不同。

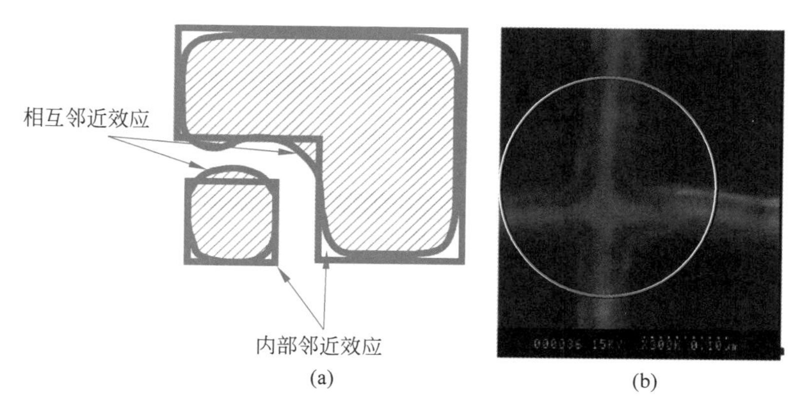

图 3.34 电子束邻近效应示意图和实物图

校正电子束曝光的邻近效应主要有三种方法：剂量校正、图形尺寸校正和背景曝光补偿。

剂量校正是普遍应用的方法，其效果也比较好。该方法的原理是想办法使所有曝光图形都得到均匀一致的曝光能量。产生邻近效应的根源是电子束的散射导致曝光能量分布发生偏离，那么人为改变曝光能量的分布就有可能纠正这一偏差。这一方法建立在计算电子束曝光能量分布的基础上，首先给一个初始的曝光剂量，然后计算所有曝光图形的能量分布，包括电子散射所导致的邻近效应。第一次计算的结果必然是能量分布发生畸变,接下来就可以根据计算的能量分布结果调整各处曝光剂量的分配,然后继续计算。通过这样的反复计算迭代,直到两次相邻计算的能量分布差值达到了允许范围,则计算完成,得到了自洽解。用这种方式纠正邻近效应时,若曝光图形总量非常大,则会产生巨大的计算量。当然这种方法是比较精确的。为了提高效率,减少计算量,可以对图形划分一定的区域,然后根据计算的能量分布决定各区域的曝光剂量。真正实施时要用软件来完成,校正邻近效应的软件是电子束曝光系统的重要组成部分。图 3.35 是剂量校正的示意图。

图形尺寸校正方法通过人为改变图形尺寸来补偿电子散射造成的图形畸变,这与光学邻近效应校正相似。例如,在图形密集处适当缩小每个图形的尺寸,以补偿局部曝光能量过高;在图形稀疏处适当增大图形尺寸;在图形尖角处改变图形的形状。如图 3.36 所示。这种方法适用的范围有限,主要原因是图形尺寸的变化不能小于像素尺寸(电子束斑尺寸)或扫描步距。

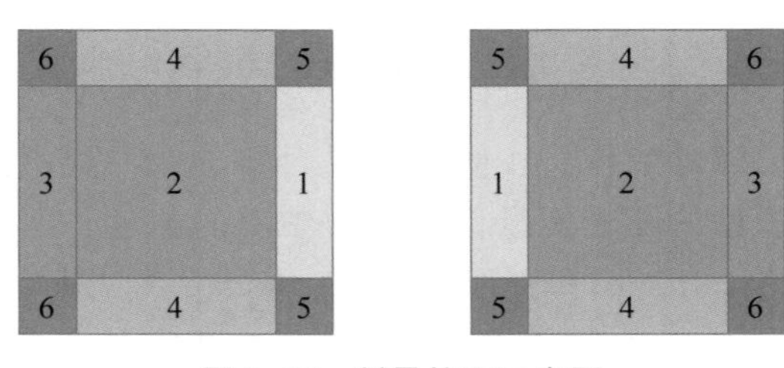

图 3.35 剂量校正示意图

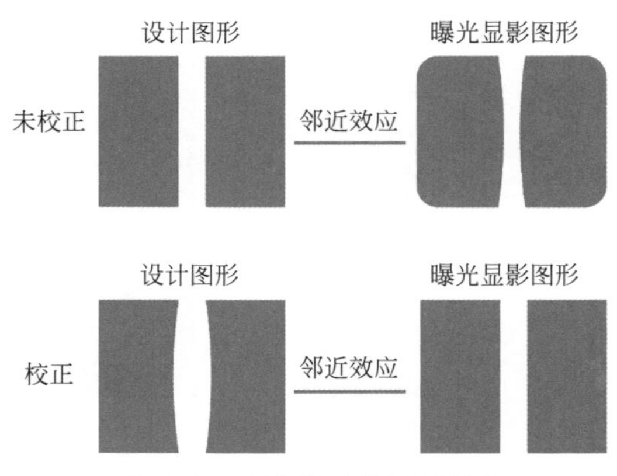

图 3.36 图形尺寸校正示意图

背景曝光补偿方法不需要计算曝光能量分布和改变图形尺寸或形状,而是两次曝光极性相反的同一组图形,这样刚好使各自的能量分布畸变相互平衡掉。这种方法不需要用专门的软件来计算,只需要将原曝光图形极性反转再次曝光即可。这种方法适用于光栅扫描方式,但背景曝光补偿会降低曝光图形的对比度。

图 3.37 所示为一个曝光器件未校正过电子束邻近效应的照片和经过校正之后的照片,图形的边缘处变化明显。电子束邻近效应的校正非常重要,否则很多图形根本就无

法准确地制作出来。

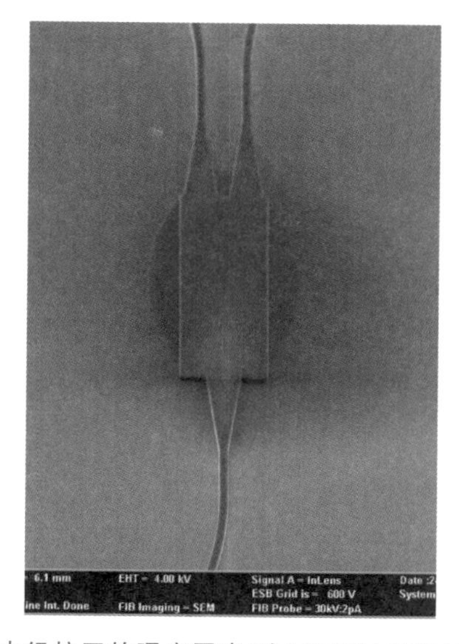

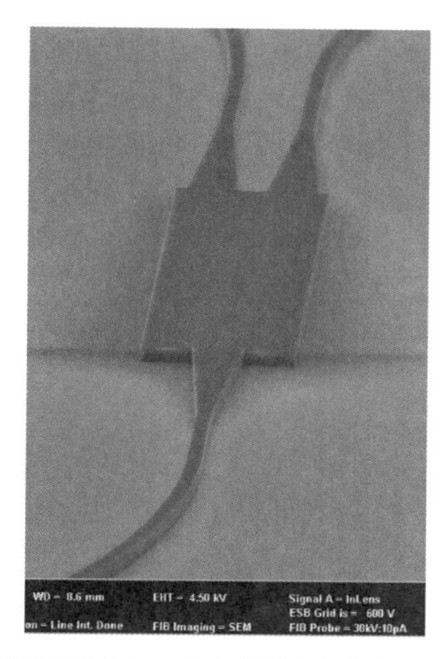

图 3.37 未经校正的曝光图案(左)和经过校正的曝光图案(右)(中山大学光电材料与技术国家重点实验室供图)

电子束曝光的优缺点：电子束曝光所能制作的线条极限尺寸约为 10nm 或稍低，这是深紫外曝光所难以达到的。电子束曝光绝大多数情况下采用直写方式，不需要制造掩模，因此其灵活性和便利性大大提高。由于电子束可以精确快速控制，因此电子束曝光可在小面积晶圆或样品表面进行。而且电子束在不平整表面的连续聚焦能力强，因此其焦深也比较大。但是电子束曝光采用扫描直写方式，必须扫描完整的晶圆，与光学曝光相比其曝光速率太低。电子束的散射和邻近效应也将其极限分辨率限制在约 10nm，曝光更小的尺寸比较困难。由于电子束必须在高真空环境下运动，因此设备结构复杂，造价昂贵。这是电子束曝光的缺点。根据电子束曝光自身固有的优缺点，其应用主要在一些对大规模生产无需求的场景，例如，制造高精度的光学曝光掩模板，或者在科学研究中制造普通光学曝光难以实现的微纳米结构。

第4章 光刻工艺实验

如第 3 章所述，光刻技术、设备和工艺有很多种，通常根据要制造的器件的具体需求来选择光刻工艺，并基于各自特点发展相应的光刻工艺。虽然具有多样性，但光刻工艺的基本流程具有共性，本章将以接触式曝光设备和实验课实例详细讲述光刻工艺的具体流程。

4.1 工艺原理

无论采用何种设备和工艺，光刻的目的总是将设计的图案准确复制和转移到涂敷在衬底或器件层表面的光刻胶中。集成电路器件和任何类型的微纳器件通常都具有三维结构，用光刻工艺实现三维器件结构的制作，首先要将三维器件分解成多个层叠的二维图案，然后采用光刻工艺逐步将其制作出来。显然，光刻工艺通常要进行多次才能完成器件制作，每次曝光的图形都要和上次曝光制作好的图形严格对准起来。根据采用的曝光设备、光刻胶和器件的尺寸及精度需求，光刻工艺的每一步都要进行优化。

经过半个多世纪的发展，光刻工艺已经非常先进，根据不同器件的具体需求开发了相应的工艺。光刻工艺具有多样性，但其基本流程非常相似，大多数的光刻工艺都是在典型的十步曝光法的基础上演变而来的。具体流程如下：

(1) 晶圆表面准备。曝光前首先要彻底清洗晶圆，去除各种污染物和颗粒杂质，对硅晶圆已发展了几种标准的化学清洗工艺。在完成清洗后需要对硅晶圆脱水烘焙，使其表面绝对干燥，否则光刻胶难以良好地附着在晶圆表面。烘烤硅片通常是在 150～200℃ 的烘箱中进行 15～30min，然后立刻用化学增附剂——六甲基二硅胺烷(Hexamethyldisilazne, HMDS)进行成膜处理，这层增附剂可以确保光刻胶在后续工艺中不会脱落。HMDS 的成膜可以用旋转、喷雾或气相的方式来形成。

(2) 涂胶。涂胶又称“甩胶”，即将液态的光刻胶滴到晶圆的表面，然后使晶圆高速旋转，从而将胶均匀的“甩”到晶圆表面。这一步由专门的涂胶机来完成，晶圆通过真空吸附的方式固定在载片台上，光刻胶由滴胶头滴到晶圆表面，然后晶圆开始加速旋转，使光刻胶均匀涂敷在晶圆表面，然后再匀速旋转。胶的厚度取决于转速、黏度等几个参数，胶膜的厚度和均匀性至关重要，低黏度的胶和高转速的涂胶可以得到较薄的胶膜。除了旋转涂胶，还有类似于喷雾器的喷涂(spray coating)法。在涂胶过程中光刻胶会流到晶圆边缘和背面形成一个隆起的边圈，在干燥等后续工艺流程中这些光刻胶会剥落并产生颗粒，有可能落入到晶圆表面的器件区域从而形成缺陷，也有可能进入工艺设备导致故障。因此旋转涂胶设备通常还配有专用的去除边圈的装置。

(3) 前烘(软烘)。前烘的目的是蒸发掉光刻胶中的有机溶剂，使晶圆表面的胶固化，增强胶的黏附性，改善其均匀性，在后续的刻蚀过程中实现更好的线宽控制。前烘可在热板(hot plate)或烘箱(oven)中进行，具体的烘烤条件要根据不同的胶来设定。

(4) 对准和曝光。涂胶后即可将晶圆送入曝光机进行曝光，其基本流程如前所述。如果曝光时晶圆表面已有图形，则必须将掩模板上的对准标记与晶圆上的对准标记精确对准。不同的曝光机有不同的对准方式，从最简单的手动对准到全自动的激光对准。根据要曝光图形的最小尺寸对对准精度也有相应的要求。对准后选定合适的曝光剂量进行曝光。

(5) 后烘(硬烘)。曝光过程中光线在光刻胶和晶圆表面的界面处会发生部分反射,反射光与入射光叠加会产生驻波,显影后光刻胶的侧壁会出现驻波效应导致的类似条纹的形状。在曝光后、显影前对晶圆进行烘焙可以部分消除驻波效应,但也会使胶中的光活性物质发生横向扩散,影响图形质量。近年来发展了抗反射涂层(AntiReflection Coating,ARC)技术,在涂胶前或涂胶后加入抗反射涂层,可以有效地消除驻波效应。

(6) 显影。曝光后图案要经过显影才能出现,这是显影液与曝光(正胶)区域或未曝光(负胶)区域的光刻胶发生反应的过程,将部分光刻胶溶解,未溶解区域即留在晶圆表面形成曝光图案。显影图案的尺寸与掩模板上的图形尺寸应尽可能一致,这是光刻流程中的关键一步。最简单的一种显影方法是把晶圆直接浸没在显影液中一定时间,然后取出并清洗掉残余的显影液。常见的办法是喷雾显影,即将显影液喷洒到晶圆表面,同时让晶圆旋转,在旋转过程中同时完成晶圆的清洗和干燥。另一种办法是旋覆浸没显影,即在晶圆表面先覆盖一层显影液维持一段时间,然后使晶圆旋转起来并同时喷洒显影液。这两种显影方法都需要专门的设备。

(7) 去除残胶。显影后经常在晶圆表面仍然残留一层非常薄的胶质层(scum),其厚度只有几纳米,但依然会影响后续的图形转移过程(刻蚀)。在曝光图形的深宽比较高时这一现象尤其明显,因为显影液不容易对图形底部充分显影。去除残胶(descum)通常在氧气等离子体中进行短暂的刻蚀,比如半分钟左右。这一过程会整体减少胶层的厚度,并影响曝光图形的精度。

(8) 坚膜。坚膜一方面充分挥发掉残存在光刻胶中的各种溶剂,增强光刻胶对晶圆表面的黏附性;另一方面增强光刻胶的抗刻蚀能力。但需要注意坚膜同时会提高去胶的难度。根据具体的器件工艺,坚膜不是必需的流程。

(9) 刻蚀(图形转移)。曝光和显影将掩模板上的图形转移到了光刻胶中,并未对晶圆和器件层进行实质意义上的加工。采用刻蚀等图形转移工艺,以光刻胶为掩模,将晶圆表面未被光刻胶掩盖的区域刻蚀下去,将图案进一步转移到晶圆表面或器件层中,此时才会真正进行器件的加工和制造。具体的刻蚀等图形转移工艺将在第6章详细讲述。

(10) 去胶和最终检查。在将图形转移到晶圆表面或器件层中之后,光刻胶的作用结束,此时需要将光刻胶完全去除掉以便进行后续的工艺。去胶有湿法和干法两种。湿法是用各种酸碱溶液或有机溶剂将光刻胶完全腐蚀溶解掉,干法则是用氧气等离子体刻蚀掉光刻胶。去胶完毕,使用光学或扫描电子显微镜仔细检查晶圆或器件层中的图形形状和尺寸,并与设计的图形对比。如果制作出来的图形与预想的偏差较大,则需要仔细检查每个工艺步骤,优化工艺参数。

由上述过程可见,光刻流程的每一步都与光刻胶紧密相关,可以看作不断设置和调整光刻胶的状态,通过曝光和显影将图形复制到光刻胶中的连续过程。

4.2 光刻工艺

下面结合紫外曝光机介绍一个光刻的实例。中国科学院光电技术研究所研发的

URE-2000/30 紫外曝光机是一台典型的科研型曝光机，如图 4.1 和图 4.2 所示，用于紫外接触、接近式曝光，可制造小规模集成电路、半导体光电器件、微机电系统等。该设备采用高压汞灯照明，经滤光后产生波长 365nm 的紫外光用于曝光。近年来，该产品也采用发光中心波长 365nm 的 LED 作为曝光光源。如图 4.3 所示，设备主要由六部分组成。

图 4.1　紫外接近、接触式曝光机 URE-2000/30 整机照片

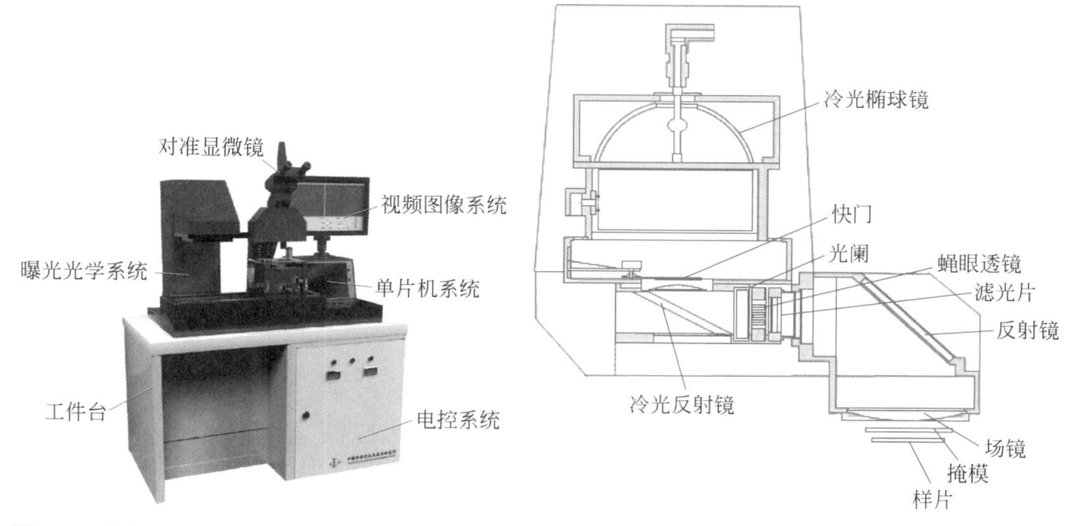

图 4.2　曝光机 URE-2000/30 主要组成部分说明

图 4.3　曝光光学系统示意图

1. 曝光光学系统

由 350W 功率的高压汞灯或高功率的 LED 灯、聚光系统、反射镜、投影镜等组成。其基本工作原理为：高压汞灯或 LED 灯发出的光首先经椭球镜聚光，椭球镜上有镀膜，在聚光的同时过滤掉可见光和红外光成分，椭球镜的焦点附近设置快门。然后由一块冷光反射镜再次过滤长波成分，通过准直光学元件将照明光转换为平行光并扩束，由积木错位式的积分镜（蝇眼透镜）进行均匀照明、消衍射和侧壁陡度处理，最后通过窄带的滤光

片、场镜、大反射镜等将掩模和样片的上表面照明,即可实现曝光照明。

2. 对准显微镜

对准显微镜采用双目双视场显微镜,有不同的目镜和物镜可以互换和组合,组合最大放大倍数为400倍。显微镜可以单独观察一个视场或同时观察双视场,并可以整体平移、单独平移或者锁紧,取决于具体观察需要,整体操作比较灵活。

3. 工件台

工件台用来安放掩模板和承载曝光样片,由一套可精密移动和定位的机械部件组成。掩模板安装在掩模台上,曝光样片上安装在承片台上,都由真空吸附固定。对准显微镜安装在工件台上方,可以清晰地观察到掩模板和样片上的图案及其相对位置。承片台相对掩模板可以做精确位移,可做平移(XY方向)、上升/下降(Z方向)、旋转和调平运动。在显微镜观察的辅助下,手动操作这套精密位移工作台可以实现掩模板和样片的精确对准,对准精度可达1μm以下。可以安放2.5英寸、3英寸、4英寸和5英寸的掩模板,以及2英寸、3英寸、4英寸的晶圆样片。

4. 电控系统和单片机系统

这两个系统用来控制汞灯的电源及整机的操作。主控单片机用来控制曝光机的各主要参数和工作条件、工作模式,例如,曝光剂量、曝光时间,设置和控制掩模板和样片表面间隙,样片自动调平和系统恢复等。

5. 视频图像系统

视频用来显示观察显微镜中观察到的掩模板和样片上的图案形状、相对位置等。

该设备典型的操作流程如下:

(1) 打开仪器电源,开启空气压缩机和真空泵。

(2) 按下"控制电源"和"光源开关"按钮。

(3) 放置掩模板。把掩模板放置于掩模台上,在操作面板上,单击"**吸掩模**",确定掩模板被吸紧,插入掩模架,单击"**锁掩模夹**"。

(4) 放置样片。将样片放到承片台上,单击"**吸片**",确定样片被吸紧。

下面的步骤要分为未对准和对准两种情况讨论。

在未对准情况下,

① 曝光:在操作面板上,输入曝光时间,单击"**曝光**"。

② 曝光完毕,单击"**卸片**",取下样片,单击"**松掩模夹**",拉出掩模架,单击"**卸掩模**"取下掩模板。

③ 关机:按下"控制电源"和"光源开关"按钮,关气压缩机和真空泵,关仪器电源。

在对准情况下,

① 对准:单击"**上升**"样片贴紧掩模板,输入"**对准曝光间隙**"(如10),单击"**发送**",样片与掩模板分开一定距离,方便对准。对准结束后,输入"**对准曝光间隙**"**0**(无间隙曝光),单击"**发送**",消除样片与眼模板之间的间隙。

② 曝光:在操作面板上,输入曝光时间,单击"**曝光**"。

③ 曝光完毕，单击“**卸片**”，取下样片，单击“**松掩模夹**”，拉出掩模架，单击“**卸掩模**”取下掩模板。

④ 关机：按下“控制电源”和“光源开关”按钮，关气压缩机和真空泵，关仪器电源。

4.3 光刻实例

下面结合实验课程介绍一个光刻实例，该实验课的目的是用微加工工艺在 3 英寸的硅晶圆上制造一个 MOS 晶体管或一个 PN 结光电二极管。即使制造一个最简单的 PN 结，也需要做至少两次曝光，因此这些简单的器件制造工艺也涵盖微加工工艺的关键流程。图 4.4 所示为一个 PN 结光电二极管的制造工艺流程，该器件采用直径 3 英寸的双面抛光的 P 型硅衬底，首先在硅衬底上热氧化产生一层厚度约为 200nm 的二氧化硅，作为扩散掺杂的阻挡层；然后进行第一次光刻和二氧化硅刻蚀，定义出磷扩散的圆形窗口，也即光电二极管的透光区形状；完成磷扩散掺杂工艺后，进行第二次光刻，定义出铝电极的形状和位置，曝光完成后保留光刻胶；然后在光刻胶上沉积一层铝电极，沉积后进行光刻胶的湿法去胶，随着光刻胶在有机溶剂中的溶解，附着在光刻胶上的铝薄膜被剥离掉，而附着在硅片表面的铝薄膜得以保留，从而形成正面的 P 型接触铝电极；最后在硅片的背面再沉积一层铝电极，作为背面的 N 型接触电极。铝电极与 P 型和 N 型硅之间的欧姆接触通过快速热退火工艺实现。制造流程的其他工艺如氧化、扩散、刻蚀、金属化等将在后面详细介绍，这里详细讲述光刻工艺。

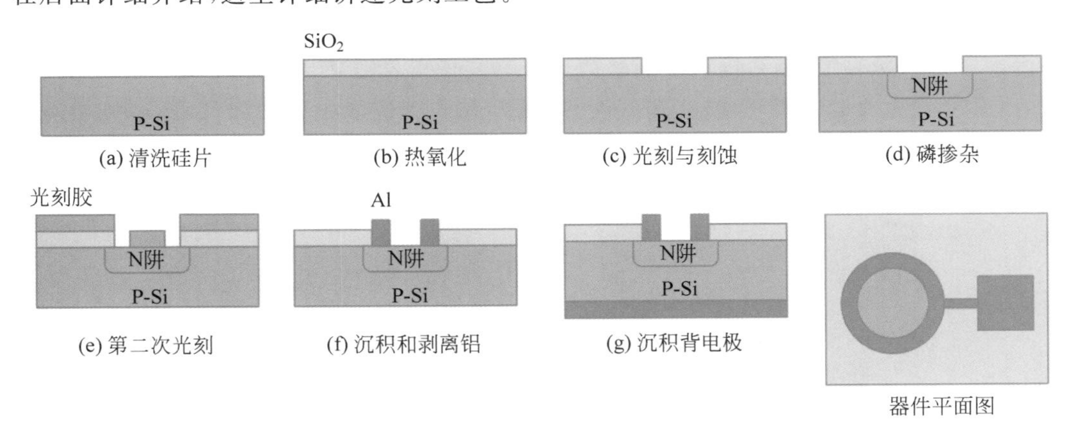

图 4.4 PN 结光电二极管的制造工艺流程示意图

第一次光刻是在热氧化的二氧化硅上进行的。首先是样品的清洗，清洗之后要烘干硅片，以增强光刻胶在硅片上的黏附性。除烘箱之外，加热板也是实验室常用的烘烤设备。硅片清洗完成后首先用甩干机甩干表面的残余液体和去离子水，更简易的方法是直接用氮气枪吹干。但在用氮气枪手动吹干的过程中容易留下水渍或夹持的痕迹，因此这种方法仅用于科研实验室。在清除硅片上的残余液体后，将其转移到已达到设置温度并已稳定的加热板上，通常烘烤 1min 即可。加热板照片如图 4.5 所示。

接下来在硅片上涂胶，实验室常用的简易涂胶机如图 4.6 所示。选用尺寸合适的承

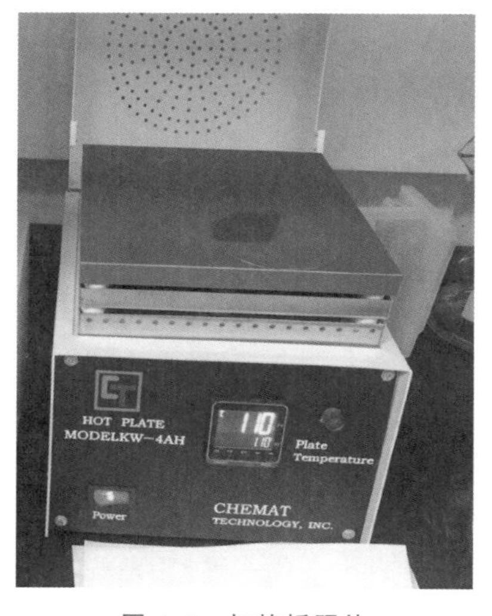

图 4.5 加热板照片

片台，将硅片放置稳妥后打开涂胶机的真空吸附开关(Control)，机械泵抽真空将硅片牢牢吸附在承片台上。设置好甩胶的具体参数，包括加速时间、转速和涂胶时间。涂胶的厚度主要取决于甩胶的转速和胶的黏度，而与具体的涂胶的量基本无关，通常高达99%的光刻胶都在旋涂的过程中从样片表面飞离。光刻胶的旋涂厚度可以定量计算，如下所示：

$$T=\frac{KC^{\beta}\eta^{\gamma}}{W^{1/2}}$$

其中，T 是胶的厚度，K 是一个整体校准因子，η 是光刻胶的本征黏度，W 是涂胶机的转速。选定光刻胶并控制好涂胶条件后，用一次性滴管将光刻胶滴到硅片中央(实际操作中应将光刻胶在硅片表面基本滴满，否则很有可能在硅片表面留下旋涂导致的辐射状痕迹，在工厂量产条件下与此实验室操作差别很大)，图 4.6 所示为涂胶机和手动滴胶过程。确认硅片吸附牢靠后即可按下开关开始旋涂。承片台首先开始加速旋转，在设定的加速时间内达到预设的转速，然后以稳定的转速按照预设的时间旋转，达到时间后自动减速并结束涂胶。影响涂胶质量的因素有多个，包括光刻胶的纯净程度、环境温度、气泡、甩胶过程中光刻胶的回溅、硅片边缘胶滴的去除等。在工厂中量产时对每个影响因素都必须精确控制，否则将影响量产的良率。在实验室环境中难以精确控制每个因素，但必须关注关键因素，如温度和气泡等，尤其在滴胶过程中要去除气泡，否则将在曝光和显影后形成曝光缺陷。本实验所采用的负性光刻胶型号为 AZ2035，甩胶条件为加速时间 9s，转速为 4000r/min，涂胶时间为 40s，胶的厚度为 2μm。

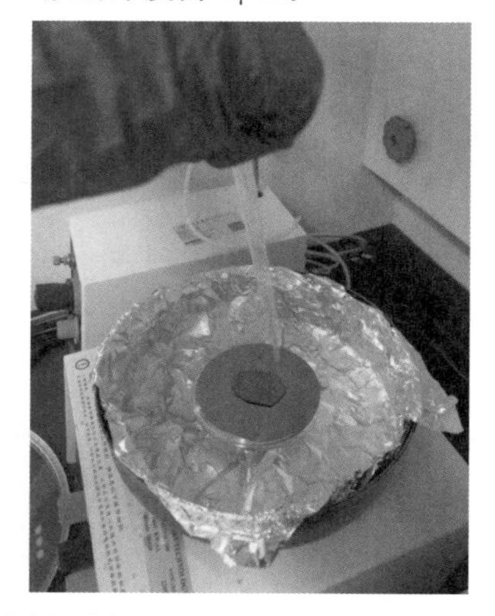

图 4.6 涂(甩)胶机实物照片(左图)[两个旋钮分别用来调节加速时间和匀速旋涂时间，下方两个有显示表盘的黑色旋钮分别用来调节加速速度和匀速旋涂速度。左边 LED 显示的是匀速旋转的速度，右边 3 个按钮自上而下分别是：控制(Control)、真空(Vacuum)和开始(Start)]；用一次性滴管手动涂胶(右图)

涂胶后将硅片转移到加热板上开始烘烤，这一步为前烘。加热板温度 110℃，烘烤时间 1min。如前所述，前烘将蒸发掉光刻胶中的有机溶剂，增强胶的黏附性。

前烘之后开始曝光，将硅片转移到曝光机的承片台上，如图 4.7 所示，按下控制屏幕上的吸片，真空将硅片牢牢吸附在承片台上。第一次曝光无须对准，按前述操作流程中的无对准曝光来操作。但仍然要将硅片按一定的方向放置，通常以硅片边缘的平边为参考(直径 8 英寸以上的硅片边缘无平边，而是有一个缺口)。曝光时间设定为 10s，单击控制触摸屏上的“曝光”按钮即开始，曝光机将自动完成一系列动作，包括：将掩模板和承片台部件整体自动移动到曝光机的光源下方，按设定的曝光时间对其进行曝光，在曝光结束后自动停止，并将掩模板和承片台部件整体移动回显微镜观察系统下方，然后松开硅片的真空吸附。此时可以拉出承片台，取下硅片，曝光完成。

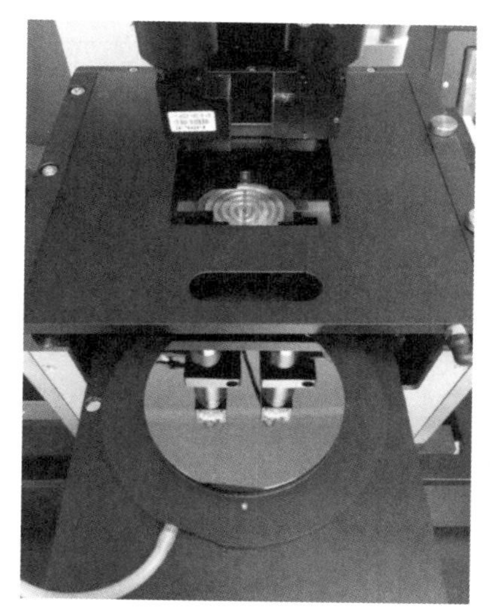

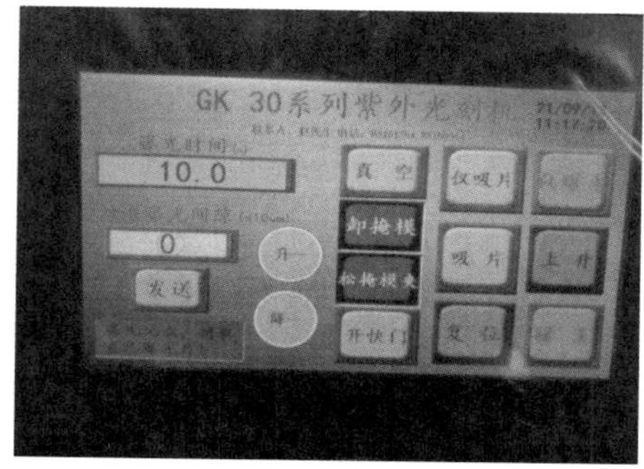

图 4.7 将硅片放置在曝光机拉出的承片台上(左)和曝光机的控制界面(右)

将曝光后的硅片转移到加热板上，温度 110℃，烘烤 1min，作为后烘。如前所述，显影前的烘烤可以部分消除界面反射造成的驻波效应。

下一步是显影。如图 4.8 所示，将硅片放置在卡槽中，然后浸入显影液中显影，显影时间为 1min30s。显影结束后用去离子水充分冲洗掉残余的显影液，然后用氮气枪或甩干机将硅片完全干燥。注意，显影液要选用与光刻胶匹配的型号，并控制好显影液的配比和温度。

显影完成后有一步坚膜工艺，将硅片放置在加热板上再次烘烤 2min。坚膜可以增强光刻胶的黏附性和抗刻蚀能力，对后续的刻蚀有益，但也会提高去胶的难度。若后续是金属剥离工艺，则无须进行坚膜步骤。

接着进行显影检查，选择光学显微镜合适的物镜和放大倍率，仔细检查显影出来的器件的形状、尺寸、对比度、不同层的对准和偏离情况等关键特征。由于光学显微镜的横向放大倍率有限，对特征尺寸小于 1μm 的纳米尺度器件，要检查其细节特征通常需要用扫描电子显微镜(SEM)。但是电子束对光刻胶长时间的轰击容易导致其积聚电荷或发

图 4.8　放置硅片的卡槽(左图);将卡槽转移到盛有显影液的烧杯中,计时的同时轻轻晃动卡槽,使硅片和光刻胶表面与显影液充分接触(右图)

生形变,所以需要选择合适的观察条件。显影检查可以发现曝光和显影的完成程度,例如,曝光是否充分或过曝光、显影不足或显影过度等。

完成第一次曝光后,下一步是刻蚀。对该例中的器件,用湿法刻蚀二氧化硅即可。使用缓冲的氢氟酸(Buffered Oxide Etchant,BOE),光刻胶对二氧化硅有较好的选择比,其刻蚀二氧化硅的速率为 70～80nm/min。将硅片装入聚四氟乙烯制作的篮子后浸入 BOE 液体中并计时,刻蚀结束后将其立刻放入纯水中冲洗,完全清洗掉残余的刻蚀溶液。此时光刻胶中的图案即转移到二氧化硅层中,再次用光学显微镜检查刻蚀后的器件形状,观察是否存在刻蚀不足或钻蚀的情况。由于 BOE 并不刻蚀二氧化硅下方的硅,所以适当的过刻蚀不会改变器件的深度。但由于湿法刻蚀的各向同性,会导致在深度方向刻蚀二氧化硅的同时在横向也对其有刻蚀作用。若过刻蚀时间过长,则会导致二氧化硅较严重的横向刻蚀,使器件尺寸增大。

刻蚀完成后这层光刻胶的使命即告结束,将硅片浸入去胶溶液中完全溶解光刻胶。丙酮等有机溶剂可以有效地去除光刻胶,操作方法与湿法刻蚀相似。将硅片浸入丙酮溶剂中,经过一定的时间即可完全溶解光刻胶。然后再用异丙醇清洗掉丙酮,最后用纯水清洗掉所有溶剂,并吹干或甩干硅片。

接着进行第二次光刻,曝光之前的工艺步骤与第一次光刻前的相同,不再赘述。在第二次曝光之前,器件形状已转移至二氧化硅层中并固定下来。因此第二次曝光的图形必须与已存在的图形精确对准,这就使第二次曝光之前多了一个将硅片上的图形与掩模板上的图形对准的步骤,也称套刻。这台曝光机采用全手动对准,图 4.9 为曝光机的显微镜观察系统。该系统由两个可以连续改变缩放倍率的显微镜和相机组成,这两个显微镜既可以单独移动调节,又可以同步平移,且有较大的工作距离和缩放倍率,操作便捷,能够满足精确手动调节对准要求。

图 4.9 曝光机的显微镜观察装置的正面和侧面视图(从正面看的两个显微镜头都可以单独调节前后左右位置、上下的焦距和放大倍数;侧面视图中右侧手柄可以整体同步大范围快速移动两个显微镜头)

要能移动硅片进行对准,就要使其不与掩模板直接接触,而是分开一个间隙。但这个间隙不宜过大,通常设置成 10μm 的间隙即可,否则光刻胶表面将离开观察显微镜的焦面而导致成像模糊,难以与掩模板精确对准。首先用显微镜观察找到硅片上第一次曝光时做好的对准标记,如图 4.10 所示。对准标记由平面内 X 和 Y 两个方向的标尺组成,标尺旁边标注了掩模的序号,必须严格按照掩模顺序对准正确的标记。例如,第二层掩模需要和硅片上的第一层掩模标记对准,第三层与第二层或第一层对准等。通常会选定一个特定的层作为参考,将其他层的掩模对准标记都与其对准。曝光机的承片台上有三

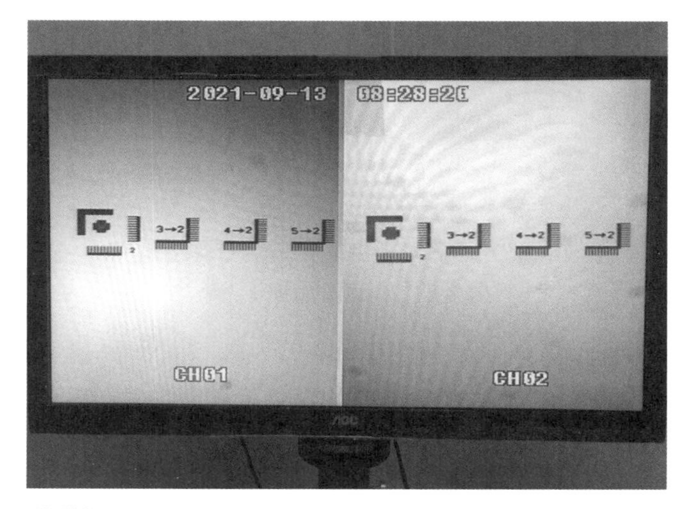

图 4.10 掩模板上的对准标记(CH01 和 CH02 分别是左右两个显微镜观察到的掩模板上不同区域的对准标记)

个调节螺杆，分别在 X 和 Y 方向以及旋转方向移动硅片。这样可以将硅片上的对准标记与掩模板上的精确对准。X 和 Y 方向的调节相对容易，但要特别注意旋转对准。如果发现只调节 X 和 Y 方向无法将对准标记完全对准，这通常是由于硅片和掩模板存在相对角位移。因此要先微调旋转硅片，使 X 和 Y 方向的对准标记平行，此时只剩下平行位移的偏移，再次调节 X 和 Y 方向即可完全对准。对准后还可以利用对准标记的游标卡尺来精确估算对准误差。这台曝光机的极限对准能力为 0.5～1μm，细心地调节可以达到这一精度。

在对准过程中还要注意定位正确的对准标记，通常掩模板上有多组处于不同位置的对准标记区域，如图 4.10 所示。同一个对准标记区域中可能有不止一组相同的对准标记，这时尤其要注意全局（整体）对准，这需要仔细辨认对准标记的区域。否则有可能出现局部对准，而全局存在一个固定偏移的情况，即错误地将区域 A 的对准标记与区域 B 的相同的对准标记对准，或者将同一个区域内的两个不同位置的对准标记对准，而最终导致出现一个很大的全局对准偏移。

图 4.11 所示为对准后的对准标记，其方式是将掩模板上的暗场标记（dark field）1 与硅片上的亮场标记（light field）2 对准。原因是暗场中的十字形标记比亮场中的同形状标记的尺寸小且不透明，这样对准不会产生遮挡效应。对准后可以用 X 和 Y 方向的游标卡尺来计算对准精度和误差。

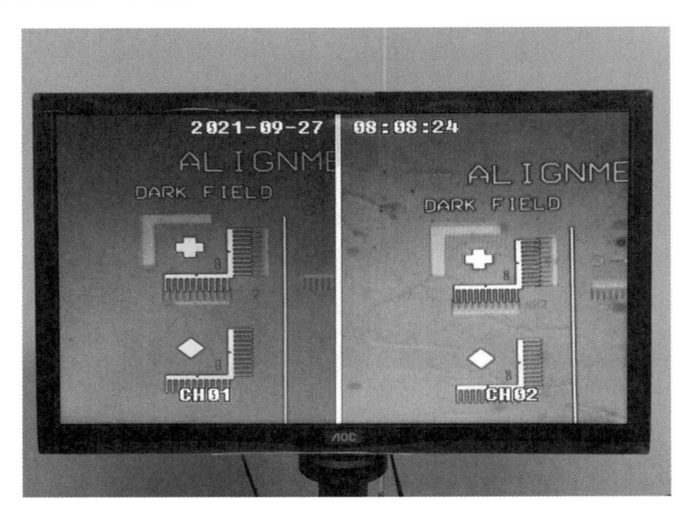

图 4.11　对准后的对准标记

完成手动对准后即可曝光，在曝光之前要在间隙中输入参数 0（并单击“发送”按钮）以消除掩模板和硅片表面的间隙，然后单击“曝光”按钮，曝光机将按与非对准曝光相同的方式完成曝光。曝光结束后工件台将自动复位，并放松硅片与掩模板的直接接触。此时可以拉出承片台，单击“卸片”按钮以松开承片台对硅片的吸附，取下硅片，完成对准曝光流程。

4.4 光刻图形的检查和表征

在完成曝光和显影后，检查和表征光刻图形的形貌、尺寸等特征是判断光刻质量的关键步骤。对尺寸在微米以上量级的图形，可以用光学显微镜方便地检查图形的形貌特征，例如，图形的外观是否与掩模板上的掩模图形一致，尺寸是否有变化等。这些检查可以方便地确认一些关键的光刻工艺是否合适。例如，曝光剂量是否合适——理想的曝光图形应该与设计的图形完全一致。但在实际操作中可能存在曝光不足或曝光过度的情形，例如，若曝光不足，则相邻的图形可能会存在粘连，同时图形对比度下降；若曝光过度，则典型的现象是图形的直角变成圆角。用光学显微镜可以直观地检查这些现象。也可用同样的方法检查显影工艺参数是否合适。

光学显微镜通常装配数个不同放大倍率和数值孔径的显微物镜，并配有 CMOS 或 CCD 相机，从而将图形投放到显示屏上方便观察。高放大倍数和大数值孔径的显微物镜具有较强的图形放大能力，可以观察小尺寸图形的形貌和细节特征，但其观察视场较小，不利于辨认和定位具体的图形；低放大倍数和小数值孔径的显微物镜则刚好相反，便于观察大的视场范围、辨认和定位具体的图形。因此通常先用低倍物镜辨认和定位要观察的图形，然后切换到高倍物镜来进一步检查图形细节。除了物镜的选择和切换之外，还要注意调节显微镜的照明强度、亮暗对比度等参数，尤其是在检查一些本身对比度较差的图形时，显微镜的状态调节非常重要。此外，现代的光学显微镜有些还具有微分干涉对比度(Differential interference Contrast)成像、紫外照明等较高级的功能。这些功能大大增强了光学显微镜的观测能力，但其操作和调节也比较复杂。

光学显微镜的极限观测能力约为 200nm，对尺寸在 1μm 左右的图形已较难看清其细节特征。观察更小尺寸的图形只能依靠电子显微镜。与第 3 章介绍的电子束曝光系统相似，事实上，有些电子束曝光设备改装自扫描电子显微镜(Scanning Electron Microscope，SEM)，扫描电子显微镜用聚焦成几纳米大小光斑的电子束在样品表面扫描成像，可以检查纳米量级尺寸的图形的细节特征。但由于在观测过程中，其电子束在样品表面直接扫描，而电子的能量通常为 5keV 到 20～30keV，这些较高能量的电子直接轰击在光刻胶表面时，会对光刻胶造成一定的损伤。而且光刻胶自身不导电，随着观测的进行，光刻胶表面会产生电荷累积效应，使得图形看上去会逐渐变暗或发黑。因此在使用 SEM 检查光刻胶图形时需要注意设备状态的调节。

1. 光刻胶的均匀性

光刻胶的均匀性对量产器件的良率非常重要，因此有必要表征其均匀性。在实验室中可以采用光学仪器(如膜厚仪、椭偏仪等)进行无损检测，光刻胶具有一定的透光性，用这些光学仪器可以方便地对其进行大范围检测。此外，在完成曝光和显影后，也可以用台阶仪直接检测晶圆上不同位置的曝光图案的台阶高度，以此判断光刻胶的均匀性。

2. 台阶仪测台阶高度

台阶仪采用由金刚石制作的微型探针，通过在待测样品表面施加一定的力进行接触式扫描，将样品表面的起伏信息转换成电信号，再通过信号处理和数据分析从而获取样品表面的台阶高度、起伏或表面粗糙度等重要信息。在完成显影后，用台阶仪直接测量曝光图案的台阶高度非常方便，将测得的台阶高度与光刻胶的厚度做对比，可以直观地了解曝光和显影的工艺参数是否与原设计相符合、在显影区域是否有残胶等重要信息。在刻蚀后和去胶后分别测量台阶高度，还可以获取胶的刻蚀速率与器件层的刻蚀速率的比值，即选择比(selectivity)，这是光刻和刻蚀工艺的一个重要参数，是确定光刻和刻蚀工艺参数的重要依据。图 4.12 所示为实验室常用的台阶仪的照片。

在测量光刻胶中的图案的台阶高度时需要注意在台阶仪探针上施加的力，由于光刻胶相对较软，若此力过大，则有可能导致光刻胶变形从而影响测量精度。在台阶高度测量过程中，还需要注意图案台阶的选取。由于台阶仪的探针针尖具有一定的角度和横向尺寸，所以若待测台阶的深宽比不足以容纳探针，则同样会影响测量精度。

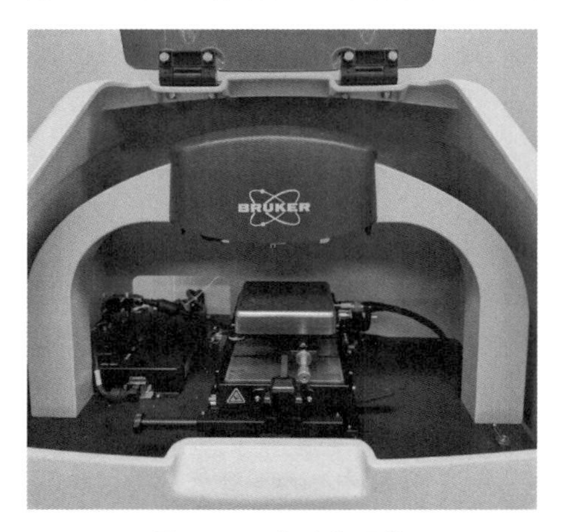

图 4.12　台阶仪照片

4.5 实验报告与数据分析 

1. 描述整个光刻过程的实验步骤，并画出流程图。
2. 做好光刻过程的实验记录，填写表 4.1。
3. 完成思考题。

表 4.1　光刻工艺记录表

项　　目	1	2	3	4	5
掩模板类型					
衬底类型					
光刻胶类型					
曝光光强检测					
实验前准备					

续表

项　　目		1	2	3	4	5
实验前烘烤	温度					
	时间					
涂胶	低挡转速					
	低挡时间					
	高挡转速					
	高挡时间					
前烘	温度					
	时间					
曝光	曝光强度					
	曝光时间					
后烘	温度					
	时间					
显影	显影时间					
坚膜	温度					
	时间					
光刻胶厚度测量						
光刻图案表征						

4.6 思考题

1. 如何分辨掩模板的正反面？掩模板的精度由什么决定？
2. 描述正胶和负胶在曝光过程中对图形的影响。
3. 在使用有氧化硅的衬底时，曝光条件与硅晶圆衬底相比，会不会有所改变？
4. 为什么实验中需要前烘、后烘和坚膜？

扩展阅读：仪器操作与说明

URE-2000/30 光刻机操作规范如下。

(1) 打开仪器电源，开启空气压缩机和真空泵。

(2) 按下控制电源和光源开关按钮。

(3) 放置掩模板：把掩模板放置于掩模台上，在操作面板上，单击“吸掩模”，确定掩模板被吸紧，插入掩模架，单击“锁掩模夹”。

(4) 放置样片：将样片放到承片台上，单击“吸片”，确定样片被吸紧。

在未对准情况下，

① 曝光：在操作面板上，输入曝光时间，单击“曝光”。

② 曝光完毕，单击“卸片”，取下样片，单击“松掩模夹”，拉出掩模架，单击“卸掩模”取下掩模板。

③ 关机：按下“控制电源”和“光源开关”按钮，关气压缩机和真空泵，关仪器电源。

在对准情况下，

① 对准：单击“上升”使样片贴紧掩模板，输入对准曝光间隙(如10)，单击“发送”，样片与掩模板分开一定距离，方便对准。对准结束后，输入对准曝光间隙0(无间隙曝光)，单击“发送”，消除样片与掩模板之间的间隙。

② 曝光：在操作面板上，输入曝光时间，单击“曝光”。

③ 曝光完毕，单击“卸片”，取下样片，单击“松掩模夹”，拉出掩模架，单击“卸掩模”取下掩模板。

④ 关机：按下“控制电源”和“光源开关”按钮，关气压缩机和真空泵，关仪器电源。

注意事项：

(1) 要求：真空度高于－0.06MPa。

(2) LED灯珠寿命到期后要及时更换，以免出现其他事故。

(3) 操作过程中出现控制紊乱或死机，单击“急停”按钮，几秒钟后，系统重新复位。

(4) 操作本机器要尽量避免眼睛对着曝光光源看，也要尽量避免手被曝光光源照射，否则会对身体造成一定危害。

(5) 当需要样片一直在曝光区域进行曝光时，选择仅吸片和仅曝光，单击“复位”，样片台会回到对准区域。

第三篇

单项工艺2：刻蚀

第5章 等离子体与刻蚀技术

5.1 刻蚀工艺介绍

刻蚀工艺是选择性地从晶圆表面去除不需要的材料以达到集成电路芯片制造要求的工艺过程。刻蚀工艺可以分为图案刻蚀(pattern)与无图案刻蚀(blanket)两类。图案刻蚀是在指定区域选择性地刻蚀材料,从而将晶圆表面上的光刻胶或硬掩模的图案转移到下方的薄膜上。无图案刻蚀则是去除晶圆表面全部或者部分薄膜。本章将介绍以上两种刻蚀工艺,其中重点介绍图案刻蚀。

光刻和湿法刻蚀工艺的结合在印刷行业已经应用了很长时间,并且现如今仍用于制造印制电路板(Printed Circuit Board,PCB)。这些技术在 20 世纪 50 年代开始被应用于半导体产业中制造晶体管和集成电路芯片。借助光刻工艺,在晶圆表面定义光刻胶的图案,再通过刻蚀或掺杂等工艺将器件和电路设计的图案转移到晶圆上。

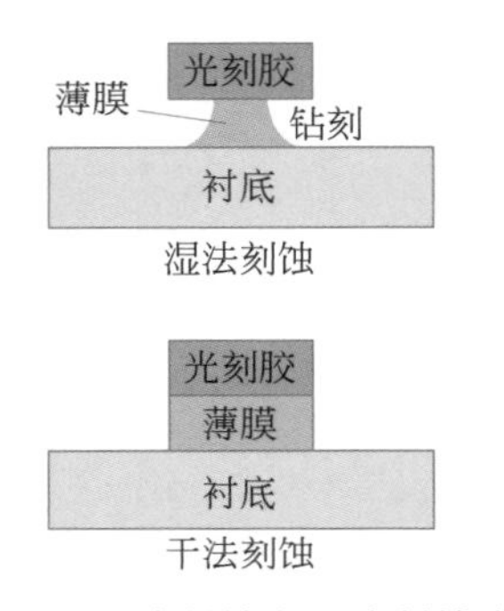

图 5.1 湿法刻蚀和干法刻蚀实现图案转移的剖面图

在 20 世纪 80 年代之前,集成电路芯片制造主要依赖湿法刻蚀工艺,即利用化学溶液溶解未被光刻胶覆盖的材料以实现图案转移;而当最小特征尺寸小于 3μm 之后,湿法刻蚀工艺逐渐被干法刻蚀(等离子体刻蚀)工艺所取代,其主要原因在于湿法刻蚀存在各向同性刻蚀过程,这会导致刻蚀图案的精度下降,即发生关键尺寸损失(Critical Dimension/CD loss),如图 5.1 所示。

在先进的半导体制造厂中,几乎所有的图案刻蚀都是通过等离子体刻蚀工艺完成的,但是湿法刻蚀工艺仍广泛用于薄膜剥离。

集成电路芯片制造过程中涉及许多刻蚀工艺(包括图案刻蚀与无图案刻蚀)。例如,需要刻蚀单晶硅以形成浅沟槽隔离(STI)结构,而多晶硅刻蚀则定义了栅极图案以及形成局部互连。氧化物刻蚀定义接触孔和通孔,金属刻蚀形成互连线。此外,还有一些无图案刻蚀工艺,如在制造 STI 结构过程中,在氧化物化学机械抛光(CMP)之后刻蚀去除氮化物终止层;介质层各向异性回蚀以形成侧墙(spacer)结构等。

本章主要介绍刻蚀工艺的基础知识:湿法与干法刻蚀;化学、物理和反应离子刻蚀;以及硅、多晶硅、介质和金属的刻蚀工艺。本章还将讨论刻蚀工艺的未来发展趋势。

5.2 刻蚀工艺基础

1. 刻蚀速率

刻蚀速率(Etch Rate)是衡量刻蚀过程中去除材料快慢的物理量。这是一个非常重要的指标,因为它直接影响刻蚀工艺的效率。刻蚀速率定义为单位时间刻蚀工艺引起的薄膜厚度变化。为了计算刻蚀速率,必须测量刻蚀前后的薄膜厚度,并记录刻蚀时间。

$$\text{刻蚀速率} = \frac{\text{刻蚀前的薄膜厚度} - \text{刻蚀后的薄膜厚度}}{\text{刻蚀时间}}$$

上述刻蚀速率是在无图案刻蚀薄膜上测量的，因此也称为无图案刻蚀速率。对于图案刻蚀，可以通过横截面扫描电子显微镜(SEM)、台阶仪(Profilometer)、原子力显微镜(AFM)等手段直接测量去除薄膜的厚度。

2. 刻蚀均匀度

保持刻蚀速率在整个晶圆上是均匀的，即晶圆内(WIthin-Wafer，WIW)均匀度好，或晶圆与晶圆之间(Wafer-To-Wafer，WTW)的均匀度好是非常重要的。刻蚀均匀度(Etch uniformity)是根据在晶圆某些点测得的刻蚀速率计算得出的。如果这些点处的刻蚀速率分别为 $X_1, X_2, X_3, \cdots, X_N$，$N$ 为数据点的总数，则测量的刻蚀速率平均值为

$$\bar{X} = \frac{X_1 + X_2 + X_3 + \cdots + X_N}{N}$$

刻蚀速率的标准差为

$$\sigma = \sqrt{\frac{(X_1 - \bar{X})^2 + (X_2 - \bar{X})^2 + (X_3 - \bar{X})^2 + \cdots + (X_N - \bar{X})^2}{N-1}}$$

标准差不均匀度(百分比)定义为

$$\mathrm{NU}(\%) = (\sigma / \bar{X}) \times 100$$

最大不均匀度定义为

$$\mathrm{NU_M}(\%) = \frac{X_{\max} - X_{\min}}{\bar{X}} \times 100$$

在刻蚀设备的工艺规格说明中，明确地定义刻蚀均匀度是非常重要的，因为不同的定义可能会产生不同的结果。

3. 刻蚀选择比

图案刻蚀工艺一般涉及三种材料：光刻胶、需要刻蚀的薄膜及其下方被覆盖的薄膜。在刻蚀过程中，上述三种材料都可以通过与刻蚀剂发生化学反应或被等离子体刻蚀过程中的离子轰击而刻蚀。刻蚀速率的差异被定义为刻蚀选择比(Etch Selectivity)。

刻蚀选择比是两种不同材料的刻蚀速率之比，特别是需要刻蚀去除的材料与不需要去除的材料之间的刻蚀速率比。

$$S = \frac{\mathrm{ER_1}}{\mathrm{ER_2}}$$

例如在多晶硅栅极刻蚀过程中，光刻胶是刻蚀过程的掩模，而多晶硅则是需要刻蚀的材料。在等离子体刻蚀工艺中，光刻胶不可避免地会被刻蚀，因此我们需要多晶硅对光刻胶有足够高的刻蚀选择比，防止在刻蚀结束前光刻胶先被刻蚀完。另一方面，因为在多晶硅下方是超薄的栅氧化层(厚度仅为几纳米到几十纳米，具体取决于器件要求)，要求多晶硅对栅氧化层的选择比要足够高，以防止在过刻多晶硅的时候刻穿栅氧化层。

4. 刻蚀形貌

刻蚀形貌(Etch Profile)也是刻蚀工艺的重要特征之一，它会影响后续的薄膜沉积等工艺。刻蚀的形貌可以通过横截面 SEM 测量，图 5.2 展示了不同类型的刻蚀形貌。

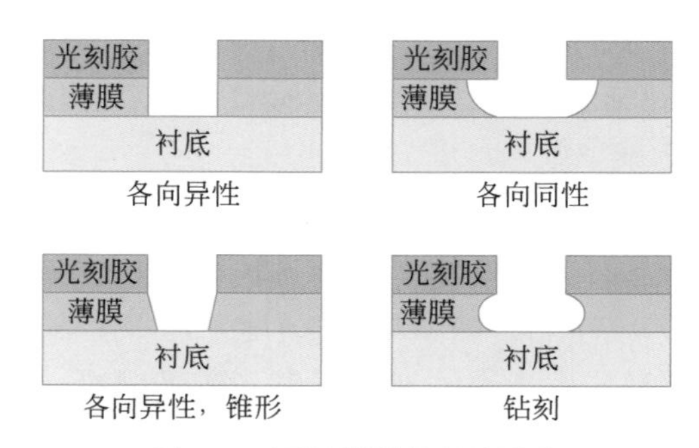

图 5.2 不同类型的刻蚀形貌

理论上，理想的刻蚀形貌应该是边界完全垂直于刻蚀平面，因为这样可以将图案从光刻胶转移到薄膜底部而不会造成关键尺寸损失。然而，在许多情况下(尤其是用于接触孔和通孔的刻蚀)，各向异性的锥形轮廓是最优解，因为锥形的接触孔和通孔会产生较大的入射角，使随后的钨 CVD 沉积工艺能够更好地填充而不会产生空隙。纯化学刻蚀工艺具有各向同性的特点，会导致光刻胶下方的侧向侵蚀(undercut)并造成关键尺寸损失。反应离子刻蚀(RIE)结合了物理和化学两种刻蚀方法。RIE 中侧向侵蚀的成因主要是工艺过程中过多的化学刻蚀或过多的离子散布到侧壁上。我们希望尽量避免侧向侵蚀，因为这会导致在随后的薄膜沉积工艺中更容易形成难以填充的空隙。

5. 刻蚀的负载效应

在等离子体刻蚀工艺中，刻蚀速率和刻蚀形貌会受刻蚀图案的影响。这种现象称为刻蚀的负载效应(loading effect)。刻蚀负载效应有两种类型：宏观负载效应与微观负载效应。

1）宏观负载效应

具有大开孔面积图案的晶片的刻蚀速率与具有小开孔面积图案的晶片不同，这种不同晶圆之间的刻蚀速率差异称为宏观负载效应。宏观负载效应主要影响批量刻蚀工艺，而对单个晶圆的工艺影响很小。

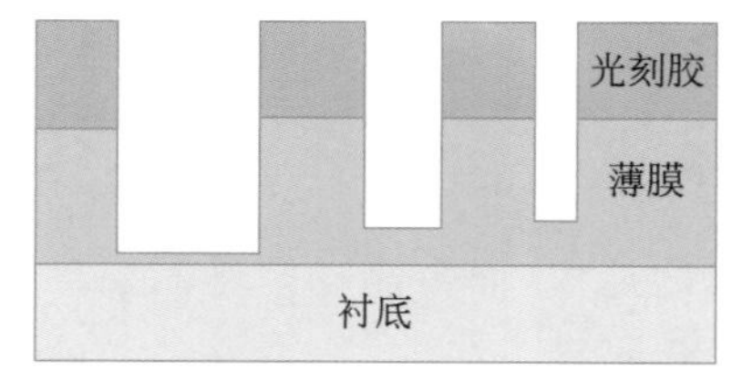

图 5.3 刻蚀工艺中的微观负载效应

2）微观负载效应

对于接触孔和通孔的刻蚀，较小的孔的刻蚀速率会低于较大的孔的刻蚀速率，如图 5.3 所示，这就是微观负载效应。这是由于刻蚀剂相对更难通过尺寸较小的孔到达需要刻蚀的薄膜，同时刻蚀的副产物也更难扩散出去，导致刻蚀速率变小。

在 RIE 刻蚀过程中，降低工艺气压可减小微观负载效应。在较低气压下，刻蚀剂更容易穿过小孔到达需要刻蚀的薄膜处，刻蚀的副产物也更容易从小孔中扩散出去并被去除。此外，稀疏图案区域的刻蚀形貌通常比密集图案区域的更宽，其主要原因是在刻蚀过程中光刻胶会被离子溅射沉积在侧壁上。较密集图案区域而言，稀疏图案区域相对缺少了来自相邻图案的离子散射，侧壁受离子轰击不足会导致光刻胶在图案侧壁上的聚集，进而导致更宽的刻蚀形貌，如图 5.4 所示。

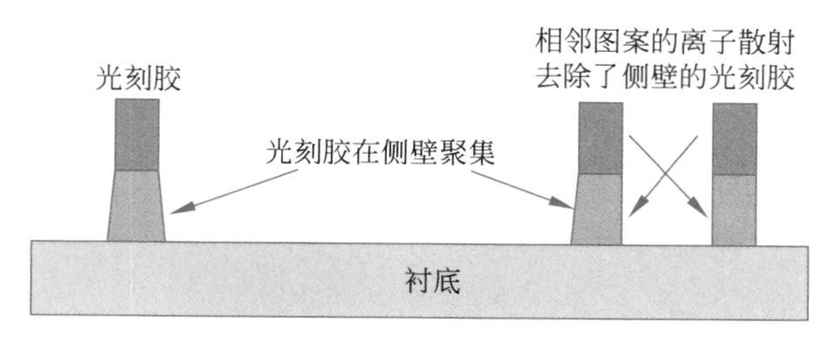

图 5.4　稀疏图案区域比密集图案区域的刻蚀形貌更宽

6. 过刻蚀

在薄膜刻蚀(包括多晶硅、介质和金属刻蚀)过程中，晶片内的刻蚀速率并非完全均匀，而且晶片不同位置处的薄膜厚度也不尽相同。因此，无法保证晶片上所有位置的被刻蚀薄膜同时被去除干净，即有部分区域可能存在残留。去除残留部分薄膜的过程称为过刻蚀(over etch)，而除去大部分区域薄膜的刻蚀过程称为主刻蚀。

在过刻蚀过程中，刻蚀的薄膜与衬底材料的刻蚀选择比需要足够高，以防衬底材料被刻蚀过多。使用与主刻蚀不同的刻蚀条件可以明显提高过刻蚀过程中薄膜与衬底的刻蚀选择比。对于等离子体刻蚀工艺，过刻蚀可以由光学刻蚀终点检测器(optical endpoint detector)自动触发，因为在主刻蚀工艺中的刻蚀剂开始刻蚀衬底时，等离子体的化学组分会发生变化。例如，在多晶硅栅刻蚀过程中，主刻蚀去除了大部分的多晶硅薄膜，且没有过多地刻蚀掉二氧化硅。当多晶硅被刻蚀掉且等离子体中的刻蚀剂开始刻蚀二氧化硅时，等离子体中氧的辐射强度增加，这会触发电信号从而结束主刻蚀过程并将其切换到过刻蚀过程，此时的刻蚀工艺条件可保证多晶硅对二氧化硅有很高的刻蚀选择比。

图 5.5 展示了主刻蚀和过刻蚀的过程。Δd 是待刻蚀膜厚的不均匀度，$\Delta d'$是刻蚀后所能容忍的衬底厚度的最大损失。如果在图 5.5 中所示区域刻蚀速率均匀，则过刻蚀过程中需刻蚀的薄膜对衬底的最低选择比要求为 $S>\Delta d/\Delta d'$。

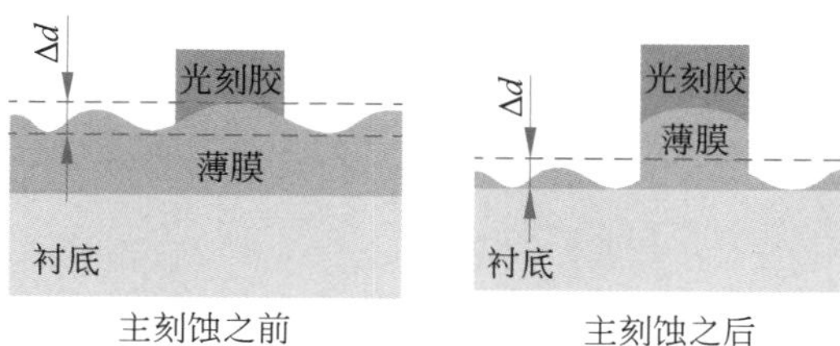

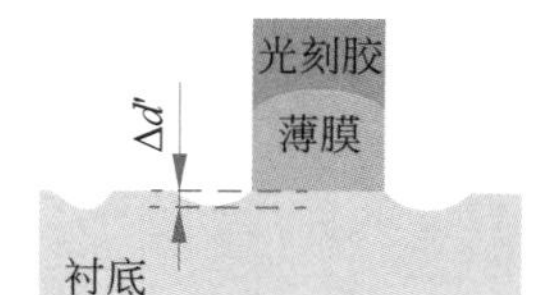

图 5.5　主刻蚀和过刻蚀过程

7. 刻蚀残留物

刻蚀工艺结束后，侧壁和晶圆表面可能会残留一些多余的材料，这些多余的材料称为刻蚀残留物(residue)。刻蚀残留物可能是由于具有复杂表面形貌的膜的过刻蚀不足造成或者是刻蚀反应形成的副产物聚集。图 5.6 展示了具有台阶型形貌的薄膜由于过刻蚀不足导致在台阶侧面形成残留物的示意图。在多晶硅刻蚀工艺中,该类侧墙状残留物是十分致命的缺陷,它会引起多晶硅之间的短路。

适当的过刻蚀可以去除大多数的侧墙状残留物;离子轰击通常可以有效去除晶片表面的残留物,而非挥发性的刻蚀副产物通常利用化学刻蚀的方法去除;有机残留物可以通过氧等离子体灰化工艺清除,这个工艺也可以用来去除残留的光刻胶;湿法化学刻蚀工艺则往往有助于去除无机残留物。

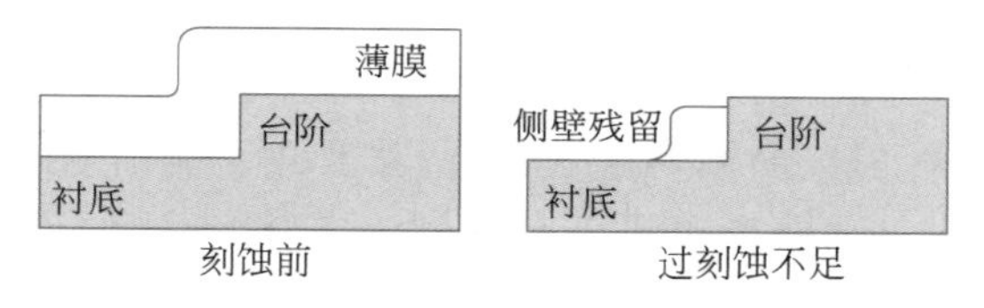

图 5.6 过刻蚀不足在台阶处形成残留物

5.3 湿法刻蚀工艺

5.3.1 介绍

湿法刻蚀是一种使用化学溶液溶解晶片表面上的材料以达到集成电路芯片制造要求的工艺。湿法刻蚀化学反应的副产物是气体、液体或可溶于刻蚀剂溶液的物质。在完成湿法刻蚀工艺之后,通常需要对晶圆进行冲洗和干燥。

20 世纪 80 年代之前,当特征尺寸大于 3μm 时,湿法刻蚀工艺已广泛应用于集成电路芯片制造中。湿法刻蚀通常具有较高的刻蚀速率,刻蚀速率主要受刻蚀剂温度和浓度的控制。湿法刻蚀工艺具有很好的选择性。例如,氢氟酸(HF)可以非常快速地刻蚀二氧化硅却几乎不会刻蚀硅,因此,使用 HF 刻蚀在硅晶片上生长的二氧化硅层可以实现非常高的选择比。与干法刻蚀相比,湿法刻蚀设备由于不需要真空、射频功率和复杂的气体输送系统而成本低廉。然而在特征尺寸缩小到小于 3μm 之后,其各向同性的刻蚀形貌导致很难继续使用湿法刻蚀工艺进行图案刻蚀处理。对于特征尺寸小于 3μm 且密集分布的图形,湿法刻蚀几乎无法胜任。因此,自 20 世纪 80 年代以来,因为等离子刻蚀可以刻出具有各向异性形貌的图案,湿法刻蚀工艺已逐渐被取代。由于湿法刻蚀工艺具有高刻蚀选择比的优点,其仍广泛用于集成电路芯片工艺中,如薄膜整体去除等。

5.3.2 氧化物的湿法刻蚀

氢氟酸(HF)通常用于二氧化硅湿法刻蚀。由于浓 HF 在室温下刻蚀氧化物的速度太快,因此很难用浓 HF 控制氧化物刻蚀工艺。将 HF 在水或者其他缓冲溶液进行稀释[例如,氟化铵(NH_4F)]以减慢氧化物刻蚀速度,从而更好地控制刻蚀速率和刻蚀均匀性。HF 的 6∶1 缓冲溶液(Buffered oxide etchants,BOE)、10∶1 和 100∶1 的 HF 水溶液(Diluted HF,DHF)是氧化物湿法刻蚀的常用溶液。

氧化物湿法刻蚀的化学反应是

$$SiO_2 + 6HF \longrightarrow H_2SiF_6 + 2H_2O$$

H_2SiF_6 是水溶性的,因此 HF 溶液很容易刻蚀掉二氧化硅,这就是无法将 HF 溶液保存在玻璃容器中,并且无法在玻璃烧杯或试管中进行 HF 刻蚀实验的原因。

一些集成电路芯片制造厂使用 HF 氧化物湿法刻蚀和等离子体氧化物干法刻蚀工艺相结合的方式来刻蚀"酒杯"状的通孔(如图 5.7 所示),这可以让后续 PVD 沉积的铝能更容易地填充通孔。

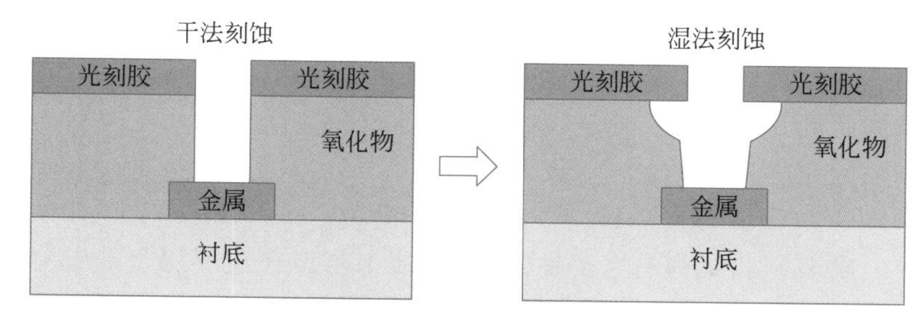

图 5.7 干法和湿法刻蚀工艺结合形成"酒杯"状的通孔

BOE 和 100∶1 稀释的 DHF 刻蚀剂使用较广泛。可以通过比较 CVD 生长和热氧化的二氧化硅的湿法刻蚀速率(称为湿法刻蚀速率比,简称 WERR)来监控 CVD 生长的氧化膜的质量。同时 10∶1 的 HF 还用于在热氧化工艺之前从硅片表面去除本征的表面氧化物。

HF 具有腐蚀性,并且可能在皮肤或眼睛接触 HF 24 小时后,当 HF 开始侵蚀骨骼时才感觉到剧烈疼痛。HF 与骨骼中的钙反应形成氟化钙。含钙溶液注射液可预防或减少骨骼中钙的流失,以达到缓解接触 HF 的症状的目的。集成电路芯片制造厂要求员工将所有透明液体视为 HF——永远不要当作水来对待。如果怀疑直接接触了 HF,应立即彻底冲洗接触的区域,并去医院进行进一步检查和治疗。

5.3.3 硅的湿法刻蚀

单晶硅刻蚀可以用于在相邻晶体管之间形成隔离,而多晶硅刻蚀则形成栅极和局部互连。可以利用硝酸(HNO_3)和氢氟酸(HF)混合物刻蚀单晶硅和多晶硅。首先,HNO_3 氧化表面上的硅以形成二氧化硅薄层,阻止了进一步的氧化过程。然后,HF 与二氧化硅发生反应并溶解二氧化硅,从而暴露出下方的硅,之后被 HNO_3 再次氧化,然后氧化物再被 HF 刻蚀掉,重复以上过程。总体化学反应可表示为

$$Si + 2HNO_3 + 6HF \longrightarrow H_2SiF_6 + 2HNO_2 + 2H_2O$$

氢氧化钾(KOH)、异丙醇(C_3H_8O)和水的混合物可以选择性地刻蚀单晶硅的不同晶向。在 80～82℃ 下,使用 23.4wt% 的 KOH、13.3wt% 的 C_3H_8O 和 63.3wt% 的 H_2O,沿<100>面的刻蚀速率大约比沿<111>面的刻蚀速率高 100 倍。

硝酸具有很强的腐蚀性,当浓度超过 40%时会变成氧化剂。直接接触会严重灼伤皮

肤和眼睛，并可能在皮肤上留下黄色的痕迹。硝酸蒸气具有强烈的气味，低浓度接触会刺激喉咙。如果吸入高浓度硝酸蒸气，则可能导致窒息、咳嗽和胸痛。

KOH 同样具有腐蚀性，接触皮肤可造成严重灼伤。食入、吸入或触摸均对人体有害。如果 KOH 固体或溶液与眼睛接触，可能会导致严重的伤害。

5.3.4 氮化物的湿法刻蚀

热磷酸(H_3PO_4)常用于刻蚀氮化硅。在 180℃、H_3PO_4 浓度为 91.5%时，氮化硅刻蚀速率约为 100Å/min。该氮化硅刻蚀工艺对热氧化生长的二氧化硅(>10∶1)和硅(>33∶1)具有非常高的选择比。当 H_3PO_4 浓度增加到 94.5%，温度增加到 200℃时，氮化硅的刻蚀速率增加到 200Å/min，此时对二氧化硅的选择比下降到大约 5∶1，而对硅的选择比下降到大约 20∶1。

氮化硅刻蚀的化学反应是

$$Si_3N_4 + 4H_3PO_4 \longrightarrow Si_3(PO_4)_4 + 4NH_3$$

两种副产物——磷酸硅和氨都是水溶性的，该刻蚀工艺现在主要用于非选择性地去除氮化硅。

磷酸是无味的液体，具有一定的腐蚀性，直接接触会严重灼伤皮肤和眼睛。低浓度的雾气会刺激眼睛、鼻子和喉咙，高浓度的雾气则会引起皮肤、眼睛和肺的灼伤。长期接触也会造成牙齿被腐蚀。

5.3.5 金属的湿法刻蚀

铝可以使用多种酸性溶液进行刻蚀。最常用的配方之一是磷酸(H_3PO_4，80%)、乙酸(CH_3COOH，5%)、硝酸(HNO_3，5%)和水(H_2O，10%)的混合物。在 45℃下，纯铝的刻蚀速率约为 3000Å/min。铝的刻蚀机理与硅刻蚀非常相似：HNO_3 将铝氧化形成氧化铝，而 H_3PO_4 溶解 Al_2O_3，铝氧化和氧化物溶解过程同时进行。

在先进的集成电路芯片制造厂中，湿法工艺不再用于铝图案刻蚀。但是，一些小型厂和实验室仍在使用此工艺。

乙酸(CH_3COOH，4%～10%的溶液)是一种具有腐蚀性的易燃液体，具有强烈的醋味。直接与乙酸接触会引起灼伤，高浓度的乙酸蒸气会引起咳嗽、胸痛、恶心和呕吐。过氧化氢(H_2O_2)是强氧化剂，接触可能会引起刺激并灼伤皮肤和眼睛。高浓度的蒸气会严重刺激鼻子和喉咙以及肺部。H_2O_2 不稳定，在储存时会自分解。

5.4 等离子体(干法)刻蚀

5.4.1 介绍

干法刻蚀工艺使用气态化学刻蚀剂与待刻蚀的材料反应形成挥发性副产物，再将其从衬底表面去除。等离子体产生化学反应自由基，可以显著提高化学反应速率并增强化学刻蚀，同时等离子体还会对晶片表面造成离子轰击。离子轰击通过物理方法从表面去除材料，也可以破坏表面上原子之间的化学键，从而大大加快刻蚀过程的化学反应速率。这就是大多数干法刻蚀工艺采用等离子体刻蚀工艺的原因。

20世纪80年代以后，当特征尺寸小于3μm时，等离子体刻蚀工艺逐渐取代了湿法刻蚀，成为了主要的图案刻蚀工艺，这主要是因为湿法刻蚀工艺的各向同性刻蚀无法满足IC电路对特征尺寸的要求。由于等离子体的离子轰击作用，等离子体刻蚀是各向异性的。因此，与湿法刻蚀工艺相比，它的刻蚀偏差和关键尺寸损失要小得多。表5.1比较了湿法和干法刻蚀工艺的特点。

表5.1 湿法和干法刻蚀工艺特点比较

比较项目	湿法刻蚀	干法刻蚀
刻蚀偏差	大	小
刻蚀形貌	各向同性	各向同性到各向异性，可控
刻蚀速率	高	中，可控
选择性	高	中，可控
设备成本	低	高
产率	高	中
化学品消耗	高	低

5.4.2 等离子体

等离子体是具有相等数量的负电荷和正电荷的电离气体，更准确地说，等离子体是一种由带电粒子和中性粒子组成的准中性气体，它由离子、电子和中性原子或分子组成。产生等离子体需要使用外部能源，在半导体工艺中有几种产生等离子体的方法，半导体加工工艺中最常用的等离子体源是射频等离子体源。在大多数等离子体增强化学气相沉积(PECVD)和等离子体刻蚀腔体中，通过在真空室中的两个平行板电极之间施加射频功率产生等离子体，如图5.8所示，由于两个平行的电极像一个电容器的电极，因此被称为电容耦合等离子体源。

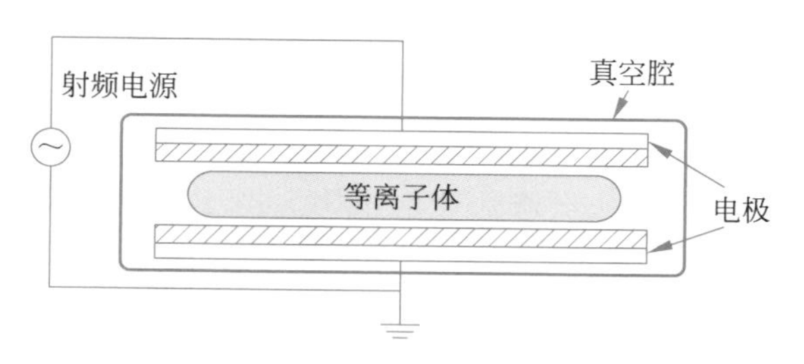

图5.8 电容耦合等离子体源

当在电极两端施加射频电源时，电极之间会产生一个变化的电场。如果射频功率足够高，那么自由电子可以被变化的电场加速直到获得足够的能量与腔体中原子或分子碰撞产生离子以及自由电子。由于电离碰撞的级联作用，整个电离室很快会被等量的电子和离子充满，这就是等离子体。在等离子体中，一些电子和离子因与电极和腔壁碰撞以及电子和离子之间的复合碰撞而不断被消耗。当电离碰撞产生电子的速率等于电子的损失速率时,可以称该等离子体稳定。对于半导体加工中使用的等离子体,一般关注电离、激发弛豫和解离碰撞三种碰撞。这些碰撞会产生并维持等离子体,导致气体释放出辉光,并产生化学反应自由基,从而增强化学反应。

平均自由程(Mean Free Path,MFP)是等离子体最重要的概念之一,定义为一个粒子在与另一个粒子碰撞之前可以运动的平均距离。MFP 可以通过腔体压力来控制,而这会影响最后的加工结果,特别是对于等离子刻蚀工艺影响很大。当等离子体处理腔体中的压力改变时,MFP 也会改变,同时离子轰击能量和离子方向也会改变,这会影响刻蚀速率和刻蚀形貌。如降低压力会增加 MFP,增加离子轰击能量,并减少碰撞引起的离子散射,从而有助于实现垂直刻蚀形貌。射频功率的增加会同时增加电容耦合等离子体中的离子轰击通量和离子轰击能量,同时射频功率的增加也会增加自由基的浓度。

由于刻蚀是去除材料的工艺,因此一般期望能降低腔体压力。在较低压力下 MFP 一般较长,这有利于离子轰击和副产物的去除。一些刻蚀工艺还使用电磁线圈产生磁场以在低气压(<100 mTorr)环境中增加等离子体密度。作为刻蚀工艺的一种,等离子体刻蚀工艺比 PECVD 工艺需要更多的离子轰击。因此,在大多数刻蚀工艺中,将晶片放在较小的电极上,以利用自偏压(self-bias)的优势接受更多的高能离子轰击。

5.4.3 刻蚀工艺的分类:化学、物理和反应离子刻蚀

刻蚀工艺分为 3 种:纯化学刻蚀、纯物理刻蚀以及介于两者之间的反应离子刻蚀(Reactive Ion Etch,RIE)。

湿法刻蚀是纯化学刻蚀工艺。纯化学刻蚀的另一个例子是远程等离子体去除光刻胶的工艺。纯化学刻蚀没有物理轰击过程,仅通过化学反应除去材料。对于不同的工艺,纯化学刻蚀的刻蚀速率可能会很高或很低。纯化学刻蚀具有各向同性刻蚀形貌,因此当特征尺寸小于 3μm 时,纯化学刻蚀便不再适用于图案刻蚀。由于通常具有很好的刻蚀选择性,因此纯化学刻蚀工艺可用于薄膜去除工艺,例如,光刻胶、氮化硅、垫层氧化物、掩蔽氧化层和牺牲层氧化物的去除。

氩溅射刻蚀工艺是纯物理刻蚀。它广泛用于介质层溅射回刻工艺中,可以逐渐减小开口,从而在后续材料沉积过程中更容易填充间隙。同时它也用于金属 PVD 工艺之前的预清洗以去除原先的氧化层,从而降低接触电阻。由于氩气是惰性气体,因此在溅射过程中不会发生化学反应。通过高能氩离子将需要刻蚀的材料从表面利用物理轰击的方式移出。纯物理刻蚀的刻蚀速率非常低,主要取决于离子轰击的通量和能量。由于离子会轰击并清除所有物体,因此纯物理刻蚀的选择比非常差。在等离子体刻蚀工艺中,离子轰击的方向大多垂直于晶圆表面。因此,纯物理刻蚀是各向异性刻蚀工艺,主要在垂直方向上进行刻蚀。

RIE 的准确名称应该是离子辅助刻蚀(ion-assisted etch),因为这种刻蚀工艺中的离子不一定是反应性的。例如,在许多情况下会使用氩离子来增加离子轰击,作为惰性气体的氩气根本不具有化学反应性。在大多数刻蚀工艺中,反应物是中性自由基,其浓度

比半导体刻蚀工艺等离子体中的离子浓度高得多。先进的集成电路芯片制造中几乎所有的图案刻蚀工艺都是 RIE 工艺。RIE 具有合理且可控的刻蚀速率和刻蚀选择比，同时它还具有各向异性的刻蚀形貌。

5.4.4 等离子体刻蚀机理

在等离子体刻蚀工艺中，首先将刻蚀剂引入真空室。等腔体压力稳定后，使用射频功率激发等离子体辉光。一些刻蚀剂分子与电子碰撞后解离产生自由基，自由基扩散到达晶片表面，并吸附在表面。在离子轰击的帮助下，这些自由基与表面原子或分子迅速地反应并形成气态副产物。挥发性副产物从表面扩散进入对流区，并被泵出腔体。图 5.9 展示了等离子体刻蚀的过程。

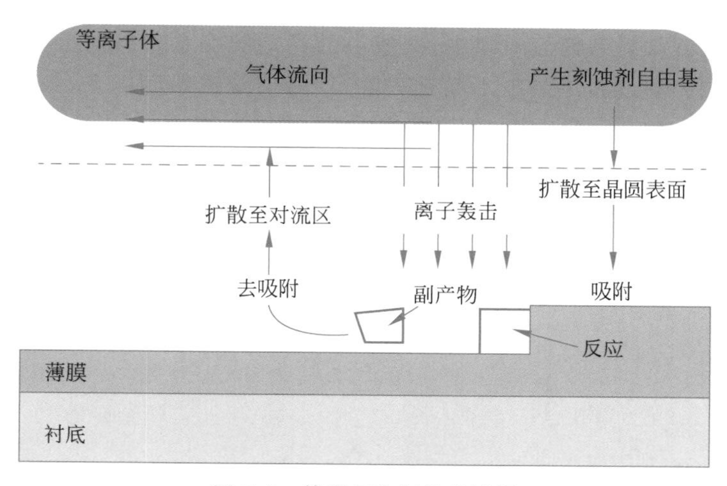

图 5.9 等离子体刻蚀的过程

由于离子轰击的存在，等离子体刻蚀可实现各向异性刻蚀形貌。各向异性刻蚀的机制有两种：损伤和阻挡，均与离子轰击有关。

对于损伤机制，高能离子轰击会破坏晶圆表面原子之间的化学键。表面具有悬空键的原子容易受到刻蚀剂自由基的影响，它们易于与自由基结合，形成挥发性副产物。因为离子主要在垂直方向上轰击，所以垂直方向上的刻蚀速率比水平方向上的刻蚀速率高得多，因此离子轰击可以实现各向异性刻蚀形貌。具有损伤机制的刻蚀工艺在 RIE 中更靠近物理刻蚀一侧，各向异性刻蚀的损伤机制如图 5.10 所示。

介质刻蚀工艺（主要是二氧化硅、氮化硅和低 K 介质刻蚀工艺）通常使用损伤机制，更接近物理刻蚀。为了利用损伤机制改善各向异性刻蚀形貌，需要增加离子轰击。通过在高射频功率和低压下使用重离子轰击，可以实现接近垂直的刻蚀轮廓。但是重离子轰击也会带来器件损坏的风险，特别是对于多晶硅栅极的刻蚀。因此我们需要另一种离子轰击占比较小的各向异性刻蚀来满足刻蚀工艺的要求。

在单晶硅刻蚀工艺的发展历程中，有人忘记在刻蚀硅之前除去作为二氧化硅掩模图案化的光刻胶（正常工艺流程要求在刻蚀硅之前去除光刻胶以防止污染）。后来发生的

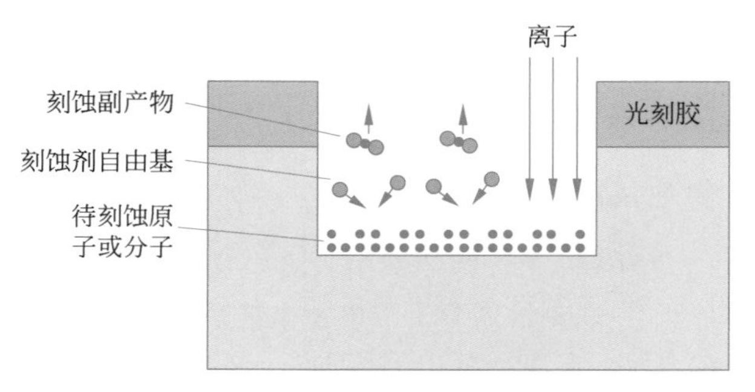

图 5.10　等离子体刻蚀中各向异性刻蚀的损伤机制

事情导致了另一种各向异性刻蚀机制的发展，即阻挡机制。在等离子刻蚀过程中，离子轰击将部分光刻胶溅射到刻蚀间隙中，侧壁上的光刻胶在水平方向上阻止了刻蚀，而沉积在底部的光刻胶通过离子轰击不断被去除，使表面暴露给刻蚀剂，如图 5.11 所示，导致刻蚀工艺大部分是在垂直方向上发生。这种机制已经被用于开发各向异性刻蚀工艺，刻蚀期间的化学沉积保护了侧壁，从而阻止了水平方向的刻蚀。与使用损伤机制的刻蚀过程相比，使用阻挡机制的刻蚀过程通常离子轰击的占比更小。单晶硅刻蚀、多晶硅刻蚀和金属刻蚀工艺都可以使用这种机制。侧壁沉积物需要在刻蚀工艺完成后再通过专门的干法或湿法工艺（或两者结合）去除。

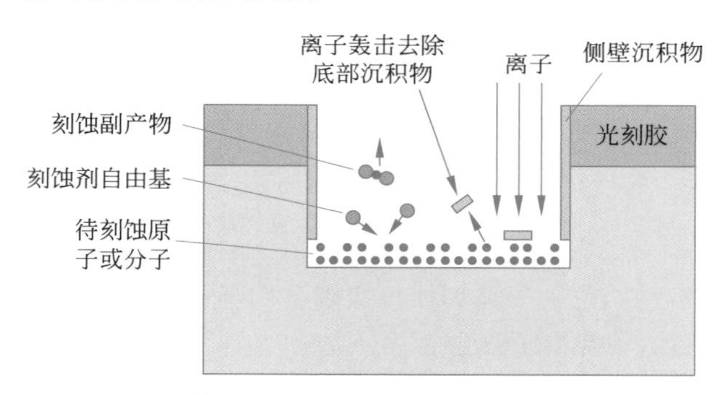

图 5.11　形成等离子体刻蚀各向异性刻蚀形貌的阻挡机制

5.4.5　等离子体刻蚀的腔室

等离子体工艺最早是在氧等离子体中刻蚀碳质材料，如光刻胶，这一工艺也称为等离子体去胶或等离子体灰化。等离子体中与电子碰撞产生的氧自由基和含碳材料中的碳和氢迅速反应，形成挥发性的 CO、CO_2 和 H_2O，高效地将含碳材料从表面去除。

这一概念在 20 世纪 60 年代末被扩展到硅和硅化合物刻蚀，硅刻蚀工艺使用含氟气体，如 CF_4 作为腐蚀剂，SiF_4 则是刻蚀工艺的气体腐蚀副产物。

远程等离子体刻蚀工艺是一种纯化学的干法刻蚀工艺，它是在远程腔室中产生等离子体。刻蚀剂气体可以流过等离子体腔室并离解，自由基可以流入刻蚀腔室与晶圆上的材料发生反应并刻蚀，图 5.12 显示了远程等离子体刻蚀系统的示意图。

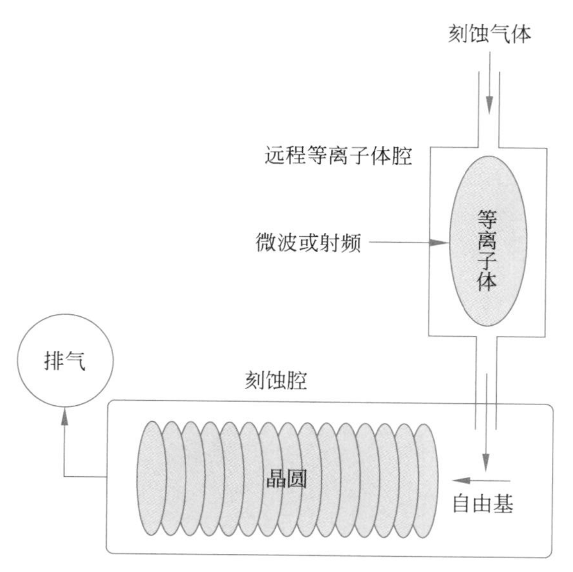

图 5.12　远程等离子体刻蚀系统示意图

为了获得特定的刻蚀形貌，研究人员开发了不同的刻蚀系统。平行板等离子体刻蚀系统就是其中之一。其腔室工作气压通常为 0.1～10Torr，晶圆置于接地电极上，如图 5.13 所示。由于射频电极和接地电极具有相似的面积，所以晶圆上几乎没有自偏压，射频等离子体的直流偏压导致两个电极受到的离子轰击量大致相同。

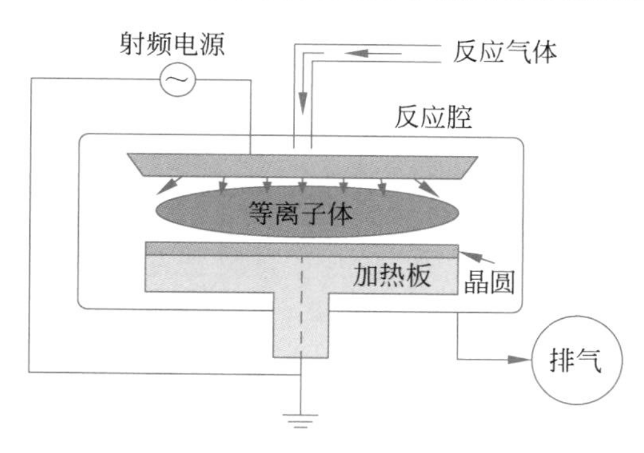

图 5.13　平行板等离子体刻蚀系统示意图

增加离子轰击可以提高刻蚀速率，更重要的是可以改善各向异性刻蚀形貌。为了增加离子轰击，需要增加射频功率并降低压力。对于具有等面积电极的平行板等离子体刻蚀系统，增加射频功率会提高晶圆表面以及另外一个电极上的离子轰击和刻蚀速率，这其实并不可取，因为这样做会缩短腔室内零件的使用寿命，并增加颗粒污染。通过设计一个具有较小射频电极的刻蚀系统，将晶圆放置在射频电极上，可以利用自偏压，使晶圆表面受到明显的高能离子轰击，而腔体上受到的离子轰击能量要低得多。离子轰击晶圆的能量是等离子体直流偏压和自偏压的总和，而轰击腔体的离子能量只来自于直流偏压，当晶圆侧电极面积小于接地腔盖面积的一半时，直流偏压远低于自偏压。自 20 世纪 80 年代以来，该类多片式反应离子刻蚀系统一直较为流行。但是，随着器件尺寸的不断缩小，人们对刻蚀均匀性（尤其是 WTW 均匀性）的要求也越来越高。单晶圆加工由于具有更好的 WTW 均匀性控制性能，逐渐成为刻蚀工艺的主流。

随着集成电路最小特征尺寸的不断缩小，为了减少离子散射，图案刻蚀工艺需要在更低的腔室气压下进行，以获得更好的刻蚀形貌和更严格的 CD 控制。而电容耦合等离子体源产生的电子 MFP 太长，无法获得足够的电离碰撞，故其不能在几毫托（mTorr）的低压下产生并维持等离子体。电感耦合等离子体（ICP）或电子回旋共振（ECR）系统是半导体工业中两种最常用的高密度等离子体源，可以在低腔室气压下产生高密度等离子体，适用于深亚微米特征尺寸图形的刻蚀。这些高密度等离子体系统最突出的优点就是离子轰击通量和能量可以分别由源和偏置射频功率独立控制，图 5.14 展示了这两种等离子体源的示意图。

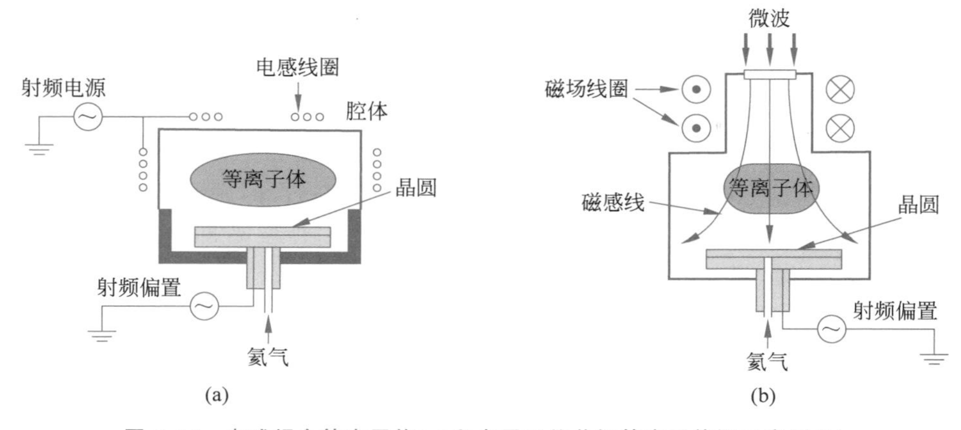

图 5.14　电感耦合等离子体(a)和电子回旋共振等离子体源示意图(b)

重离子轰击会产生大量的热量，如果没有及时冷却晶圆，则会导致晶圆温度过高。对于图案刻蚀，晶圆表面会涂上一层薄薄的光刻胶作为图形掩模，当温度超过 150℃时光刻胶可能会被烧焦。此外，化学腐蚀速率对晶圆温度也较为敏感，因此，刻蚀腔体需要一个冷却系统来控制晶圆温度，一方面防止光刻胶被烧焦，另一方面便于控制刻蚀速率。由于刻蚀工艺需要较低压力，但是低压不利于传热，因此通常是在晶圆背面使用压缩氦气来帮助晶圆散热的，如图 5.14 所示。氦具有很高的热导率，通常用于从晶圆到水冷基座的传热。为了防止氦气将晶圆吹离底座，需要一个机械夹环将晶圆固定在基座上或采用静电卡盘利用静电力固定晶圆。因为具有更好的刻蚀均匀性和更少的颗粒污染，所以静电卡盘从 20 世纪 90 年代开始被广泛应用。因为它不会有夹环对晶圆边缘的阴影效应，所以有着更好的刻蚀均匀性。此外，它还具有更好的温度均匀性，因为它有助于整个晶圆均匀冷却而无中心翘曲效应。由于静电卡盘没有机械接触，也有利于减少刻蚀过程中的颗粒污染。

在等离子体刻蚀过程中难免会有一些刻蚀副产物的沉积，因此通常需采用定期的等离子体清洗工艺来去除残留在腔室中的沉积物。然而,经过了几千微米的薄膜刻蚀工艺之后,腔室内会沉积一层较厚的沉积物,从而增加了颗粒污染的风险。因此,需要定期对腔室进行预防性维护和湿法清洗,手动清除腔室壁和腔室内零件表面的沉积物。一些刻蚀室内设计有衬垫结构,在维护期间,技术人员只需更换衬垫,并将使用过的衬垫送到专门的车间进行清洁,以备再次使用,这样可以大大减少系统停机时间,并提高生产能力。

5.4.6 刻蚀终止点

对于湿法刻蚀,一般刻蚀过程的终止点由刻蚀时间决定,刻蚀时间由预先测量的刻蚀速率和所需的刻蚀厚度计算得出。由于没有足够精确的方法来自动确定刻蚀终止点,所以实验人员有时也会采用目测的方式确定刻蚀终止点。然而湿法刻蚀速率对刻蚀剂的温度和浓度非常敏感,不同批次之间的温度和浓度可能略有不同。因此一般还需要实验人员刻蚀后检测确认刻蚀结果。

等离子刻蚀的优点之一是可以利用光学系统自动确定刻蚀终止点。当到达刻蚀终止点时,等离子体中的化学成分会发生变化,导致等离子体发光的颜色和强度随之产生一定变化。通过使用光谱仪监测特定波长光的发射并检测信号变化(即间接检测刻蚀过程结束时等离子体化学组分的变化),可以向控制刻蚀系统的计算机发送电信号,从而自动停止刻蚀过程。例如,在铝刻蚀工艺结束时,因为大部分铝已经被刻蚀,导致刻蚀副产物 $AlCl_3$ 的减少,则 $AlCl_3$ 所对应波长的光线强度会随之降低,这种强度的变化可被认为结束刻蚀过程的信号。

其他一些方法如压力变化、偏压变化、质谱等也可用于刻蚀终止点的检测。然而从加工的角度来看,在加工过程中压力和偏压的变化是不利于工艺的,因为它们会影响加工的可重复性。质谱法是测量刻蚀过程结束时不同化学物质的浓度,因此它可以用于刻蚀终止点的检测。但是由于质谱法需要一个真空室和泵系统,相比于光学方法需要更高的成本,所以它一般很少用于 RIE 过程的刻蚀终止点检测。而对于远程等离子体刻蚀系统,腔体内没有等离子体,因此没有辉光来提供光学的刻蚀终止点检测,质谱法成为了首选方案。

5.5 等离子体刻蚀工艺

5.5.1 介质的等离子体刻蚀

自 20 世纪 60 年代初以来,硅化合物介质如二氧化硅、氮化硅和氮氧化硅已广泛应用于集成电路芯片制造中。介质刻蚀主要用于在不同的导体层之间建立接触孔和通孔以实现互连。在第一层金属和晶体管源/漏以及多晶硅栅极之间形成接触孔的过程称为接触孔刻蚀。接触孔刻蚀通常需要刻蚀掺杂的硅酸盐玻璃,如磷硅玻璃(PSG)或硼磷硅玻璃(BPSG)。

通孔刻蚀与接触孔刻蚀非常相似,主要刻蚀金属互连层之间的介质,材料主要为未掺杂的硅酸盐玻璃(USG)、氟化硅酸盐玻璃(FSG)、低 K 介质(如 SiCOH)或更低 K 的电介质(如多孔 SiCOH),具体是哪一种取决于技术节点。通孔刻蚀通常刻蚀到金属表面,而接触孔刻蚀则一般刻蚀到硅或硅化物表面。

其他介质刻蚀工艺有硬掩模刻蚀,例如 LOCOS 和 STI 工艺都需要刻蚀氮化硅硬掩模。在 LOCOS 工艺中氮化硅层用作氧化工艺的硬掩模,而在 STI 工艺中氮化硅层则作为硅刻蚀的硬掩模和后续氧化物 CMP 工艺的终止层。二氧化硅也用于硅对准标记刻蚀的硬掩模,以及铜、金和铂的刻蚀硬掩模。

介质刻蚀工艺通常使用氟基重离子轰击,并采用损伤机制获得各向异性刻蚀轮廓。最常用的气体是氟碳化合物,如 CF_4、CHF_3、C_2F_6 和 C_3F_8。有些刻蚀氧化物的工艺也使用 SF_6 作为氟源气体。正常条件下氟化碳非常稳定,不会与二氧化硅或氮化硅发生反应,但是在等离子体中,氟化碳会解离并产生非常活泼的自由基,这些自由基会与二氧化硅和氮化硅反应形成易挥发的四氟化硅,可以非常容易地被泵出。

等离子体刻蚀二氧化硅和氮化硅的化学反应式如下:

$$CF_4 \xrightarrow{\text{等离子体}} CF_3 + F$$

$$4F + SiO_2 \xrightarrow{\text{等离子体}} SiF_4 + 2O$$

$$12F + Si_3N_4 \xrightarrow{\text{等离子体}} 3SiF_4 + 4N$$

氩在介质刻蚀中用来增加离子轰击,通过破坏 Si—O 键和 Si—N 键实现各向异性刻蚀并提高刻蚀速率。也可以引入氧气与碳反应以释放更多的氟自由基,进一步提高刻蚀速率。然而引入氧会影响硅和光刻胶的刻蚀选择比,为了解决这个问题,可以引入氢以提高对硅的刻蚀选择比。

对于介质刻蚀,氟碳的比例对刻蚀选择比起到重要的作用。当氟碳的比例小于 2 时,会发生聚合反应,并在腔室内沉积一层类似聚四氟乙烯的聚合物。CF_4 的氟碳比为 4,在等离子体刻蚀过程中,CF_4 会分解成 CF_3 和 F;F 在刻蚀过程中被消耗,而 CF_3 可以继续分解成 CF_2,这些反应会逐步降低腔室中的氟碳比。当聚合过程开始时,许多 CF_2 自由基链接成长链。与直流偏压相关的离子轰击可以在沉积的聚合物形成连续薄膜之前去除聚合物以抑制聚合反应。图 5.15 显示了氟碳比、直流偏压和聚合过程之间的关系。

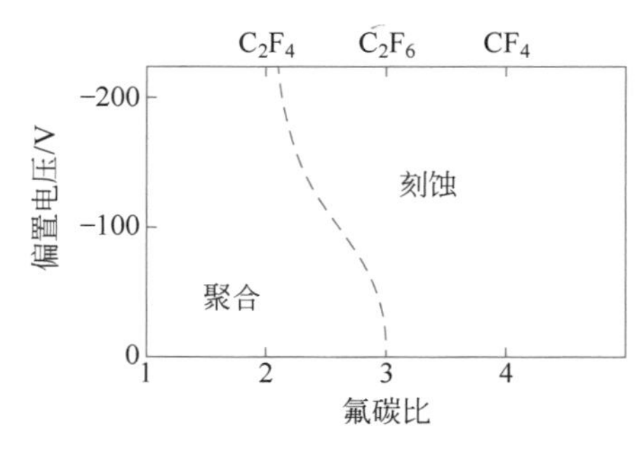

图 5.15 介质的等离子体刻蚀过程中氟碳比、直流偏压和聚合过程之间的关系

氧化物刻蚀，特别是接触孔刻蚀，刻蚀区一般选择氟碳比靠近聚合区边界的区域。当氟取代氧与硅结合刻蚀氧化物时，氧被置换出来与氟化碳中的碳反应生成 CO 和 CO_2，这会释放更多的氟自由基以维持刻蚀区的氟碳比。当刻蚀到硅或硅化物表面时，刻蚀的薄膜不含氧元素，因此刻蚀副产物中没有氧化物，故而氟会被消耗而碳不会被消耗。表面的氟碳比降低，因此反应迅速转向聚合反应并沉积聚合物，这会阻碍进一步的刻蚀，这样便实现了非常高的二氧化硅对硅或硅化物的刻蚀选择比。沉积在硅或硅化物表面的聚合物可以通过氧等离子体灰化工艺或湿法刻蚀工艺去除。

由于介质刻蚀主要采用损伤机制，因此刻蚀过程主要偏物理刻蚀一侧，当刻蚀晶圆时，重离子轰击晶圆表面，此时反应必须非常接近聚合区的边界以实现对硅或硅化物的高选择比。为了防止聚合物膜破裂引起的颗粒污染，沉积在等离子体刻蚀腔室中的聚合物需要使用 O_2/CF_4 等离子体来清洗。当对刻蚀腔体进行清洁时，可能需要在卡盘上放置一个晶圆，以防卡盘因受到离子轰击而被损伤。在清洁完成后，又需要在腔体内沉积一层薄薄的聚合物，防止残留物从腔体侧壁脱落并使工艺保持在相似的工艺条件下，防止出现“第一晶圆”效应。

5.5.2 单晶硅刻蚀

20 世纪 90 年代中期，当集成电路芯片技术节点发展到亚微米尺度时，就开始使用单晶硅刻蚀工艺来形成 STI 结构了。STI 取代 LOCOS 工艺作为相邻器件之间的隔离方式，主要是因为 STI 没有“鸟嘴效应”，所以尺寸可以控制到更小，并且 STI 结构的表面形貌要比 LOCOS 平坦得多。STI 的形成需要用到单晶硅刻蚀工艺。

制作三维器件如 FinFET 也需要单晶硅刻蚀工艺。FinFET 器件的鳍型硅需要用单晶硅刻蚀工艺来形成。使用 SOI 晶片比使用大块晶片更容易形成鳍型硅，因为氧化物埋层可以作为刻蚀终点，并且由于鳍型硅的高度与氧化物埋层上硅的厚度相同，故其高度非常容易控制。

单晶硅刻蚀通常使用二氧化硅（或二氧化硅和氮化硅一起）作为硬掩模代替光刻胶以避免刻蚀污染。通常采用阻挡机制，以 HBr 为主要刻蚀剂，O_2 为侧壁钝化剂。在等离子体中，HBr 分解并释放出游离的 Br 自由基，这些 Br 自由基可以与硅反应形成挥发性的四溴化硅（$SiBr_4$）。氧气会氧化侧壁上的硅形成二氧化硅，保护硅免受游离 Br 自由基的刻蚀。在沟槽底部，离子轰击则阻止氧化物的形成，因此刻蚀主要在垂直方向上继续。

单晶硅等离子体刻蚀的主要化学反应是

$$HBr \xrightarrow{\text{等离子体}} H + Br$$

$$4Br + Si \xrightarrow{\text{等离子体}} SiBr_4$$

O_2 有助于提高氧化物硬掩模的刻蚀选择比，还会与刻蚀副产物 $SiBr_x$ 反应，在沟槽侧壁上形成并沉积 $SiBr_xO_y$ 保护侧壁，而沟槽底部的 $SiBr_xO_y$ 则不断被离子轰击去除，故而可以将刻蚀限制在垂直方向。氟基气体如 SiF_4 和 NF_3 可被用于改善沟槽侧壁和底部刻蚀形貌的控制。

单晶硅的刻蚀分为氧化物破除和主刻蚀两步。简单而言，氧化物破除是用重离子轰击和氟化学反应刻蚀去除硅表面的自然氧化物薄层，主刻蚀步骤是用 HBr 和 O_2 刻蚀硅。刻蚀完成后，晶圆需要进行湿法清洗以去除侧壁沉积的保护层。单晶硅刻蚀与其他材料的等离子体刻蚀的一个显著区别是不会刻蚀到其他的底层材料，故而无法用光信号判定刻蚀终止点，通常需要利用刻蚀时间来计算刻蚀终止点。

单晶硅刻蚀腔体通常会在侧壁上沉积一些硅、溴、氧和氟的复杂化合物，这些化合物必须定期通过等离子体清洗工艺和氟化学刻蚀去除以控制颗粒污染。

5.5.3 多晶硅刻蚀

多晶硅刻蚀工艺一般用于定义 MOSFET 的栅极，可以说是最重要的刻蚀工艺之一。同时多晶硅栅刻蚀是所有刻蚀工艺中关键尺寸最小的工艺。在过去，当人们谈论几微米工艺技术时，其实是指栅极的特征尺寸是几微米。当特征尺寸缩小到纳米级时，栅极的特征尺寸和技术节点就不再保持相同。

Cl_2 是多晶硅刻蚀工艺中最常用的刻蚀剂。在等离子体中，Cl_2 分子被解离产生氯自由基，这些自由基非常活泼，可以与硅发生反应形成气态四氯化硅（$SiCl_4$）。氯倾向于与光刻胶材料结合，并在侧壁上沉积一层薄薄的聚合物层，这有助于实现各向异性刻蚀形貌并减少关键尺寸损失。而 O_2 的加入则可用于提高对氧化物的刻蚀选择比。

多晶硅栅刻蚀工艺的最大困难之一是实现对二氧化硅的高刻蚀选择比，因为多晶硅栅极下方是超薄的栅氧化层，对于 45nm 的器件，栅氧化层的厚度约为 12Å，仅相当于两层二氧化硅分子的厚度。由于刻蚀速率和多晶硅膜厚度都不完全均匀，多晶硅的某些部分可能会先被刻蚀完，而其他部分的刻蚀过程仍在进行。栅氧化层非常薄，不能被刻蚀，否则用于刻蚀多晶硅的刻蚀剂也会刻蚀氧化层下方的单晶硅，导致出现刻蚀损伤。因此，在多晶硅过刻蚀的过程中，对氧化物的刻蚀选择比需要足够高。

多晶硅刻蚀有 3 个步骤：氧化层破除、主刻蚀和过刻蚀。与单晶硅刻蚀类似，氧化层破除步骤是通过高密度离子轰击去除多晶硅表面的自然薄氧化层（10～20Å），有时也使用氟进行刻蚀。主刻蚀是从指定区域刻蚀多晶硅并形成栅极和局部互连图案。在过刻蚀过程中，改变刻蚀条件以除去残留的多晶硅，同时要保证栅极氧化物损耗尽量小，主刻蚀需要高速刻蚀多晶硅，由于还没有刻到氧化物，故而不需要考虑与二氧化硅的刻蚀选择比。当刻蚀剂开始刻蚀栅氧化层，氧就会从薄膜中被释放出来并扩散到等离子体中。光谱传感器检测到氧对应的光线强度增加，触发刻蚀终止点以停止主刻蚀过程，并开始过刻蚀过程。过刻蚀工艺需要流动的氧气气氛，降低射频功率并减少 Cl_2 流量以提高多晶硅对氧化物的刻蚀选择比。

氟也可以用来刻蚀多晶硅，有时多晶硅刻蚀工艺也使用 SF_6 和 O_2。因为氟刻蚀二氧化硅的速度比氯快，所以它对氧化物的刻蚀选择比较低，因此大多数集成电路芯片制造厂更喜欢采用氯作为主刻蚀工艺的刻蚀剂。

5.5.4 金属刻蚀

金属刻蚀工艺主要被用来制作连接晶体管和电路单元的集成电路互连线。对于一些技术成熟的CMOS集成电路芯片，金属层由3层组成：TiN层、Al-Cu合金层、TiN/Ti或TiW层。TiN层可以减少铝表面的反射，这样有助于提高光刻分辨率；铝铜合金层是承载电流和形成互连的主要材料；TiN/Ti或TiW层有助于降低Al-Cu和钨塞之间的接触电阻，同时能防止铝中的铜扩散到硅酸盐玻璃中造成器件损坏。

金属刻蚀最常用的化学物质是氯。在等离子体中，Cl_2 解离产生自由基Cl，自由基Cl与Ti、Al反应形成 $TiCl_4$ 和 $AlCl_3$ 的挥发性副产物：

$$Cl_2 \xrightarrow{\text{等离子体}} Cl + Cl$$

$$3Cl + Al \xrightarrow{\text{等离子体}} AlCl_3$$

$$4Cl + TiN \xrightarrow{\text{等离子体}} TiCl_4 + N$$

$$4Cl + Ti \xrightarrow{\text{等离子体}} TiCl_4$$

金属刻蚀通常使用 Cl_2 作为主要刻蚀剂，BCl_3 常用于侧壁钝化，同时还可用作二次氯源并为离子轰击提供 BCl_3^+ 离子。在某些情况下，氩也会被用来增加离子轰击，而 N_2 和 CF_4 则用于改善侧壁钝化。

金属刻蚀工艺对形貌控制、残留控制和金属腐蚀的预防要求很高。在金属刻蚀过程中，因为 $CuCl_2$ 的挥发性非常低，会留在晶圆表面，故而铝中的少量铜会导致残留问题。这些残留可以通过离子轰击将其从表面去除，也可以通过化学腐蚀来去除表面的 $CuCl_2$。由于 $CuCl_2$ 粒子和晶圆表面都因为等离子体轰击而带上了负电荷，因此 $CuCl_2$ 可以被静电力推离晶圆表面。

5.5.5 光刻胶的去除

在刻蚀工艺完成之后，需要去除剩下的光刻胶，可以采用湿法或干法刻蚀去除。氧气常用于干法刻蚀去除光刻胶，在刻蚀过程中会向等离子体中释放水蒸气（H_2O）以提供额外的氧化剂（HO），更高效地去除光刻胶，同时可以引入氢自由基（H）帮助去除侧壁和光刻胶中的氯。对于金属刻蚀工艺来说，在晶圆暴露于大气中的湿气之前需要先剥离光刻胶。因为侧壁沉积物和光刻胶吸收的氯会与水分发生反应形成盐酸而引起金属腐蚀。去除光刻胶过程中涉及的基本反应是

$$O_2 \xrightarrow{\text{等离子体}} O + O$$

$$H_2O \xrightarrow{\text{等离子体}} 2H + O$$

$$Cl + H \longrightarrow HCl$$

$$O + PR \longrightarrow H_2O + CO + CO_2 + \cdots$$

5.5.6 无图案干法刻蚀工艺

无图案等离子体刻蚀会去除整个晶圆表面的材料，主要应用是回刻、侧墙（spacer）结构的形成以及薄膜去除等。

氩溅射回刻是一种纯物理刻蚀工艺，通过高能离子从材料表面轰击出微小碎片从而去除材料，被广泛地应用于制作介质薄膜的倒锥形开孔，有利于增加后续 CVD 的前驱体分子与衬底的接触并提高间隙填充能力。此外，氩溅射还被用于在金属沉积之前去除晶圆表面的自然氧化层。

RIE 刻蚀结合了物理和化学刻蚀工艺，可与介质的化学气相沉积(CVD)工艺搭配用于制作侧墙结构，使用 CVD 工艺在图案上沉积保型的介质薄膜，如图 5.16(a)所示。图 5.16(b)和图 5.16(c)则展示了通过 RIE 刻蚀出的侧墙结构的过程。RIE 刻蚀工艺也可以与钨 CVD 工艺搭配用于制作钨塞。通过 CVD 工艺将钨沉积到接触孔或通孔中并覆盖晶圆表面，采用含氟等离子体的 RIE 刻蚀工艺去除表面大部分的钨。RIE 刻蚀工艺也可被用于回刻光刻胶或旋涂玻璃(Spin-On-Glass，SOG)以实现介质的平坦化。

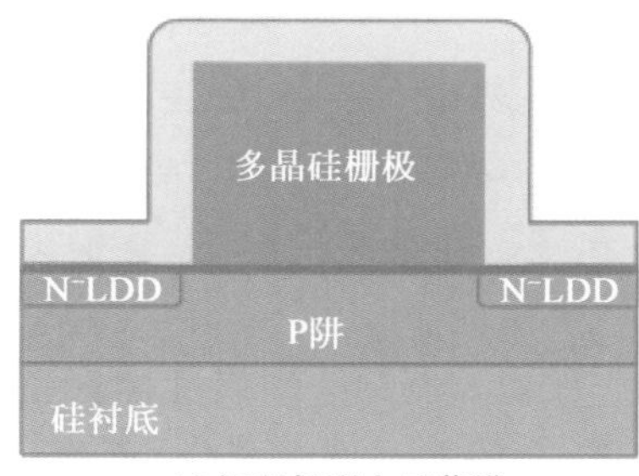

(a) 沉积保型介质薄膜

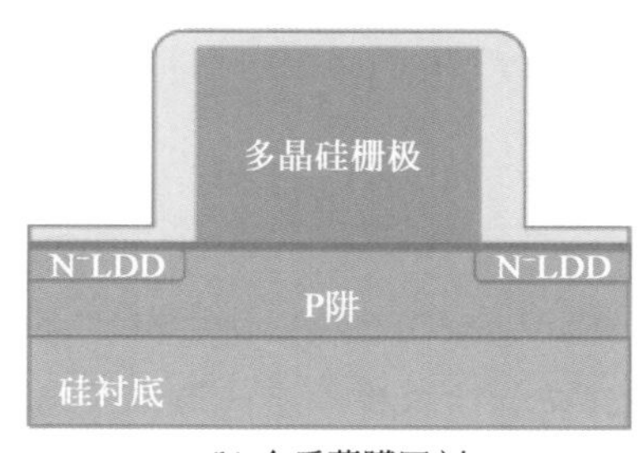

(b) 介质薄膜回刻

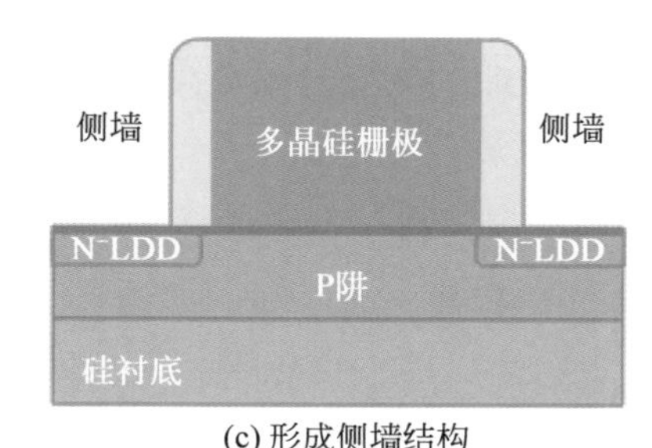

(c) 形成侧墙结构

图 5.16　RIE 刻蚀形成侧墙结构

5.5.7　等离子体刻蚀的安全性

因为涉及一些腐蚀性和有毒的化学物质，如 Cl_2、BCl_3、SiF_4 和 HBr，所以等离子刻蚀工艺也存在一些安全问题。吸入高浓度(>1000ppm)的上述气体中的任何一种都是致命的。一氧化碳(CO)是无色无味的气体,易燃,会引起明火。吸入它会导致其与血液中的血红蛋白结合,减少输送到组织中的氧气量,导致呼吸困难甚至死亡。射频电源可能会引起操作人员触电,在高功率下可能致命。对于所有可移动的部件,如机械结构和真空阀也可能造成伤害。

5.6 化学机械抛光

在进入亚微米技术代之后,大规模集成电路采用多层金属互连技术,多层的加入给芯片表面带来较大起伏,使亚微米图形的制作面临极大的困难,其主要原因是受到光学光刻过程中透镜焦深的限制。化学机械抛光(Chemical-Mechanical Polishing,CMP),又称化学机械平坦化(Chemical-Mechanical Planarization),是 IBM 于 20 世纪 80 年代后期开发的一种用于集成电路芯片制造的全局平坦化工艺,现已成为先进半导体制造中平坦化的标准工艺。对于应用于先进集成电路芯片制造的双层大马士革结构铜互连技术,CMP 是实现多层互连的关键工艺。

图 5.17 是 CMP 工艺的示意图。硅晶圆片被固定在一个旋转的载片头上,面向转盘上的抛光垫安装并施加一定的压力,同时会在抛光垫上加入磨料,通过硅片和抛光垫之间的相对运动来实现表面平坦化。抛光垫通常具有一定的粗糙度,有助于新的磨料进入硅片与抛光垫之间并排出研磨出的副产物。

从机理角度讲,CMP 平坦化工艺是化学和机械作用的结合:

(1) 待抛光材料与磨料发生化学反应生产一种相对较容易去除的表面层;

(2) 反应生成的表面层通过磨料中的研磨剂与抛光垫的相对运动被机械地磨去。

这种化学加机械相结合的作用方式,有助于降低平坦化过程对晶圆表面的损伤,减少研磨的沟槽和擦伤等。

CMP 的抛光速率(Removal Rate,RR)是指在平坦化过程中材料被去除的速度,可由如下公式简单描述:

$$\mathrm{RR} = k_p P v$$

式中,k_p 是一个常数,与设备和工艺有关,包括所抛光材料的硬度、磨料和抛光垫参数等;P 是晶圆片对抛光垫的压力;v 是晶圆片与抛光垫之间的相对速度。抛光速度的典型值是每分钟几千埃。

CMP 工艺的主要作用是减小硅片表面的形貌变化,最重要的两个指标是平坦度和均匀性。平坦度是描述微米到毫米范围内硅片表面的起伏变化,而均匀性是在相对大范围下(毫米到厘米尺度)测量的,反映整个硅片上膜厚的变化。可见,经过 CMP 平坦化之后,硅片表面的局部区域可能具有较好的平坦度,但是其整体的均匀性有可能会较差;反之亦然。

平坦度的定义是,相对于 CMP 之前的某处台阶高度,在做完 CMP 之后这个特殊台阶位置处硅片表面的平整程度,可通过下式计算:

$$P(\%)=\left(1-\frac{SH_{post}}{SH_{pre}}\right)\times 100\%$$

其中，SH_{post} 是 CMP 之后硅片上一个特殊位置的台阶高度，SH_{pre} 是 CMP 之前硅片上一个特殊位置的台阶高度，如图 5.18 所示。如果 CMP 之后测得的硅片表面起伏完全消失，则 $SH_{post}=0$，$P=1$，意味着 CMP 工艺平坦化效果完美。

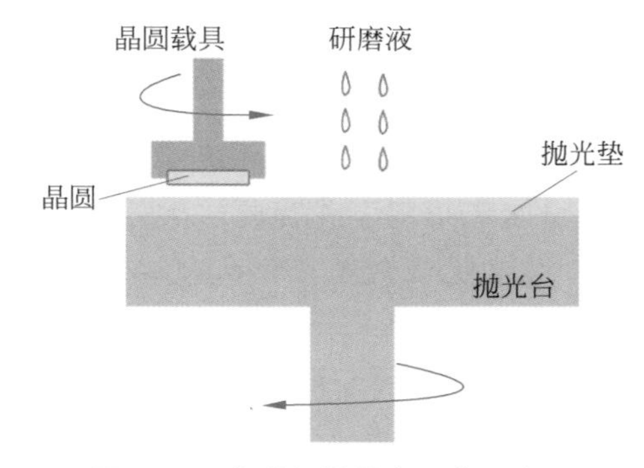

图 5.17　化学机械抛光工艺示意图

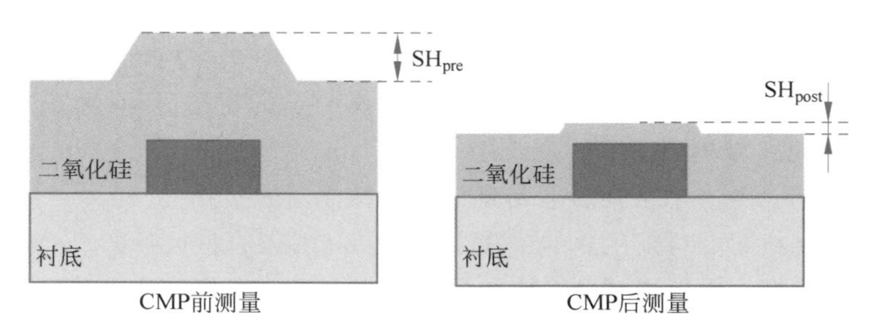

图 5.18　化学机械抛光工艺后硅片的平坦度测量

CMP 工艺在集成电路芯片制造过程中的应用主要包括 STI 氧化硅抛光、互连介质氧化层抛光、钨塞抛光和双大马士革铜抛光等。

5.7 刻蚀工艺受参数影响的变化趋势

湿法刻蚀工艺的刻蚀速率主要由温度和刻蚀剂浓度决定。随着温度的升高，化学反应速率加快，刻蚀剂和刻蚀副产物的扩散速率提高，增加刻蚀剂浓度也会提高刻蚀速率。刻蚀选择比主要由刻蚀剂的化学性质和刻蚀过程中涉及的材料决定，湿法刻蚀通常具有很好的刻蚀选择比。湿法刻蚀的刻蚀形貌总是各向同性并且较难有效控制，刻蚀速率的均匀性主要取决于刻蚀剂溶液温度和浓度的均匀性，搅拌有助于提高刻蚀均匀性。湿法刻蚀工艺的刻蚀终止点一般通过控制刻蚀时间来确定，有时也会通过操作员目测刻蚀结果确定。

等离子体刻蚀工艺，尤其是常用的平行板射频等离子体，其刻蚀速率对射频功率最为敏感，增加射频功率会增加离子轰击的通量和能量，可以提高物理刻蚀速率和物理轰击效果。增加射频功率同时也会增加自由基浓度,这也会增强化学刻蚀的效果。因此,如果等离子刻蚀系统的刻蚀速率超出预计,则应首先检查射频系统。射频系统包括源、电缆和连接以及射频匹配。增加射频功率会使 RIE 刻蚀更接近物理刻蚀。而物理溅射通常会降低刻蚀选择比,特别是对光刻胶的刻蚀选择比。

腔体压力主要控制刻蚀均匀性以及刻蚀形貌,同时也会影响刻蚀速率和刻蚀选择性,改变压力会改变电子和离子的 MFP,进而影响等离子体的均匀性和刻蚀速率。通过增加压力,MFP 变短,可以引起更多的离子碰撞,导致离子能量降低,离子碰撞散射增加,增加了 RIE 过程中的化学刻蚀比例。如果刻蚀工艺占主导地位的是化学刻蚀,则增加压力会提高刻蚀速率;如果刻蚀占主导地位的是物理刻蚀,则增加压力会降低刻蚀速率。

增加磁场则会增加等离子体密度,也就增加了离子轰击的通量,进而加大了物理刻蚀比例。但是,磁场的增加会降低离子能量而增加自由基浓度,又导致刻蚀过程向接近化学刻蚀的方向移动。通常,在低压且磁场较弱的情况下,物理刻蚀的增加是高于化学刻蚀的,所以增加磁场强度会使刻蚀变得更加接近物理刻蚀。而当磁场强度达到一定值后,直流偏压的减小导致离子能量减小,使刻蚀过程更加偏向化学刻蚀。

如果刻蚀腔体密封不好,则会导致等离子体中进入氧气,使得光刻胶的刻蚀速率增加,刻蚀选择比降低。光刻时光刻胶坚膜时间不足也会导致对光刻胶的刻蚀速率变快,使得刻蚀过程中光刻胶的损失过大。

由于每种刻蚀工艺都需要不同的腔体设计,使用不同的化学品以及在不同的条件下实验,其受工艺参数影响的变化趋势可能会有很大的不同。通常设备供应商会提供设备的基本信息以及故障排除指南。

5.8 等离子体刻蚀技术的发展

为了得到更好的各向异性刻蚀形貌并减少关键尺寸损失,需要较低的压力(增加 MFP 和减少离子散射)和增加等离子体密度(提高离子轰击通量);对于需要固定量的离子轰击,增加离子轰击通量可以降低对离子能量的要求,这样可以减小对器件的刻蚀损伤。在较低压力下实现较高密度等离子体的腔室是获得高刻蚀速率和更好形貌控制的理想设计。目前,人们已经开发出了符合上述要求的 ICP 和 ECR 刻蚀腔体,两者都能在低压下产生高密度等离子体,并能独立控制等离子体的密度和离子轰击能量,这对刻蚀工艺参数的控制非常重要。但是,ICP 和 ECR 两种等离子体源的电离率都不是很高,为1%～5%。等离子体的均匀性控制(特别是对于较大尺寸晶圆的加工)是另外一个值得关注的问题。此外,随着集成电路芯片制造引入了新材料,如 HKMG 和 ULK 介质等,这些新材料的刻蚀也是工艺开发中面临的重要挑战之一。

第6章 刻蚀工艺实验

6.1 工艺原理

6.1.1 湿法刻蚀工艺原理

湿法刻蚀一般只是用在尺寸较大的情况下(大于 3μm),是一个纯粹的化学反应过程,是指利用溶液与预刻蚀材料之间的化学反应来去除未被掩蔽膜材料掩蔽的部分而达到刻蚀目的。

本次工艺实验是刻蚀最普通的刻蚀层,即热氧化形成的二氧化硅,硅片作为衬底材料,采用热氧化的方法在衬底上形成二氧化硅层。在一定的氧化工艺条件下,通过控制氧化时间来控制二氧化硅膜的厚度。选择一种含有氢氟酸的 BOE(Buffered Oxide Etch)溶液,其对二氧化硅与硅有着极高的选择比,既可以刻蚀二氧化硅又不伤及硅。

实验中使用 BOE 刻蚀溶液,这是一种缓冲氧化物刻蚀液,由氢氟酸(HF)与氟化铵(NH_4F)按照不同的比例混合而成。实验中采用的是 6∶1 的 BOE 刻蚀溶液,即 49%HF 水溶液和 40%NH_4F 水溶液按照体积比 1∶6 混合而成。HF 为主要的蚀刻液,NH_4F 为缓冲剂,应固定 H^+ 的浓度,在刻蚀过程中保持一定的蚀刻率。

SiO_2 的湿法刻蚀反应过程为

$$SiO_2 + 6HF \longrightarrow H_2 + SiF_6 + 2H_2O$$

在湿法刻蚀过程中,必须控制基本的湿法刻蚀参数(见表 6.1),如溶液浓度、浸泡时间、腐蚀槽的温度、溶液槽的搅动、样品的批次等。

表 6.1　湿法刻蚀工艺参数

参　数	说　明	可控难度
浓度	刻蚀溶液的浓度,如腐蚀 SiO_2 时,溶液 NH_4F 与 HF 的比	最难控制的参数,由于在腐蚀过程中,槽内溶液的浓度一直发生变化
时间	硅片浸泡在湿法化学腐蚀槽中的时间	相对容易控制
温度	湿法化学腐蚀槽的温度	相对容易控制
搅动	溶液槽的搅动	适当控制有一定难度
批次	为了减少颗粒并确保适当的溶液强度,一定批次后必须更换溶液	相对容易控制

6.1.2 干法刻蚀工艺原理

干法刻蚀是亚微米尺寸下刻蚀器件的最主要方法,是把硅片表面暴露在产生的气态等离子体中,等离子体通过光刻胶中开出的窗口,与硅片发生物理或化学反应,从而去掉暴露的表面材料。干法刻蚀的种类包括等离子体、离子铣刻蚀和反应离子刻蚀。本次干法刻蚀工艺实验采用的是反应离子刻蚀(RIE)。

反应离子刻蚀是一种物理作用和化学作用共存的刻蚀工艺。反应离子刻蚀系统结合等离子体刻蚀和离子铣刻蚀原理,包括反应室、射频电源、真空系统和气体系统,结构见图 6.1。其各向异性很强、选择性高，兼有离子溅射刻蚀和等离子化学刻蚀的优点。射频辉光放电，反应气体被击穿，产生等离子体。硅片处于阴极电位，放电时的电位大部分降落在阴极附近。大量带电粒子受垂直于硅片表面的电场加速，垂直入射到硅片表面，以较大的动量进行物理刻蚀，同时它们还与薄膜表面发生强烈的化学反应，产生化学刻蚀作用。物理和化学的总和作用，完成对样品的刻蚀。选择合适的气体组分，不仅可以获得理想的刻蚀选择比和速率，还可以使活性基团的寿命短，这就有效地抑制了因这些基团在薄膜表面附近的扩散所造成的侧向反应，大大提高了刻蚀的各向异性特性。反应离子刻蚀是超大规模集成电路工艺中很有发展前景的一种刻蚀方法。

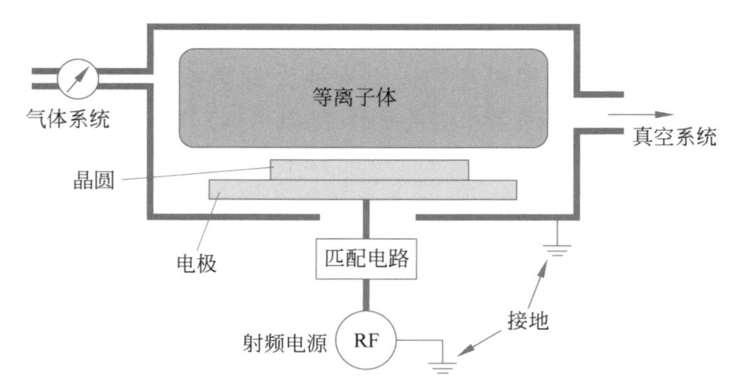

图 6.1　刻蚀反应室的结构图

实验中硅片作为衬底材料，采用热氧化的方法在衬底上形成二氧化硅层。在一定的氧化工艺条件下，通过控制氧化时间来控制二氧化硅膜的厚度。采用三氟甲烷（CHF_3）作为刻蚀气体，当反应室中通入 CHF_3 时，在辉光放电中发生的化学反应为

$$CHF_3 + 2e^- \longrightarrow CHF_2^+ + F(\text{游离基}) + 2e^-$$

当生成的 F 原子到达 SiO_2 表面时，发生的反应为

$$SiO_2 + 4F \longrightarrow SiF_4 + O_2$$

SiO_2 分解出来的氧离子在高压情况下与 CHF_2^+ 基团反应，生成多种挥发性气体，通过抽气系统抽离反应室，从而完成对 SiO_2 的干法刻蚀过程。

在干法刻蚀过程中，必须控制基本的干法刻蚀参数（见表 6.2），如气体流量、温度、气体压强、干刻时间等。

表 6.2　干法刻蚀工艺参数

参　　数	说　　明	可控难度
气体流量	气体压强不变的情况下，反应气体的流量	相对容易控制
温度	基片冷却温度，在刻蚀的过程中，由于化学反应和物理轰击的进行，粒子之间的频繁碰撞以及粒子与硅片的碰撞都会产生一定量的热量	相对容易控制
气体压强	反应气体流量保持不变，反应气体的压强	相对容易控制
射频功率	射频输出功率	相对容易控制
干刻时间	在反应室里溅射的时间	相对容易控制

6.2 湿法刻蚀工艺实验

6.2.1 实验准备

本实验使用的设备是北京南轩兴达电子科技有限公司研制开发的 Wet100 半自动酸碱清洗机。用于 3 英寸及 4 英寸硅片的清洗处理，操作人员手动上料及下料，根据设定清洗工艺自动运行，人工设定清洗工艺及清洗时间。设备具有运行成本低、生产效率高、性能稳定、安全可靠等特点。工艺处理部分（即槽体部分）是清洗槽的主要部分，是完成预定工艺过程的载体。本设备由 3 个清洗槽、1 个 QDR 槽组成，4 个槽体的结构和功能见表 6.3。

表 6.3 半自动酸碱清洗机各个槽体功能

槽体名称	槽体材料	槽体尺寸	槽体功能
1#槽 NPP 清洗槽	NPP 板料	220mm×200mm×160mm	鼓泡、排液
2#槽 石英清洗槽	石英板料	220mm×200mm×160mm	鼓泡、排液
3#槽 NPP 清洗槽	石英板料	220mm×200mm×160mm	加热、鼓泡、排液
4#槽 QDR 槽	NPP 板料	220mm×200mm×160mm	注水、鼓泡、喷淋、快排

实验准备工作如下：

（1）准备经过光刻的、有二氧化硅薄膜的硅片。利用膜厚仪测量硅片上二氧化硅的厚度，选择多个区域进行测量并记录；利用显微镜找到一些关键图案，测量记录关键图案的尺寸信息。

（2）准备好样品夹具、无尘纸、计时器；准备好 BOE 刻蚀溶液，检查溶液的参数。

（3）确定防酸手套、面罩、防酸围裙等个人防护设备的完好；确定水枪、氮气枪能正常工作；确定湿法刻蚀台的抽风功能正常。

6.2.2 湿法刻蚀工艺流程

（1）检查个人防护设备，穿戴个人防护设备（包括面罩、防酸手套、防酸围裙）。

（2）把适量的 BOE 刻蚀溶液倒入 1#清洗槽；设定秒表到指定的时间。

（3）将硅片放置在夹具上，检查是否牢固；利用夹具将硅片浸泡到刻蚀溶液中，开始计时。

（4）计时器完成计时，提出夹具，放置到 4#清洗槽，用去离子水清洗。

（5）利用鼓泡、喷淋清洗硅片（选择程序），提取硅片，观察硅片正面和反面的亲水/疏水情况。

（6）利用氮气枪吹干硅片，并放置在烘箱中烘干。

(7) 利用薄膜分析仪检查开口的刻蚀情况，测量薄膜厚度。

(8) 利用显微镜观察刻蚀表面的情况，测量关键图案的尺寸。

6.2.3 实验记录

湿法刻蚀每次刻蚀 1min，取出硅片后在薄膜分析仪和显微镜下进行测量观察，将得到的数据填入表 6.4，计算湿法刻蚀速率。

表 6.4 湿法刻蚀工艺记录表

时间	1min	2min	3min	4min	5min
氧化层厚度/nm					

6.2.4 注意事项

(1) 湿法刻蚀过程中需要用到腐蚀性化学液，要特别小心。务必佩戴好防护用具，做足安全措施，穿戴防酸手套、面罩、防酸围裙等，以免造成人身伤害事件，实验前也需要了解急救知识。

(2) HF 可以刻蚀玻璃，对皮肤有强烈的腐蚀性，若不小心被溅到，需要喷淋冲洗。

(3) 请注意设备的排风系统是否工作正常，如排风系统工作异常，会导致运行过程中挥发出的腐蚀气体不利于排出，对设备及人身造成伤害。

(4) 整个过程必须在清洗槽中进行，除了操作人员，其他人不能靠近通风柜黄线以内区域。

(5) 3＃槽加热时，要确保槽内有液体，不能干烧。

(6) 刻蚀完毕，废液必须放进回收桶，密封盖好。

6.3 干法刻蚀工艺实验

6.3.1 实验准备

本实验使用的设备是北京微电子所研制开发的 E100 刻蚀机，为平板式自动操作干法刻蚀机台，采用反应离子刻蚀原理，主要用于硅基材料的刻蚀、有机物材料刻蚀。设备配备多路气体(三氟甲烷、六氟化硫、氧气、氩气)，可刻蚀多种材料硅、二氧化硅、氮化硅和光刻胶(见表 6.5)。

表 6.5 不同材料对应的刻蚀气体

材　　料	刻 蚀 气 体
硅	六氟化硫
二氧化硅	三氟甲烷
氮化硅	六氟化硫
光刻胶	氧气

设备由五部分组成：真空系统（机械泵和分子泵）、刻蚀腔、气路系统、射频系统和工控系统。其中工控系统采用模块功能管理，包括真空管理（真空开始流程、真空停止）、工艺管理（工艺编辑、工艺运行、工艺停止）、充气流程（充气开始、充气停止）、吹扫管理（管理各路气体）、维护管理、工作日志、触摸键盘及关机。

实验准备工作如下：

（1）准备经过光刻的、有二氧化硅薄膜的硅片。利用膜厚仪测量硅片上二氧化硅的厚度，选择多个区域进行测量并记录；利用显微镜找到一些关键图案，测量记录关键图案的尺寸信息。

（2）设备的真空系统有分子泵，工作时需要冷却水，检查冷却水系统工作是否正常。

（3）设备中阀门的开启，是以压缩空气作为动力，检查压缩空气阀是否开启，调节工作压力至0.5MPa。

（4）检查气源瓶内的气量是否充足，开启氮气阀、氩气阀、三氟甲烷气阀，并减压到合适的工作气压。

6.3.2 干法刻蚀工艺流程

（1）设备E100刻蚀机上电。

（2）充氮气至沉积腔内，使其达到大气压强，打开沉积腔腔盖，放入待刻蚀的圆硅片，并关好腔盖。

（3）启动真空泵，对沉积腔抽取真空。

（4）真空度达到后，设置刻蚀工艺参数，通入刻蚀气体，启动射频源，进行干法刻蚀。

（5）刻蚀结束后，充氮气至沉积腔内，使其达到大气压强，打开沉积腔腔盖，取出圆硅片。

（6）利用薄膜分析仪检查开口的刻蚀情况，测量薄膜厚度。

（7）利用显微镜观察刻蚀表面的情况，测量关键图案的尺寸。

6.3.3 实验记录

1. 工艺参数记录（见表6.6）

表6.6 干法刻蚀工艺参数记录表

二氧化硅干法刻蚀			
工艺压强			
下电极转速		高阀开度	
三氟甲烷流量		Ar流量	
Ar：CHF_3			
射频功率			
刻蚀时间			
厚度测量			

2. 刻蚀速率计算

干法刻蚀每次刻蚀 2min，取出硅片后在薄膜分析仪和显微镜下进行测量观察，将得到的数据填入表 6.7，计算干法刻蚀速率。

表 6.7 干法刻蚀工艺记录表

时间	2min	4min	6min	8min	10min
氧化层厚度/nm					

6.3.4 注意事项

（1）设备上电前确保冷却水、压缩气体、工艺气体供应正常。

（2）"急停"按钮是起到保护设备的作用，万一设备出现异常或"启动"按钮不能正常操作，可以立即按下"急停"按钮，设备会立即断电。

（3）真空流程完成后的高阀全开，这时单击"真空停止"按钮，只会关闭真空规前阀，关闭高阀，设备仍然处于真空就绪状态。

（4）在工艺过程中，若提示"射频反射过高，工艺终止"，则说明射频反射已经超出了可控范围，工艺流程会终止。

6.4 实验报告与数据分析 

（1）描述整个湿法刻蚀、干法刻蚀过程的实验步骤。

（2）做好刻蚀过程的记录。

（3）画出刻蚀曲线计算刻蚀速率。

（4）描述形貌情况，并利用刻蚀特性说明形貌的形成机制。

（5）对比两种刻蚀方式，包括刻蚀速率、刻蚀表面、刻蚀后关键图案的形貌等。

6.5 思考题 

1. 估算一下湿法刻蚀和干法刻蚀的速率。
2. 阐述实验中，二氧化硅膜的湿法刻蚀和干法刻蚀的刻蚀原理和刻蚀过程。
3. 两种刻蚀是各向同性还是各向异性？给出判断依据。
4. 在湿法刻蚀中，BOE 刻蚀溶液中为什么要添加氟化铵？
5. 如何用湿法和干法去除光刻胶？

扩展阅读：仪器操作与说明

Wet100 半自动酸碱清洗机（见图 6.2 和图 6.3）操作规范如下。

1. 开机

（1）接通水源、气源、调节各参数以确保在设备要求的范围内，检查各系统状态。

(2) 接通电源。

(3) 打开电气柜前部的手动空气开关旋转手柄,使之处于 ON 位置。

(4) 使设备操作面板及机台前面的“急停”按钮处于弹起状态。

(5) 按下设备操作面板的电源开关,指示灯亮,设备就绪。

(6) 进行工艺参数设置和功能选择。

(7) 进行系统上电,并执行回原点,完成后复位报警。

(8) 开启辅机自动,设备自动注水。

(9) 当条件允许,启动自动,开始上料。

2. 关机

(1) 关掉照明灯(当照明灯亮)。

(2) 关总电源。

(3) 关电气柜前部的手动空气开关旋转手柄,使之处于 OFF 位置。

(4) 关闭水源、气源。设备使用后,必须关闭设备“急停”按钮和设备手动空气开关(电控箱主空气开关)。

图 6.2 Wet100 清洗槽外观图

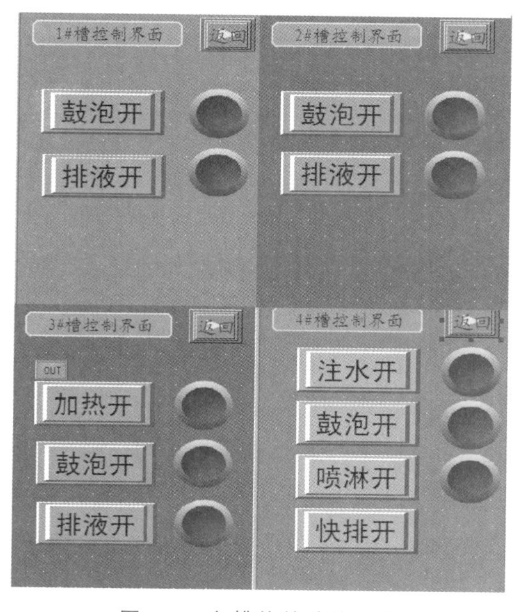

图 6.3 各槽体的功能按钮

E100 刻蚀机(见图 6.4)操作规范如下。

1. 开机准备

打开三相电闸,打开冷却水阀、打开压缩气体阀并调节压力,打开工艺气体阀并调节流量。

2. 开机

(1) 按下设备机台上的“启动”按钮。

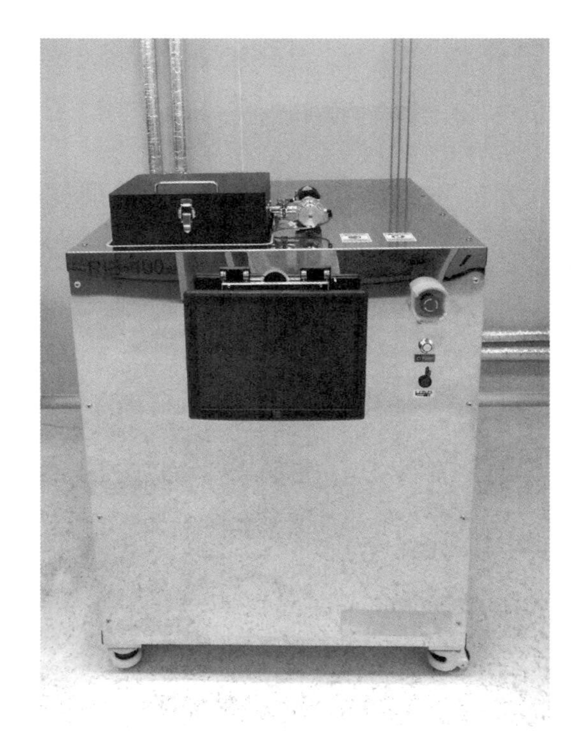

图 6.4　E100 刻蚀机外观图

(2) 计算机自动启动后,双击桌面 RIESoftware.exe 图标进入软件。

(3) 输入用户名和密码。

3. 真空流程

单击“真空开始”按钮进入真空流程。真空流程是自动完成,具体流程如下:

(1) 开启前级泵,打开预抽阀。

(2) 等待 60s 待腔室压力稳定,打开真空规前阀,判断腔室压力是否小于开启分子泵压力,待压力稳定后,关闭预抽阀。

(3) 打开前阀,打开高阀,开启分子泵。

(4) 等待分子泵达到额定转速后,高真空流程结束。

4. 上片

(1) 单击“真空停止”按钮,关闭真空硅前阀与高阀。

(2) 单击“充气”按钮,充氮气至沉积腔内,使其达到大气压强。

(3) 打开沉积腔的腔盖,放入样品,并关好腔盖。

(4) 上片完成后,单击“真空开始”按钮。

5. 工艺运行

(1) 沉积腔的真空度达到要求后,单击“工艺编辑”按钮。

(2) 创建工艺菜单,设置工艺参数,包括射频功率、工艺气体种类和流量、高阀位置、工艺时间。

(3) 选中工艺菜单,单击“工艺运行”按钮,开始刻蚀。

6. 取片

(1) 单击“真空停止”按钮,关闭真空硅前阀与高阀。

(2) 单击“充气”按钮,充氮气至沉积腔内,使其达到大气压强。

(3) 打开沉积腔的腔盖,取出样品,并关好腔盖。

(4) 取片完成后,单击“真空开始”按钮。

7. 关机

(1) 单击“关机”按钮,开始停机流程。

(2) 等停机完成后,再次单击“关机”按钮,退出程序。

(3) 关闭计算机,按下机台开关。

(4) 关闭水电气。

图 6.5 主要显示系统各部件的状态,整体包括设备模拟结构图、设备气路、工艺参数、射频参数及真空度曲线图等。界面还显示各个功能模块,包括真空开始、真空停止、工艺编辑、工艺运行、工艺停止、充气、吹扫管理、维护模式、工作日志、触摸键盘和关机按钮。

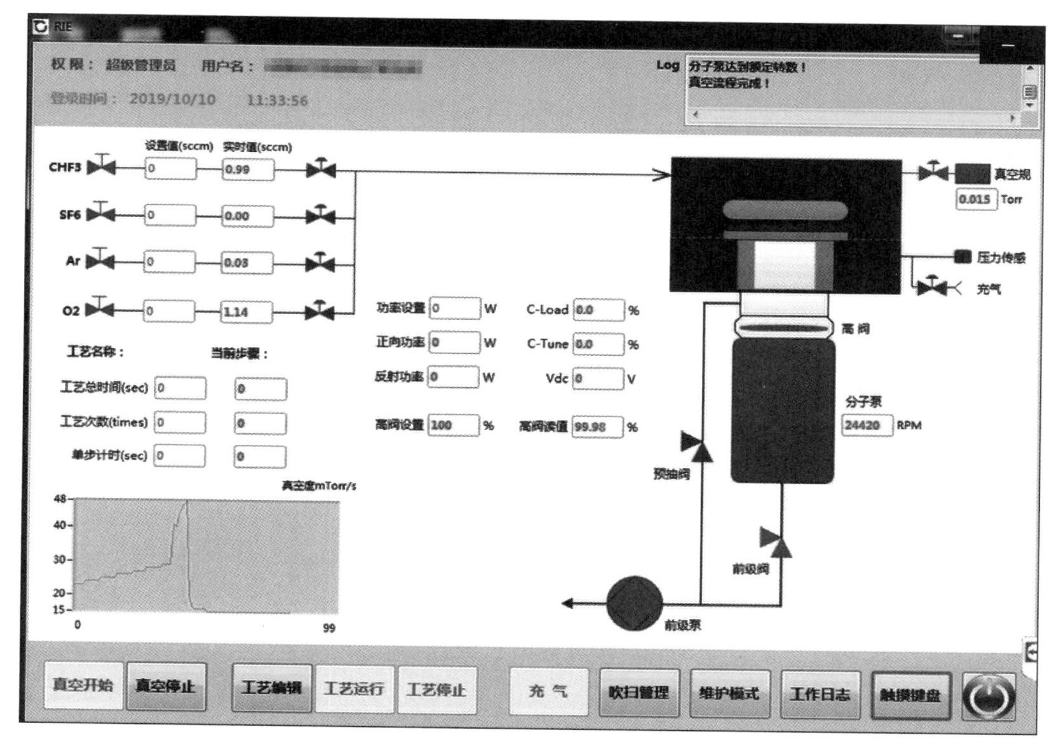

图 6.5 E100 刻蚀机操作页面

维护模式(见图 6.6)即为设备手动功能,可以单独控制设备的各个模块功能并可以显示各个模块的状态,包括流量计控制单元、高阀控制单元、真空控制单元及射频控制单元。

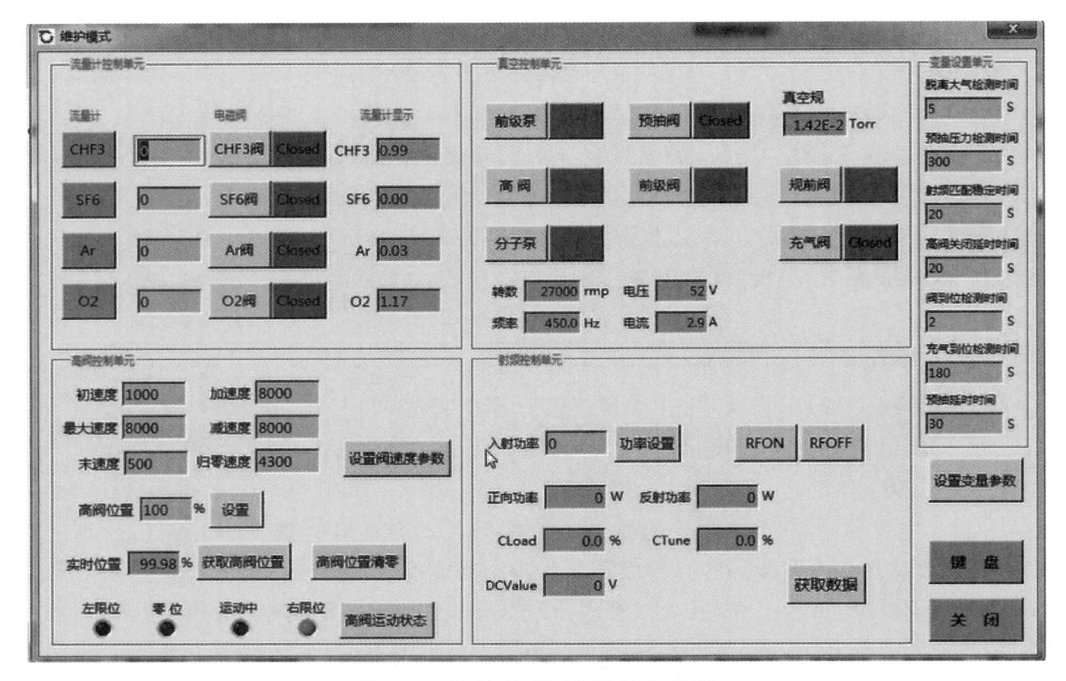

图 6.6 维护模式下阀门控制页面

第四篇

单项工艺3：薄膜制备

第7章 薄膜制备技术

7.1 薄膜基础知识

7.1.1 微纳电子器件对薄膜的要求

基于硅衬底的微纳电子器件，除了硅衬底之外的全部器件结构都由薄膜组成，包括绝缘层、金属层和半导体层等，先通过薄膜制造工艺形成功能材料层，再通过后续的光刻、刻蚀等图案化工艺形成器件平面结构，随后多次重复制备形成立体形态的多层器件结构。以 CMOS 器件为例，如图 7.1 所示，除了硅衬底上形成的源漏极和沟道层外，其他的器件层，包括栅极绝缘层、栅极、金属电极、多层金属布线、通孔、介质绝缘层等，都需要通过薄膜堆叠来形成。制造一个 14 层金属布线的 CMOS 器件，需要进行薄膜沉积的工艺超过 14×3 次。薄膜层的制备质量决定了器件的各项指标性能。可见，薄膜制备是微纳电子器件制造工艺中非常重要的一个技术环节。

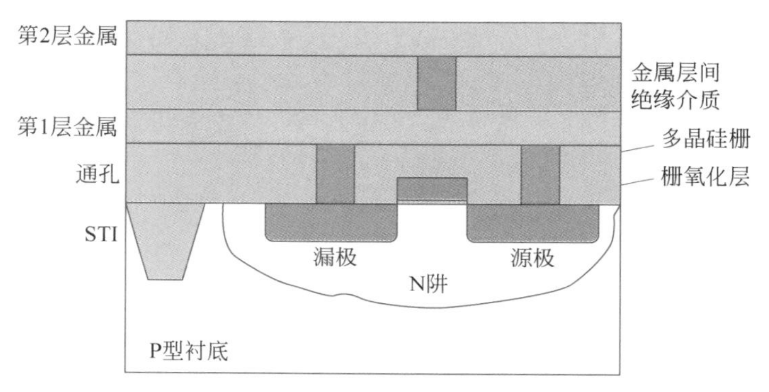

图 7.1 CMOS 器件的器件层、金属布线层和绝缘层的截面示意图

在集成电路晶体管尺寸等比例缩小的发展趋势下，器件结构对薄膜质量的指标要求更高，包括等晶化、缺陷、均匀性、台阶覆盖等，进而对薄膜制备技术提出了更高的要求。举例来说，当工艺线宽减小到 120nm 时，对应的晶体管阈值电压也需要等比例减小至 1.2V，为了维持栅压对沟道电流的控制作用，有效地抑制短沟道效应并保持良好的亚阈值斜率，栅极绝缘层厚度要和沟道长度以同样的比例($s=0.7$)下降到约 3nm。但是太薄的栅极绝缘层带来的问题是：电荷会基于量子隧穿效应而穿透绝缘层形成漏电流。其隧穿电流将随绝缘层厚度的减少呈指数增长，栅偏压为 1.5V 时，绝缘层厚度从 3.6nm 降到 1.5nm，栅电流密度约增长 10 个数量级。为了尽力减小隧穿电流，对栅极绝缘层的薄膜质量和制备技术提出了更高的要求。多层金属布线也存在同样的问题。当线宽减小至 120nm 时，金属导线的宽高按同样的比例($s=0.7$)分别减小为 150nm 和 400nm，则其电阻按公式 $R=\rho\times L/S$ 等比例增加了 s^2 倍。这会导致电流流过导线产生的焦耳热 $W=I^2R$ 增加 s^2 倍，电路时间常数 RC 也会等比例增加 s^2 倍，从而带来巨大的芯片发热和电路信号延迟，这是 CMOS 制造工艺近 20 年来一直存在的危机问题。同样，这也对金属导线的薄膜质量和制造技术提出了更高的要求。采用更高质量的薄膜可缓解线宽缩

小带来的问题。

微纳电子器件需求的薄膜按导电类型，可分为金属、半导体和绝缘体三大类型。根据其薄膜类型的不同，采用不同的制备方法。按照制备方法类型，主要分为物理气相沉积工艺和化学气相沉积工艺两大类。一般而言，金属薄膜常采用物理气相沉积工艺制备，半导体和绝缘薄膜常用化学气相沉积工艺制备，但是，随着线宽不断缩小带来的薄膜制备工艺技术（例如，原子层沉积技术、电镀等）更新换代，这个制造工艺的界限已经不太明显。

7.1.2 薄膜生长的基础知识

顾名思义，薄膜是在衬底上形成的极薄的固态连续膜状结构，相对于块材，其一维尺寸（厚度）远小于另外二维的尺寸。相对于厚膜，常限定其厚度小于1μm以示区别。由于硅基的微纳电子器件是平面结构器件，因此需要薄膜形态的物质层来形成器件的多层结构。

在制造工艺上常采用气相沉积方法进行薄膜沉积，即是将材料通过蒸发、溅射等方式变成气态的原子、分子，以气体形式在真空中输运到衬底表面，通过遇冷、化学反应等方法将之重新转化成固态形式，形成薄膜。

薄膜的成膜机制大致可分为两种情况：一种是岛状生长机制，也称成核机制；另一种是均匀膜生长机制，也称单层生长。

（1）岛状生长机制。举个例子，日常生活中，用喷雾器向玻璃表面喷水雾，最初在玻璃上形成小而密集的水滴，随着小水滴不断变大，与相邻水滴粘连在一起形成岛状，更大的水滴进一步粘连合并，最终形成一层连续的水膜。这就是液体水膜的成膜过程。实际上，大多数的薄膜生长也遵循同一微观过程，只是肉眼无法看见而已。薄膜的成核过程如图7.2所示，从靶材蒸发溅射出的原子以一定的速度输运到衬底表面，受到衬底的阻挡，大部分原子会停留下来，在将动能转化为热量传给衬底的同时，在表面迁徙，最终在衬底表面的成核点（也称捕获中心，即比一般表面处的表面能更高的位置，更容易捕获原子）停留下来形成核。成核点由于表面能更大，更容易捕获后续到来的原子，因而不断长大，到达某个临界值（一般可以认为在10个原子以上），就稳定下来形成稳定核。衬底表面可以形成许多成核点，它们不断长大，互相合并，形成岛状结构，其直径一般为8～10nm。岛状结构继续长大，相互挤压连接成片，片与片之间剩下若干宽度为11～15nm的沟道，然后片继续长大，沟道继续收缩成孔，最终孔洞也完全被填充，最终形成连续的膜，即薄膜。

蒸发镀膜与溅射镀膜情况有很大的不同。溅射镀膜形成的岛状结构小而多，核密度大，结晶方向由初始结晶方向决定。而蒸发镀膜形成的岛状结构大而疏，核密度小，结晶方向在合并时常发生变化。

（2）均匀膜生长机制。当出射的原子在衬底表面停留下来时，形成单原子层或单分子层的均匀薄膜。第一种，当成膜物质与衬底物质化学性质、结合力或晶格常数相近时，常出现这种生长机制。譬如，在金衬底上生长银薄膜，在钯衬底上生长金薄膜。第二种，

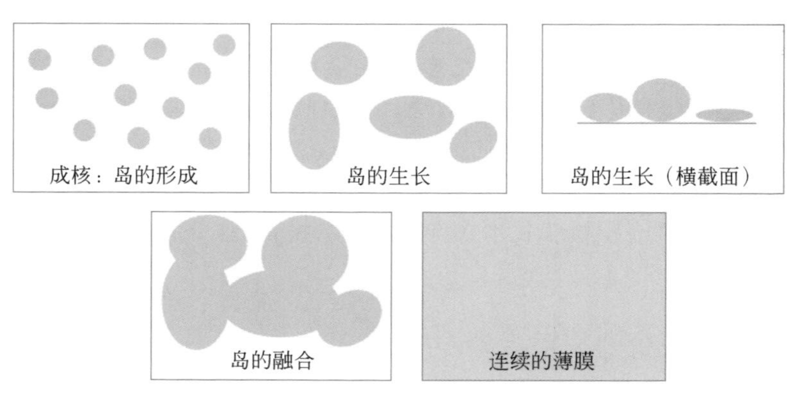

图 7.2　薄膜生长的岛状成核生长机制

当成膜物质与衬底物质晶格常数相近时，分子沿着衬底晶格方向依次生长，也可实现单层生长机制。譬如，分子束外延生长工艺。第三种，通过严格限制供给生长的原子数量，使其只满足单层生长需求量时，也可以实现单层生长机制，如原子层沉积工艺。随着微纳加工工艺对薄膜厚度和质量要求的提高，单层生长模式变得愈发重要。

7.1.3　薄膜制备的特性指标

薄膜是构成微纳电子器件的主要成分，其质量决定了器件的性能。对于微纳电子器件的薄膜质量，除了传统的特性指标外，还需要考查更适应微纳电子器件的特性指标。薄膜制备一般包括如下特性指标。

(1) 沉积速率。

(2) 台阶覆盖能力。

微纳电子器件由若干图案化的结构组成，不可避免会出现高低不平的台阶状表面。而镀上的薄膜一般意义上要求在器件每个表面都厚度一致。如果薄膜厚度不一致，容易导致高的膜应力、电短路、断路等，使器件性能的可靠性降低。因此，需要考查镀膜工艺对高低不一的台阶的薄膜覆盖能力。如图 7.3 所示，任何位置厚度一致的薄膜，称为共性台阶覆盖；出现厚度不一致的薄膜，譬如，正面厚、侧面薄，上表面厚、下表面薄等，统称为非共性台阶覆盖。

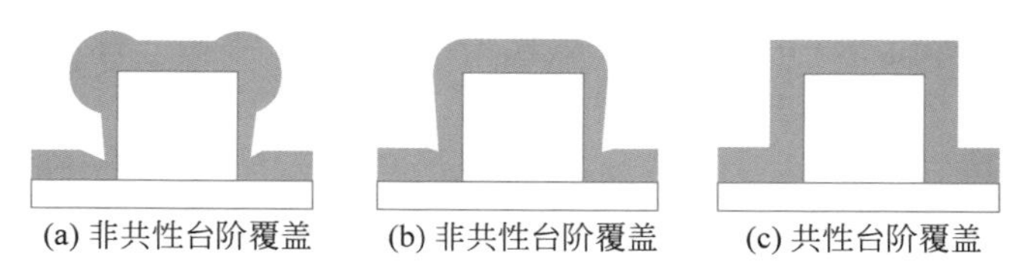

图 7.3　台阶覆盖能力

(3) 深宽比填充能力。

微纳电子器件存在大量微观的小间隙结构，如深沟道隔离的深槽、刻蚀出层间介质的通孔等，常用深宽比来形容这种间隙结构，即间隙的深度和开口宽度的比值，如图 7.4 所示。譬如，深宽比的典型值为3，即深度是开口宽度的3倍，在某些结构中会达到5∶1甚至更大。显然，深宽比越大，在间隙结构里面镀均匀薄膜的难度越大。随着微纳电子器件的线宽越来越小，开口越小，深度越深，对高深宽比的结构进行均匀且无孔洞填充的薄膜制备非常重要，这一能力是评价薄膜制备水平的重要指标。

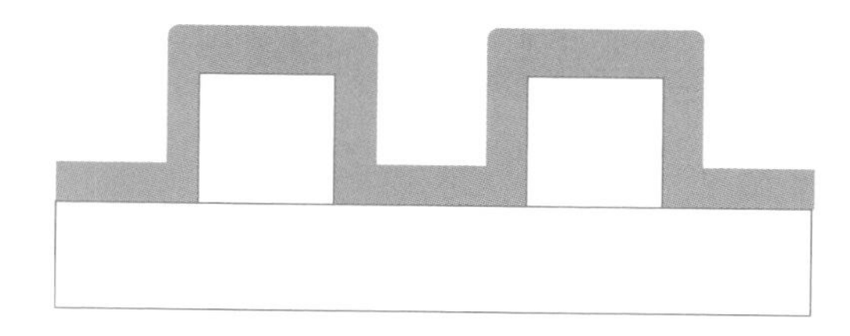

图7.4 深宽比填充能力

(4) 纯度和密度。

高纯度代表着薄膜的元素成分单一性更高，杂质成分更少，制备的薄膜物理化学特性更稳定。譬如，SiO_2 薄膜生长过程的腔体污染，掺进去了少量Cl元素，则 SiO_2 薄膜的绝缘特性下降。高密度代表着薄膜的致密性更高，薄膜中的针孔和空洞更少，制备的薄膜特性更加优异。譬如，金属薄膜填充高深宽比间隙，出现空洞，则金属薄膜的导电特性下降，严重时会出现断路。

(5) 大面积薄膜的厚度均匀性。

现阶段产业使用的硅片衬底达到12英寸，对大面积薄膜的厚度均匀性提出了高要求。同一硅片上的不同的位置，特别是中心与边缘，镀出的薄膜厚度要求高的片内厚度均匀性(WIW)，以保证大面积器件的性能稳定。另外，不同批次之间的镀膜工艺也要求高的不同片之间的厚度均匀性(WTW)，以保证不同批次器件的性能一致性。

对厚度均匀性的评价方法，常采用标准方差(σ)和最大值最小值均匀性[NU(%)]两种指标进行衡量。

标准方差为

$$\sigma = \sqrt{\frac{(x_1 - \bar{x})^2 + (x_2 - \bar{x})^2 + (x_3 - \bar{x})^2 + \cdots + (x_N - \bar{x})^2}{N - 1}}$$

其中

$$\bar{x} = \frac{x_1 + x_2 + x_3 + \cdots + x_N}{N}$$

最大值最小值均匀性为

$$\mathrm{NU}(\%) = (E_{\max} - E_{\min}) / 2E_{\mathrm{ave}}$$

其中，$E_{\max}$ 为测得最大沉积速率，$E_{\min}$ 为测得最小沉积速率，E_{ave} 为平均沉积速率。

(6) 膜应力。

通过沉积方法制备的薄膜一般存在薄膜应力。按成因可分为本征应力和外应力。通常两种应力共同存在。本征应力来源于薄膜制备工艺过程。在衬底沉积的分子、原子由于缺乏足够的动能和时间去迁移到成核点就停下来，导致能量无法处于最低状态，就会产生应力。同样,岛状结构合并时相互挤压牵拉形成连续薄膜,也会导致应力的产生。这种薄膜生长过程形成的应力称为本征应力。可通过高温退火方法释放本征应力。高温下分子原子重新排列,岛状结构相互融合和交换能量,可释放本征应力。

外应力是由于薄膜与外界结构(一般指衬底)不匹配而产生的应力。常见于薄膜与衬底,或薄膜与薄膜之间由于热膨胀系数不同,在镀膜过程中由于存在高温,导致返回室温时热胀冷缩比例不同而导致的应力。一般可分为压应力和张应力,如图 7.5 所示。当薄膜的热膨胀系数大于衬底的时,体现为压应力,薄膜膨胀,衬底下弯;当薄膜的热膨胀系数小于衬底的时,体现为张应力,薄膜收缩,衬底上翘。

通过如下公式可计算外应力

$$\sigma=\frac{\delta}{t}\cdot\frac{E}{1-\nu}\cdot\frac{T^2}{3R^2}$$

其中,δ 为衬底中心的弯曲量,t 为薄膜厚度,E 为薄膜材料的杨氏模量,ν 为薄膜材料的泊松比,T 为衬底厚度,R 为衬底半径。

外应力产生的热胀冷缩长度差值可通过公式 $\Delta L=\alpha\Delta TL$ 算出,其中 ΔT 是温度差,L 是样品长度,α 是热膨胀系数。常用材料的 α 值如下:

$$\alpha(\mathrm{SiO_2})=0.5\times10^{-6}℃^{-1}$$

$$\alpha(\mathrm{W})=4.5\times10^{-6}℃^{-1},\quad \alpha(\mathrm{Si})=2.5\times10^{-6}℃^{-1}$$

$$\alpha(\mathrm{Al})=23.2\times10^{-6}℃^{-1},\quad \alpha(\mathrm{Si_3N_4})=2.8\times10^{-6}℃^{-1}$$

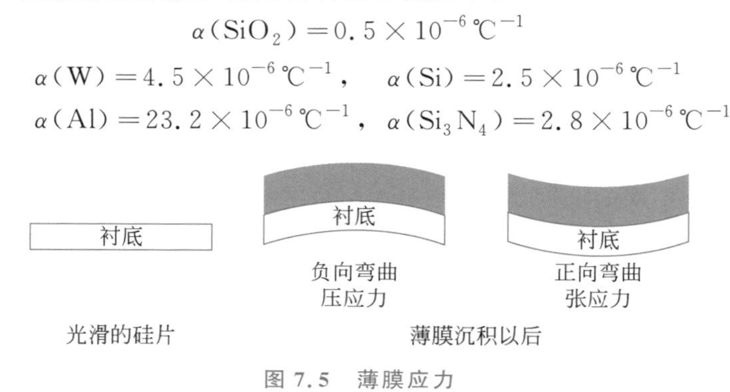

图 7.5 薄膜应力

(7) 附着力。

薄膜与衬底的结合形式包括两种:物理结合和化学结合。物理性的结合力包括范德华力、电偶极性分子的分子间作用力等,化学性的结合力是共价键、离子键和金属键等电子共有或电子交换而形成的力。显然,物理结合力弱于化学结合力。因此,镀膜过程中原子分子与衬底形成化学结合力有助于提高附着力。

薄膜与衬底间的热膨胀系数差也会影响附着力。当两者热膨胀系数差别太大时,会导致薄膜龟裂和脱落。譬如,在硅片表面镀金膜,金膜直接整体脱落。为了避免这种情况,常在两者之间添加一层热膨胀系数介于两者之间的薄膜缓冲层,如铬膜,缓和外应力,以提高附着力。

7.2 薄膜沉积技术简介

传统的薄膜制备技术已经有百年的发展历史。对微纳电子器件和集成电路产业来

说，薄膜制备在近几十年出现了很多新技术和新工艺。可满足微纳电子器件的薄膜制备工艺，主要分为气相沉积和液相沉积两大类。液相沉积技术包括电镀、旋涂（spin on）和丝网印刷等，主要是将材料以液态、悬浊液或混合浆料等形式通过工艺技术转化成固态薄膜沉积于衬底上，现阶段主要用于若干材料的特定的沉积工艺，如大马士革镀铜、低 K 介质沉积等，用途相对有限但不可或缺。气相沉积技术是将材料以气态形式，譬如气体、金属蒸气等，通过真空输运到衬底表面转换为固态薄膜的技术，是现阶段主流的薄膜沉积技术，应用非常广泛。气相沉积技术主要包括两种：物理气相沉积和化学气相沉积。这两种方法的主要区别在于沉积过程中是否有化学反应产生。若没有化学反应产生，则为物理气相沉积工艺；若有化学反应产生，则为化学气相沉积。化学气相沉积工艺中又包括两个比较特殊的工艺，热氧化和原子层沉积。下面具体介绍。

7.3 物理气相沉积技术

物理气相沉积是指利用蒸发、溅射和电离等物理方法使固态材料变成气相，并在真空中输运到衬底表面，凝聚并沉积下来形成薄膜的过程。整个过程没有发生化学反应，纯粹通过物理过程沉积薄膜，是制备金属薄膜的最主要方式，也可以用于制备半导体和介质薄膜。

在微纳电子器件中，常使用物理气相沉积工艺制备互联金属布线电极条、接触电极、金属半导体硅化物和金属栅极等，采用该方法制备的金属薄膜具有导电性高、纯度高、污染小、生长速率高和温度低等优点。

物理气相沉积技术必须在高真空（$<10^{-3}$ Pa 的本底真空）条件下进行，以避免金属原子与气体碰撞而损失动能，提高金属原子在真空中的输运效率。物理气相沉积技术主要包括两大类：蒸发、溅射。蒸发法指通过电阻丝加热、电子束轰击或激光辐照等方式加热靶材材料至升华点，直接将固态金属变为金属蒸气，输运到衬底表面，受阻沉积形成薄膜。溅射法指通过一定能量的等离子体轰击阳极金属靶材，使其产生溅射，金属表面的原子被溅射到真空中，并输运到衬底表面，受阻沉积形成薄膜。

7.3.1 蒸发法

早期微纳电子器件的金属层主要由蒸发法制备，虽然现阶段大部分已经被溅射法取代，原因是蒸发法制备薄膜的台阶覆盖能力较差。但是在一些平面镀膜和对方向性要求高的具体工艺中，仍有使用。

蒸发法的基本原理是：利用各种加热手段把金属靶材加热到其升华点，变成金属蒸气，并在真空中输运到衬底表面，受阻沉积形成薄膜。薄膜的沉积主要取决于蒸发、输运和沉积三个阶段的控制。

1. 蒸发原理

当靶材温度升高时，会经历典型的固相、液相到气相的变化过程。从固相变化到液相，称为熔化；液相变化到气相，称为蒸发。但并非一定要循序经历固—液—气三态。譬如，可以直接从固相变化到气相，称为升华。

蒸发法蒸镀金属薄膜，一般指熔化和蒸发过程。当金属靶材熔化时，表面存在较高的蒸气压，也就是说，金属虽然只是熔化，但是表面同时已经有部分金属蒸发出来（就像水在常温空气中也会有蒸发现象），一般称平衡蒸气压为 P_e，

$$P_e = 3 \times 10^{12} \sigma^{\frac{3}{2}} T^{-\frac{1}{2}} e_v^{\frac{\Delta H}{NkT}}$$

式中，σ 是金属薄膜表面张力，N 是阿伏伽德罗常数，ΔH 是蒸发焓。实际上，确定焓时，即使有很小的误差，也会造成蒸气压的极大误差，所以常通过实验确定数据。

蒸气压越高，意味着更多的金属蒸气会从靶材表面蒸发到真空中。为了实现可控的沉积速率，蒸气压要求达到 1Pa（10^{-2} Torr）或更高。不同的材料具有不同的熔点，其蒸气压也会变化。譬如，铝的熔点是 660℃，但是该温度下对应的蒸气压很低，需要将温度提升到 1250℃，蒸气压才能达到蒸镀要求。对于高熔点金属，如钨（熔点 3380℃）、钼（熔点 2630℃）、钽（熔点 2980℃），由于熔点太高，要达到适合的蒸气压对应的蒸镀温度会非常高。因此，对于蒸发法而言，一般只适合于蒸镀中低熔点的金属，如铝、金、银、铬等。

2. 沉积速率

蒸发到真空腔体中的金属蒸气基于各向同性特性向各个方向均匀发散，直至遇到固体表面才会停止，因此，将衬底放置于金属蒸气的输运方向即可实现薄膜沉积。对于薄膜沉积工艺而言，最主要的指标是沉积速率。蒸发法的薄膜沉积速率取决于离开靶材的材料蒸发量和到达衬底的材料沉积量，二者决定了蒸发法的沉积速率。蒸发法的沉积速率有如下公式：

$$R_d = (kR_{ML})/\rho$$

其中，k 是到达硅片表面的比例参数（腔体的几何形状参数），R_{ML} 是蒸气源材料的消耗速率（温度越高，消耗速率越高），ρ 是沉淀材料的质量密度（材料本身性质）。对于蒸发源的原子消耗速率可定义为蒸发源表面的原子流量与原子质量的乘积，

$$R_{ME} = J \times M$$

其中，蒸发源表面的原子流量 J_n 的表达式是

$$J_n = \sqrt{\frac{P_e^2}{2\pi k T m}}$$

式中，P_e 是平衡蒸气压，T 是温度，m 是原子质量，将 J_n 表达式代入 $R_{ME} = J \times M$ 得

$$R_{ME} = \sqrt{\frac{m}{2\pi k T}} P_e$$

再对整个蒸发源的面积求积分，可得蒸发源的消耗速率 R_{ML} 为

$$R_{ML} = \sqrt{\frac{m}{2\pi k}} \frac{P_e}{\sqrt{T}} A$$

可见，蒸发源的消耗速率与源材料、源面积、温度和蒸气压都有密切关系。可通过调控这些参数来控制源消耗速率，进而控制沉积速率。

其次，离开靶材的材料量和到达衬底的材料量的比值由 k 值决定。k 值与腔体的几何形状参数相关。假定在金属蒸气以直线形式输运到衬底表面，且每个位置接收到的蒸

气都会附着且保留的情况下，这个比例常数是从蒸发源处看晶圆片所对应的总立体角，可以推导出如下表达式：

$$k=\frac{\cos\theta\cos\phi}{\pi R^2}$$

其中，R 是蒸发源表面与衬底表面的距离，θ 和 ϕ 分别是 R 与蒸发源表面法线和衬底表面法线之间的夹角。如图 7.6 所示。可见，k 值取决于衬底片的摆放位置与方向。在蒸发源正上方的衬底与侧上方的衬底相比，沉积速率会更快一些。为了提高镀膜速率的均匀性，常控制 θ、ϕ、R 三个参数。譬如，衬底面积小一些（θ 尽量小），衬底放远一些（R 尽量大，θ 相对变小），或者，将衬底与蒸发源按圆球形表面摆放，让 $\theta=\phi$，则镀膜速率的均匀性可以提高。

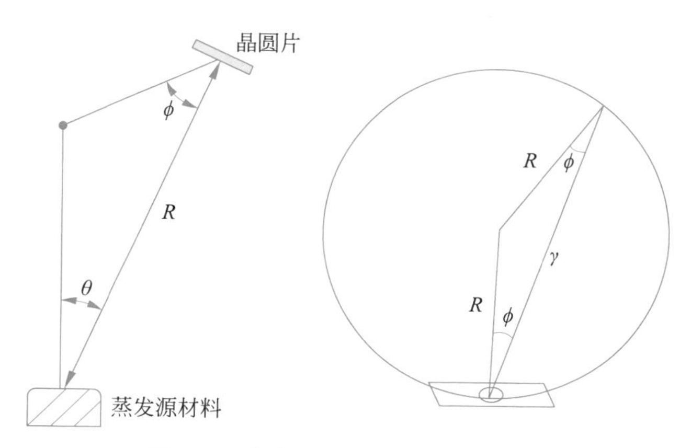

图 7.6 蒸发源与晶圆片的相对位置

3. 蒸发设备与工艺

常见的蒸发方法包括热蒸发和电子束蒸发，其区别在于蒸发源的加热方式不同。热蒸发设备的蒸发源采用电阻加热系统。常用难熔金属，如钨、钽、钼等作为电阻丝或电阻坩埚，蒸镀材料放置于其上。然后在电阻丝通过大电流，使其加热至高温以蒸发源材料。热蒸发是最简单的蒸发系统，如图 7.7 所示，只需要一个高真空腔体，一个加热系统和配套电源，再加上一个样品支架就可以组成设备。热蒸发方法成本低廉，技术简单可靠，但是也存在明显的缺点——电阻加热所能达到的温度有限，仅限于蒸发中低熔点金属，镀膜材料受到限制；电阻丝材料本身在高温下也存在一定蒸气压，产生了污染成分。

电子束蒸发设备采用高能电子束轰击靶材的方法加热和蒸发源材料。其原理如图 7.8 所示，在承载原材料的坩埚下方设置一个电子枪，施加强电压以发射一定强度的电子束流并加速至高能量。在电子枪与坩埚区域设置强磁场，使电子束受洛伦兹力而旋转拐弯约 270°，直接轰击上方的靶材，将电子动能转化为靶材热能，实现高效加热。

电子束加热器的优点是加热效率高、温度高，可以蒸发绝大多数金属靶材；并且无污染，电子束可精确轰击加热靶材，而承载靶材的坩埚处于水冷状态，不会产生其他污染成分的蒸发。但是，电子束加热存在射线辐射的问题。我们知道，高能电子轰击金属靶材

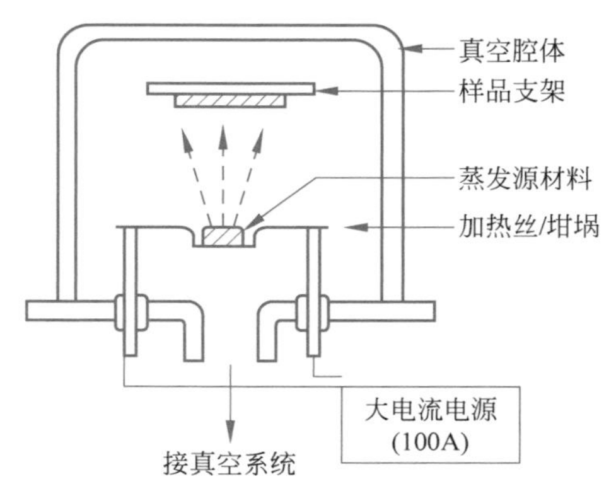

图 7.7 热蒸发镀膜系统示意图

容易产生 X 射线辐射，即靶材原子的内层电子受高能电子碰撞而产生能级跃迁而达到高激发态，随即退回基态能级的过程中会辐射 X 射线波段的光子，从而产生 X 射线辐射。对于对 X 射线辐射敏感的器件结构(MOS)和衬底材料，要注意控制电子束能量以减小辐射损伤。同样，也应减小对环境和操作人员的 X 射线辐射伤害。

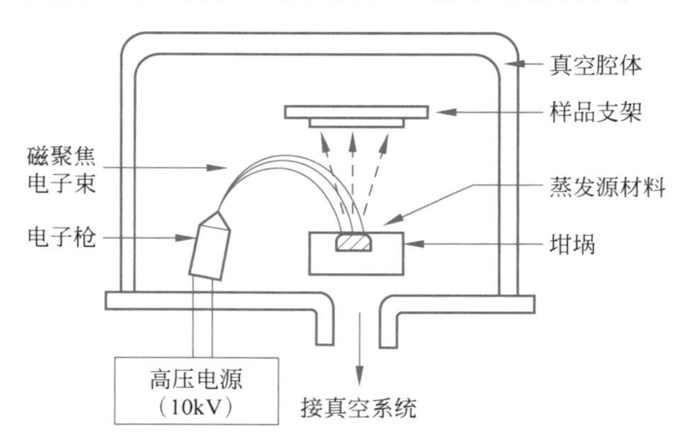

图 7.8 电子束蒸发镀膜系统示意图

7.3.2 溅射法

1. 溅射原理

溅射法是现阶段微纳电子器件采用的沉积金属薄膜的主流工艺。溅射法由于克服了蒸发法的若干缺点，镀膜质量更高，因此基本取代了蒸发法在金属薄膜物理气相沉积工艺中的地位。

溅射的基本结构如图 7.9 所示，整个结构由靶材、衬底、平行电极板、电源和真空环境组成。靶材固定连接在阴极极板，衬底固定连接在阳极极板，连通电源后可在靶材与衬底之间形成平行电场。

溅射过程是：在真空腔中两个平板电极中充有稀薄惰性气体(常用氩气)，施加高电压使气体电离，产生大量正离子，正离子在电场的加速下向阴极运动并轰击靶材(阴极)，控制合适的轰击速率，可以使靶材上的金属原子被溅射出固体表面。被撞击出的原子具有一定的初始能量，在真空中扩散直至迁移到衬底表面沉积形成固态薄膜。

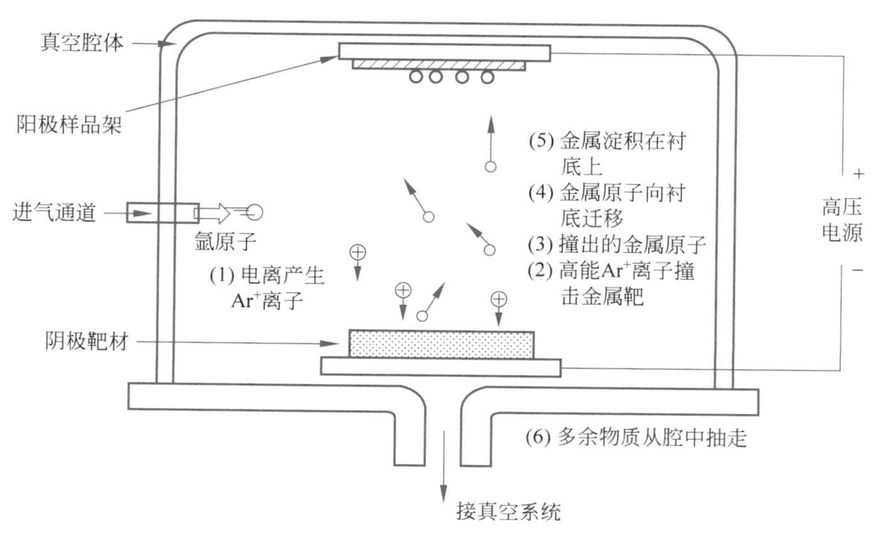

图 7.9　溅射腔体的基本结构和溅射过程

溅射现象的物理本质是：高能离子与固体的相互作用。在溅射过程中，被电离的氩离子受极板间的电场作用而飞向阴极靶材表面，并产生碰撞。离子与固体的碰撞，离子的动量转移到靶材，称为动量转移。根据离子入射能量不同，会发生四种情况。如图 7.10 所示。

(1) 低能量的离子会从表面简单地反弹；

(2) 能量小于 10eV 的离子会吸附于表面，以声子(热)形式转化能量；

(3) 能量大于 10keV 时，离子穿过许多原子层的距离，最终停留在基底中，释放的大多数的动量转移给基底的其他原子，使基底原子具备改变自身平衡位置的能量，从而改变基底的晶体结构，称为离子注入；

(4) 能量为 10eV～10keV 时，离子的动量传递大多数发生在表面几个原子层内，离子与原子碰撞，除了使原子偏离平衡位置，还可能使原子从表面逸出到真空，称为溅射。从阴极溅射出材料的原子和原子团带有能量 10～50eV，约是蒸发工艺原子能量的 100 倍。这个能量使溅射原子的表面迁移率增加 95%，有利于提高台阶覆盖能力和高深宽比填充能力。

2. 沉积速率

溅射的沉积速率由入射离子流量、溅射产额和溅射原子在腔室中的输运能力等因素共同决定。

其中，入射离子流量决定了可用于轰击靶材的离子数量，主要由极板电压、等离子体暗区宽度和离子质量决定。

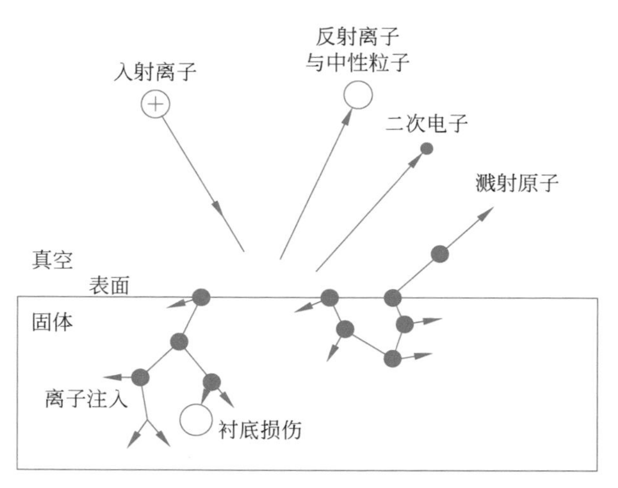

图 7.10　离子与固体的碰撞产生的四种物理现象

溅射产额决定了一个离子能溅射出多少个原子。定义为从靶上发出的靶原子数与射到靶上的离子数之比。它由离子质量、离子能量、离子入射角度、靶原子质量和靶材结晶性综合决定，不同种类的靶材具有不同的溅射产额。图 7.11 显示了在氩等离子体中对于不同种类的靶材，溅射产额与离子能量的函数关系。对于每种靶材料，都存在一个能量阈值，低于此阈值时不会发生溅射。典型的阈值能量为 10～30eV。超过溅射阈值后，溅射产额随能量以二次方规律增加，直到 100eV 左右，此后，随能量线性增加。超过 750eV 后，溅射产额趋于饱和，大多数离子发生离子注入。

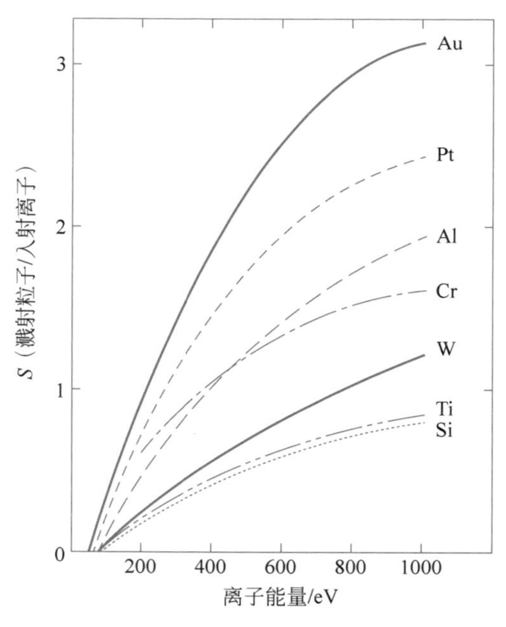

图 7.11　氩等离子体对于不同靶材的溅射产额与离子能量的关系

3. 溅射设备与工艺

溅射设备常采用二极平板电极板形式来构成溅射空间，采用直流和交流两种模式激发氩气等离子体，直流模式下（如图 7.9 所示），靶材固定在阴极板上，氩气正离子受电场吸引高速轰击靶材产生溅射，金属原子扩散到衬底（固定在阳极板）上，沉积形成薄膜，当然也会扩散到腔体的其他位置产生沉积。但是直流溅射的缺点是无法溅射介质材料，因为介质靶材不导电，无法将溅射于靶材表面的正离子导走，所以会产生电荷积累并排斥后来的正离子轰击。另外，衬底阳极电极的偏压也会造成对衬底的离子轰击，部分杂质负离子和高能电子轰击在衬底上，容易对器件结构造成破坏和降低薄膜纯度。

为了溅射介质靶材，改进的溅射系统采用交流模式，也称射频溅射。采用同样的极板结构，但是在极板上施加交流电，等离子体由交流产生的射频电场而激发，交流频率通常为 13.56MHz。交流模式下不再分正负电极，在射频电场的上半周期内，正离子轰击介质靶材产生溅射并积聚在表面；而在下半周期内，由于电场方向调转，积聚在表面的离子受迫离开靶材回到真空中。周而复始，使介质靶材可以受到持续的溅射。但是交流溅射采用的偏压较低，且只有半周期时间进行溅射，导致其溅射产额不高，沉积速率低。

为了进一步提高溅射产额和沉积速率，引进了磁控溅射系统。沉积速率与入射离子流量相关，如果提高入射离子数量，则沉积速率可大幅提升。由等离子体原理可知，在等离子体中施加磁场，可让电子沿着磁力线方向做螺旋运动，这样增加了电子在腔体中的运动轨迹，提高了电子与氩气碰撞的概率，从而提高了氩离子产生的密度。在常规系统中的离子密度约为 0.001%，而在磁控溅射系统中，可达到约 0.03%。离子密度高还会进一步减小克鲁克斯（Crookes）暗区长度，提高离子对靶材的轰击效率。

常见的磁控溅射系统如图 7.12 所示，两块永磁铁放置在靶材正下方，按照磁极方向相对排列，形成马蹄形结构，中间 S 极，外圈 N 极，在靶材表面形成平行于靶表面的环形磁场，磁感应强度一般为几百高斯。在靶材电极表面出射的二次电子穿越磁力线受到洛伦兹力而做圆周运动，运动半径为 $r=\frac{mv}{qB}$（m：质量；v：速度；q：电量；B：磁感应强度）决定。同时，电子受电场作用，共同产生 E（电场）$\times B$（磁场）所指的方向漂移，在上述环形磁场，电子就以近似螺旋线的形式在靶表面做圆周运动，它们的运动路径不仅很长，而且被束缚在靠近靶表面的等离子体区域内，增大了与气体碰撞的概率，在该区域中电离出大量的氩离子来轰击靶材，从而实现了高的沉积速率。随着碰撞次数的增加，二次电子的能量消耗殆尽，逐渐远离靶表面，并在电场 E 的作用下最终沉积在衬底上。由于此时电子的能量很低，传递给基片的能量很小，因而基片温升较低。

7.3.3 蒸发和溅射的镀膜质量和改善方法

蒸发工艺和溅射工艺是制备微纳电子器件金属电极的最常见方法。其镀膜质量决定了器件的导电性能。基于前述的薄膜性能指标，比较两种镀膜工艺的优缺点。

第一，在台阶覆盖能力方面，溅射法优于蒸发法。首先，溅射法的出射离子能量比蒸发法高 1～2 个数量级，则其原子沉积在衬底表面后的扩散迁移率较大，可以在衬底表面

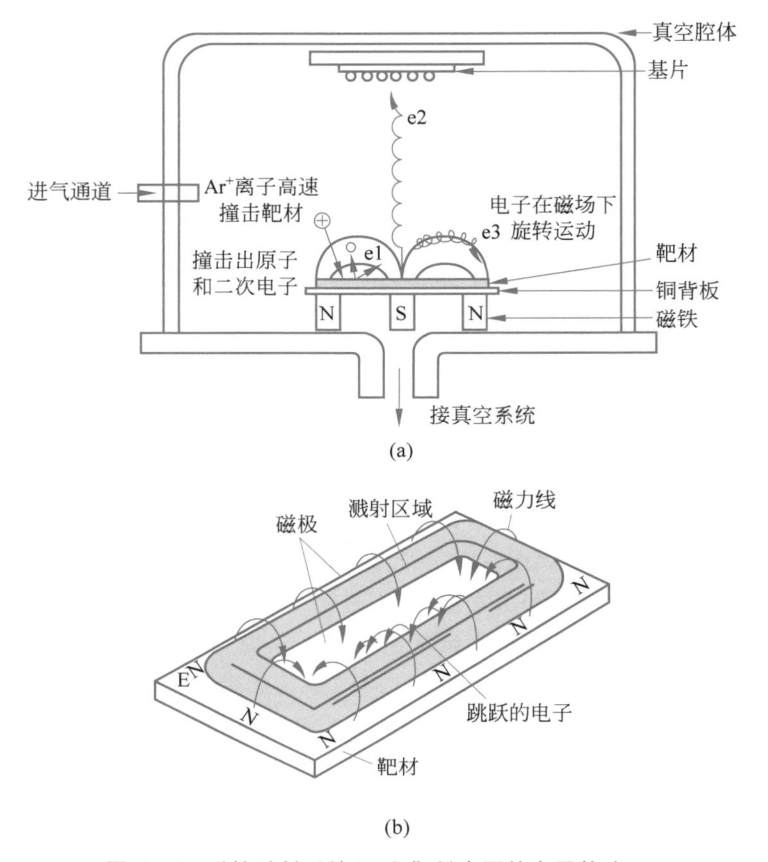

图 7.12　磁控溅射系统(a)和靶材表面的电子轨迹(b)

迁移较长距离,从而提高薄膜均匀性和台阶覆盖能力。虽然通过衬底加热也能提高扩散迁移率,但是如果溅射原子本身的扩散迁移率足够大,则可以不用衬底加热。另外,溅射法出射的金属原子方向性低于蒸发法,有助于在台阶侧壁成膜。

同样,由于溅射法的出射原子能量较高,在衬底表面的扩散迁移能力强,可以提高薄膜的致密性,缺陷也随着减小。

第二,附着力增加。

第三,在沉积速率方面,溅射法低于蒸发法,但是溅射法的可控性和重复性较好。溅射法可提供放电电流、离子密度和靶电流等控制沉积速率,提高可控性和镀膜精度。

第四,在镀膜靶材方面,溅射法几乎不受限,包括高熔点金属、合金和介质都可以溅射镀膜。蒸发法只限于蒸镀低熔点金属。

第五,在表面损伤方面,溅射法存在负离子和电子的轰击损伤,不利于敏感器件结构的镀膜。蒸发法的表面损伤较小,但是电子束蒸发存在 X 射线辐照损伤。

总体而言,溅射法是更佳的镀膜工艺,也是集成电路微纳电子器件行业最主流的薄膜镀膜工艺。蒸发法和溅射法的工艺对比如表 7.1 所示。

表 7.1 蒸发法和溅射法的工艺对比

对比项	蒸发法	溅射法
靶材的选择	受限制(金属靶材)	几乎不受限(难熔金属、合金、复合材料)
表面损害	低,电子束会产生X射线损害	离子轰击的损害
合金沉积	可	可
均匀度	难	易
厚度控制	不易控制	易控制
台阶覆盖性能	差	较好
附着性	不佳	佳
缺陷	多	少

但是,基于物理气相沉积原理的限制,无论蒸发和溅射,其台阶覆盖能力和高深宽比填充能力都存在极限,特别对于深宽比大于1的深孔深槽结构的填充能力仍然不佳,当薄膜已经把孔槽顶部封闭时,底部的孔槽仍未填充完毕,就会形成空洞。为了改善深孔深槽结构的填充能力,开发出了多种辅助工艺措施,包括衬底旋转、衬底加热、在衬底加射频偏压、高压强迫填充和准直溅射。总体而言,与化学气相沉积方法相比,物理气相沉积方法略显劣势。

(1) 倾斜入射和衬底旋转。使衬底与入射原子呈小角度(<5°)倾斜,入射原子会在孔洞内部的侧壁上沉积,但是只会沉积在一侧,另一侧由于阴影效应限制而无法沉积,如图7.13所示。解决办法是使衬底自旋转,使另一侧具有同样的概率暴露在入射原子的轨迹上,实现孔洞均匀沉积。显然,侧壁的沉积速率仍低于平面。另外,旋转可以提高镀膜均匀性。避免不同位置的入射原子分布不均匀导致的镀膜均匀性差别。

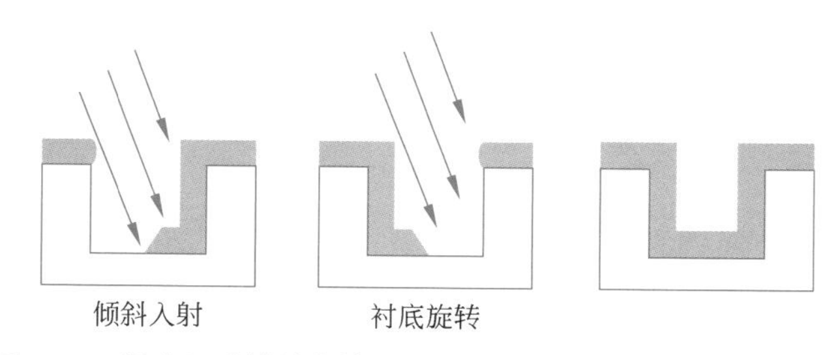

图 7.13 提高深孔槽结构填充能力的措施:倾斜入射和衬底旋转

(2) 衬底加热。材料的特征扩散长度与温度呈指数关系,高温可提高原子在衬底表面的扩散迁移率,使原子从表面能低的地方迁移到表面能高的地方停留下来,譬如当阴影效应导致的原子浓度产生梯度时,这种随机运动会促使原子的净移动,使原子进入低浓度区域,从而提高台阶覆盖能力。但是要留意高温使薄膜重新结晶生长的问题,同时,不同材料的特征扩散长度不一样,合金材料的加热容易导致薄膜成分不均匀。

(3) 衬底射频偏压。在衬底施加足够大的偏压,则衬底在沉积薄膜的同时受到高能离子的轰击,沉积的原子重新被溅射出来。薄膜表面镀膜最快的位置也是受轰击最快的位置,譬如平面侧面的转角位置,这有助于减少空洞的出现,提高深宽比填充能力。

(4) 高压强迫填充。对于已经产生空洞的通孔结构,可采用强迫填充的方法。将衬底放入高压力容器,并加压至几个大气压,当外界高压力与孔洞内低压力的差值超过金属的抗曲强度时,顶部的薄膜会坍塌下去,自动填充空洞,如图 7.14 所示。

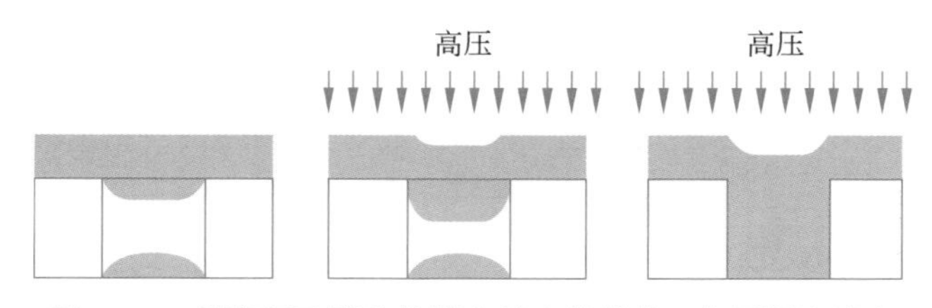

图 7.14 提高深孔槽结构填充能力的措施:高压强迫填充

(5) 准直填充。为了提高入射原子的方向性,在衬底正上方设置一个具有大深宽比孔的准直栅网,只有速度方向接近于垂直衬底的原子才能穿过栅孔,到达衬底表面。入射原子方向性一致,则原子可以直接到达深孔底部,同时深孔顶部的封闭会被延缓,对填充深孔有较好的改善,如图 7.15 所示。但是缺点是该栅网的阻挡会明显降低沉积速率,若采用深宽比 1∶1 的准直栅网,则沉积速率降低 1/3。

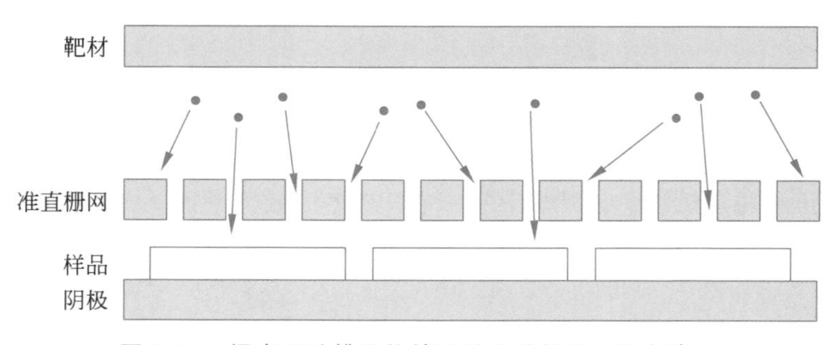

图 7.15 提高深孔槽结构填充能力的措施:准直填充

7.4 化学气相沉积技术

7.4.1 化学气相沉积的基本知识

化学气相沉积(Chemical Vapor Deposition,CVD)是指采用一种或数种物质的气体,以某种方式激活后(如高温、等离子化、光)发生化学反应,并在衬底表面沉积出固体薄膜的生长技术。与物理气相沉积不同的是,沉积的粒子来源于气态化合物的气相分解或反应。化学气相沉积是现阶段生长绝缘薄膜、半导体薄膜和部分金属薄膜的主流制备技术。该方法制备的薄膜具有台阶覆盖能力高、深宽比填充能力高和生长速率高等优点。在微纳电子器件中,常用于制备栅极、介质绝缘层、隔离氧化层和金属通孔插塞等结构。常用于器件结构的材料类型包括介电材料(SiO_2、Si_3N_4、SiO_xN_y、PSG、BSG)、低介电材料(掺碳 SiO_2、氟化非晶碳)、高介电材料[Ta_2O_3、BST($Ba_{0.5}Sr_{0.5}TiO$)];导电材料(Polysilicon、WSi_x、W、TiN/Ti)。

化学气相沉积工艺具有如下特点：

(1) 既可以在大气压下(常压 APCVD)也可以在低于大气压(LPCVD)下进行薄膜沉积；

(2) 可采用等离子或激光辅助技术可促进化学反应，使沉积温度降低，减轻衬底热形变，并抑制缺陷的生成；

(3) 可控制材料的化学计量比，从而获得梯度沉积物或混合镀层；

(4) 厚度可控性好，厚度与反应时间成正比，沉积速率高于 PVD；

(5) 薄膜与衬底附着力好，台阶覆盖性好；

(6) 绕镀性好，气体分子没有方向性，可以在复杂形状表面镀膜；

(7) 可以形成多种金属、合金、陶瓷和化合物薄膜。

化学气相沉积过程常发生六种基本化学反应，列举如下：

(1) 化学键断裂分解——高温、光、微波、电弧辅助，例如，

多晶硅薄膜的制备：$SiH_4(g) \longrightarrow Si(s) + 2H_2(g)$

碳化硅膜的制备：$CH_3SiCl_3(g) \longrightarrow SiC(s) + 3HCl(g)$

(2) 还原反应——反应物分子与 H_2 发生反应，例如，

多晶硅薄膜的制备：$SiCl_4(g) + 2H_2 \longrightarrow Si(s) + 4HCl(g)$

金属钨薄膜的制备：$WF_6(g) + 3H_2 \longrightarrow W(s) + 6HF(g)$

(3) 氧化反应——反应物分子与 O_2 发生反应，例如，

SiO_2 薄膜的制备：$2SiH_4(g) + 2NO_2(O_2)(g) \longrightarrow 2SiO_2(s) + 4H_2 + N_2$

(4) 氮化反应——反应物分子与 N_2 或 NH_3 发生反应，例如，

氮化硅薄膜制备：$3SiH_4 + 4NH_3(N_2)(g) \longrightarrow Si_3N_4(s) + 12H_2(g)$

(5) 置换反应——反应物相互置换元素，例如，

TiC 薄膜的制备：$TiCl_4(g) + CH_4(g) \longrightarrow TiC(s) + 4HCl(g)$

(6) 复合反应——多于两种气体发生反应，例如，

TiN 薄膜的制备：$2TiCl_4(g) + 4H_2(g) + N_2(g) \longrightarrow 2TiN(s) + 8HCl(g)$

化学气相沉积反应一般发生在硅片表面或表面附近。但是有些反应在远离硅片的区域就开始发生，应该避免这种反应，以免导致反应物附着力差、密度低和缺陷多。化学气相沉积的基本过程主要分为八个步骤，如图 7.16 所示。

(1) 反应气体导入系统；

(2) 薄膜先驱物反应；

(3) 反应气体由扩散和整体流动(黏滞流动)穿过边界层；

(4) 反应气体在衬底表面的吸附；

(5) 吸附物之间或吸附物与气态物质之间的化学反应；

(6) 生成的副产物从衬底解吸附；

(7) 生成的副产物气体从边界层到整体气体的扩散和整体流动；

(8) 副产物和没有参与反应的气体从系统中排出。

其中，吸附是发生在沉积过程的化学键合，使气态分子以化学方式附着在衬底表面。

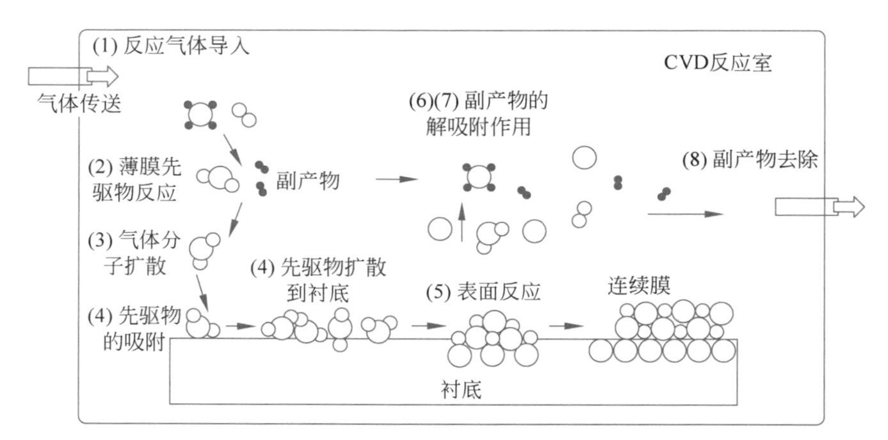

图 7.16 化学气相沉积的八个基本过程

解吸附是从硅片表面移出副产物。在气相反应中,有一类称为先驱物反应,气体在落到衬底之前就开始反应,形成中间态的气体,称为先驱物,接着先驱物在扩散到硅片表面进行吸附和进一步反应。例如,硅烷 SiH_4 高温裂解反应,SiH_4 先分解成 SiH_2 先驱物,SiH_2 再与 SiH_4 反应生成 Si_2H_6,接着,SiH_2 和 Si_2H_6 吸附在硅片表面,并最终分解出固态的 Si 薄膜。

$$SiH_4(g) \longrightarrow SiH_2(g) + H_2(g) \quad (\text{高温分解,先驱物})$$

$$SiH_4(g) + SiH_2(g) \longrightarrow Si_2H_6(g) \quad (\text{先驱物})$$

$$Si_2H_6(g) \longrightarrow 2Si(s) + 3H_2(g) \quad (\text{最终产物})$$

$$SiH_2(g) \longrightarrow Si(s) + H_2(g) \quad (\text{最终产物})$$

化学气相沉积的沉积速率主要受限于沉积过程中的两大阶段。

(1) 质量传输限制沉积阶段,即步骤(1)～(3)。该阶段决定了反应气体传输到达硅片表面的速率,气流量、气压和几何尺寸等因素对气体的传输和扩散有明显影响。

(2) 反应速度限制沉积阶段,即步骤(5)。该阶段决定了化学反应的速度,温度、辅助能量和催化剂等对反应速度有明显影响。

基于化学气相沉积的有序性,由两个阶段中速度最慢的阶段决定薄膜沉积速率。当供给气体不足时(如常压),无论化学反应速率多高都无法提高沉积速率,则为质量传输限制沉积工艺;当反应速率低时(如低温),无论供给了多少气体量都无法提高沉积速率,则为反应速度限制沉积工艺。

以硅烷裂解沉积硅薄膜的沉积速率随温度和流量的变化关系为例,如图 7.17 所示,在低的生长温度下,沉积速率随温度倒数增加而减小,在此区域,流量的高低都无法改变沉积速率,说明气体的供给速率并不是影响沉积速率的关键,而沉积速率限制在于某一步反应的速率,该反应可能是先驱物反应也可能是表面化学反应,温度越低反应速率越慢,导致沉积速率也随之减低。在高的生长温度下,沉积速率随温度倒数减小的增加幅度趋于饱和,更高的温度并不能进一步提高沉积速率。相反地,流量是沉积速率的敏感函数,说明沉积速率受反应物质输运速率限制,由输运最慢的一种或多种气体的浓度控制沉积速率。由于气体扩散等因素限制，气体传输本身不能提供足够的反应物气体到硅片表面，因此需要高沉积速率的高温常压工艺通常是质量传输限制的。工作在质量输运限制区域的化学气相沉积系统，必须有良好的气体流量控制及腔体几何形状设计，以确保均匀输送到所有晶圆片的各个部位。

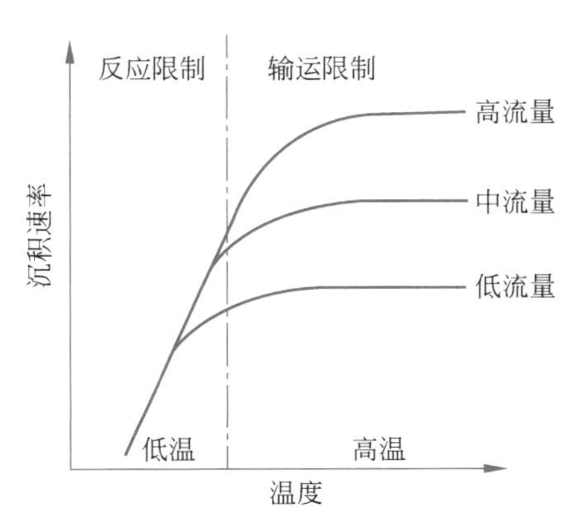

图 7.17　化学气相沉积速率随温度和流量的变化关系

由于沉积速率受气体传输和分布的影响，所以应考虑化学气相沉积系统的气流动力学。在反应腔体中气体流动是非常重要的，因为它决定了反应腔中各种化学物质的输运。假设气体的平均自由程远小于腔体几何尺寸且流动速度远小于声速，可将气体当作黏性且不可压缩的气体。假设气体速度沿腔体周边流动足够慢，气体在管壁表面的速度为零。

对于一个表面温度固定的圆形管道，假设气体以匀速从管道左边流入，由于受到管壁的摩擦作用，靠近管壁的气体会减速至零，而由于气体的黏性，从管壁到管道中间的气体流速会从管壁处的零平滑增大到中心处的最大流速。则在离入口的 z 距离的位置，入口的均匀分布气流将完全展开为管道流(抛物面形)，如图 7.18 所示，其中箭头的长度表示速度。

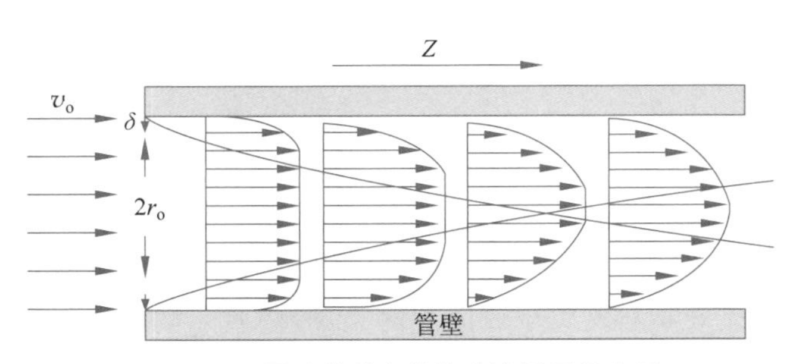

图 7.18　圆形管道中的管道流展开示意图

习惯上对在管壁表面附近的气体的速度做抛物线降落近似，如图 7.19(a)所示，把管壁附近看成宽度为 $\delta(z)$ 的边界层(在平坦表面情况下，它的方向垂直于法线方向)，

$$\delta \approx 5\sqrt{\frac{\mu z}{U_0}}$$

在该模型中，边界层中气体流速是零，而边界层外气体流速是 U_0，μ 是动黏度，z 是沿管道轴向与入口的距离。

如果衬底放在管壁表面处进行薄膜沉积，则沉积气体必须通过边界层扩散到样品表面，因此边界层厚度对淀积速率起重要作用。如图 7.19(b)所示，边界层厚度随 $z^{1/2}$ 而增加。为了维持均匀一致的边界层厚度，气体输运对沉积速率其重要作用的化学气相沉积系统通常将沉积表面朝着气流方向倾斜，如楔形底座，以提高气流均匀性。

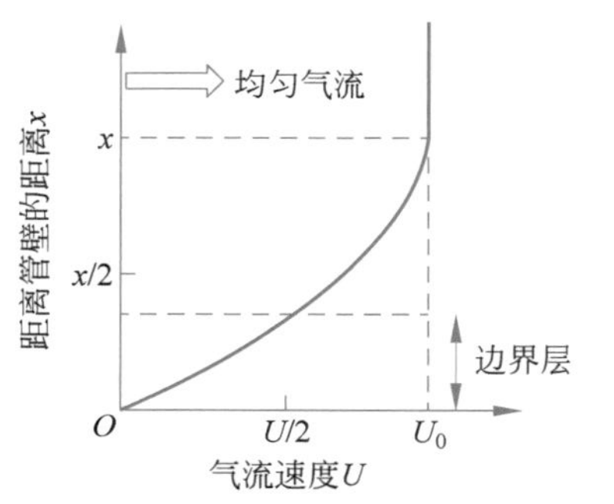

(a) 气流速度与离管壁距离的分布关系

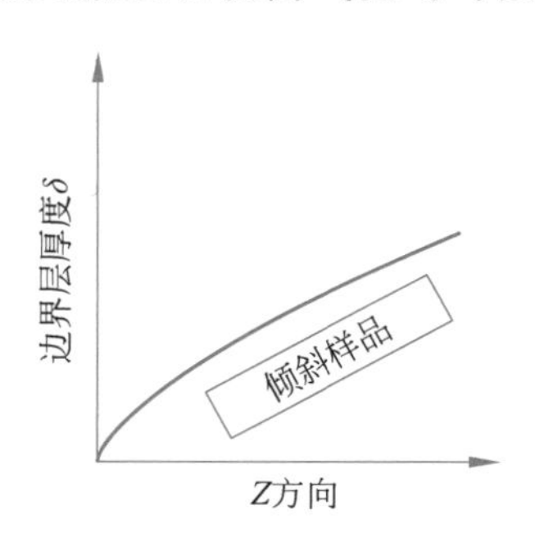

(b) 边界层厚度沿管道轴向距离的变化关系

图 7.19　抛物线形气流模型

7.4.2　化学气相沉积工艺与设备

化学气相沉积技术按气压主要分为两大类：常压化学气相沉积（Atmosphere Pressure CVD，APCVD）、低压化学气相沉积（Low Pressure CVD，LPCVD）。按外部辅助能量的供给方式分类，可分为多种类别，包括 TCVD/HFCVD（热/热丝化学气相沉积）、PECVD（等离子体增强化学气相沉积）、MPCVD（微波等离子体化学气相沉积）、LCVD（激光辅助化学气相沉积）、MOCVD（金属有机化合物化学气相沉积）、DC-Arc plasma CVD（直流电弧等离子体化学气相沉积）等。

1. 常压化学气相沉积

常压化学气相沉积是最简单的沉积系统，其设备在大气压下进行工艺，不需要复杂的真空装置，可以半敞开式的传送带形式进行批量生产，如图 7.20(a)所示是一个简单连续多片的反应腔体。硅片通过传送带输送到腔体中的加热器上方，工艺气体从腔体上方的喷头喷出，在硅片表面高温反应生成固态薄膜，腔体两端喷出氮气以避免外界气体污染。反应完毕后的硅片随传送带输出腔体。

对于易燃易爆的气体工艺，常使用封闭式管道腔体进行沉积工艺。如图 7.20(b)所示，管道常采用石英和刚玉等耐高温材质，管道外围设置热丝加热器，温度范围一般为常温至 1200℃。硅片通过管口推进并放置于管道中间，工艺气体通过管口气体管道通入腔体，高温下发生反应并沉积在硅片表面，同时也会沉积在管道内部。反应完毕降温至室温才能取出硅片。

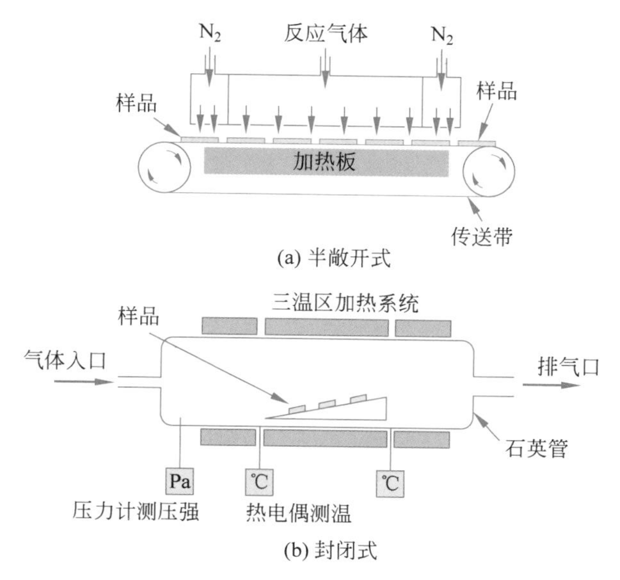

(a) 半敞开式

(b) 封闭式

图 7.20 常压化学气相沉积设备

常压化学气相沉积工艺在大气压下进行，多为高温工艺，一般为质量输运限制沉积工艺。常压下的气体分子平均自由程很小，气体分子之间产生频繁的碰撞，能够最终通过边界层而停留在衬底表面的概率很小，因而衬底表面一直维持在没有足够气体分子供给化学反应的状态，即质量输运系数远小于表面反应速率常数($h_g \ll k_s$)，质量输运限制了沉积速率。

常压工艺的优点是沉积速率较快，一般用于厚的介质沉积，沉积速率可超过100nm/min。其缺点是常用工艺对气体流量分布均匀性要求高。不均匀的气流分布将导致样品表面不同位置获得的气体量不一致，譬如中间与边缘、近入气端与远入气端等，从而使沉积的薄膜厚度不均匀。另外，常压工艺生长的薄膜容易产生颗粒。常压生长环境下部分其他在气体入口处就开始沉积形成颗粒，并可能落到衬底表面而形成外来颗粒，虽然与薄膜成分一致，但会影响薄膜均匀性和附着力。

2. 低压化学气相沉积

低压化学气相沉积一般在中低真空度下(0.1～5Torr)进行，反应温度一般为300～900℃。与常压工艺相比，低压工艺的薄膜性能更好、成本更低、产量更高，因而应用更为广泛。

低压化学气相沉积设备一般为管式炉装置，根据管子的摆放方向，分为卧式和立式两类，如图7.21所示。密封管道通过真空泵抽取中低真空，通过气体流量计精确通入工艺气体，通过管道外壁的热丝加热器提升温度，以进行薄膜沉积工艺。

低压化学气相沉积通常是反应速率限制沉积速率工艺。在低压状态下，气体边界层离硅片表面更远，边界层的分子密度低，使得进入边界层的气体分子很容易通过并扩散

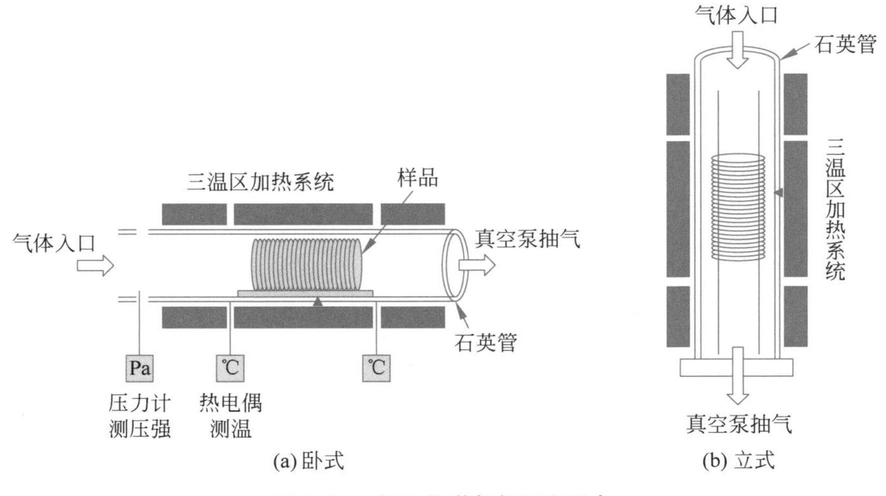

图 7.21 低压化学气相沉积设备

到表面，硅片表面可接触到足够的气体分子。气体质量输运速度能够满足化学反应速度需求，即质量输运系数远大于表面反应速率常数($h_g \gg k_s$)，因而，低压工艺是反应速率限制沉积速率工艺。基于此，腔体内的气流分布不再重要，管道和衬底摆放的要求更简单，譬如，硅片可以密集摆放。工业设备可以一次性进行 150～200 片硅片的沉积工艺，产量得以大幅提升。相反地，影响化学反应速率的因素需要调控，如温度。只要严格控制温度均匀性，就可以在硅片表面沉积均匀薄膜。

低压工艺的优点是：首先，台阶覆盖能力更好。在低压下，气体扩散到深孔的能力更佳，深孔、侧壁与上表面都可以获得同样的气体供给，因而生长一致性提高。其次，薄膜均匀性更好。温度比气流分布的可控性更高，更容易获得均匀的薄膜。缺点是沉积速率较低。

3. 等离子体增强化学气相沉积

为了提高低压工艺的沉积速率，同时降低工艺温度，等离子体增强化学气相沉积工艺应运而生。在器件结构的薄膜沉积工艺中，因为部分器件结构不能承受高温，譬如铝电极条、GaAs 有源层等，常要求较低的工艺温度。但化学反应需要较高的反应能量，因此，引入等离子体来增强反应能力。

等离子体产生装置通过将气体电离而产生离子和活性基团，譬如，SiH_4 气体被电离为离子态 SiH_4^+ 和电子，被裂解为活性基团 SiH_3、SiH_2 等，其中，电离能量需 12eV，裂解能量需 3.5eV，处在电离状态和裂解状态的气体分子存在未配对化学键，化学活性增加，更容易产生化学反应，因而，对反应温度的要求降低了，可以在更低的温度下进行化学气相沉积。

等离子体的产生需要低压环境，因而等离子体增强化学气相沉积也属于低压工艺。不同的是，等离子体增强工艺所需要的温度远低于低压工艺的温度。譬如，LPCVD 沉积氮化铝的温度一般是 800～900℃，而 PECVD 沉积氮化铝的温度是 350℃就够了。

等离子体增强化学气相沉积设备本质上就是等离子体产生装置。常规的设备是直流/射频平板型PECVD，在圆柱腔体内设置平行电极板，板间施加电压，并通入工艺气体，气体被电离产生离子和活性基团，衬底放置于可加热的下极板，达到反应条件时就可实现薄膜沉积。薄膜沉积速率与若干因素相关，包括射频功率、频率、电压、极板构造、气体压强、气体流量和衬底温度等，高质量的PECVD薄膜沉积需要多参数协同以找到最优的沉积条件。

总体而言，气体的电离程度越高，等离子体活性越大，沉积速率越快。由等离子体的基础知识可知，等离子体中的电离和活性基团只占气体总量2%，比例其实很低。为了有效提高沉积速率，提高等离子体的离化比例是有效的途径。为此，业界开发了若干高密度等离子体化学气相沉积装置(HDPCVD)，譬如，电感耦合等离子体增强化学气相沉积(ICPCVD，见图7.22(a))，其利用电感耦合线圈在真空腔体内构造回旋电流，使电子在腔体内环绕圆腔运动，提高了电子与气体的碰撞频率，从而提高了等离子体的密度。还有电子回旋共振化学气相沉积(ECRCVD，见图7.22(b))，其利用磁场和交变电场共同作用于电子，使磁场和电场的周期匹配实现电子加速旋转，提高了电子能量和运动轨迹，从而提高等离子体密度。高密度等离子体的离化率可以达到3%～5%，可以有效提高沉积速率。但是，高密度等离子体同时也会以较高能量轰击薄膜表面形成刻蚀效果并且使衬底升温，因而要通过合理的工艺参数调控和水冷装置来抑制这些问题。

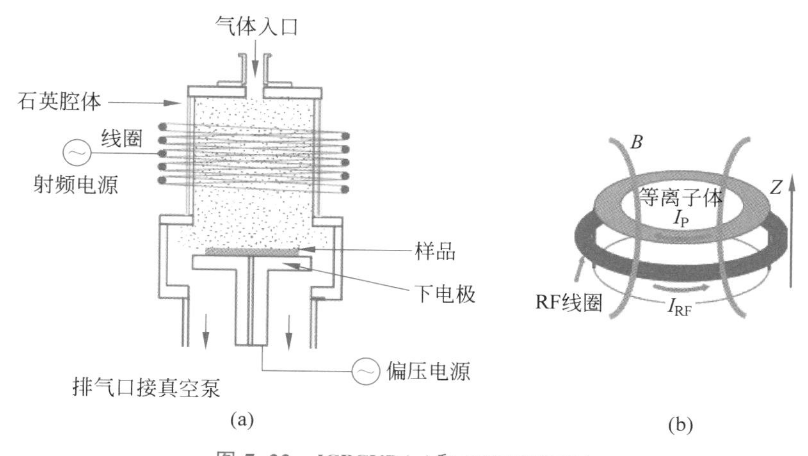

图7.22 ICPCVD(a)和ECRCVD(b)

利用高密度等离子体的沉积和刻蚀同步作用，可实现高深宽比填充能力的同步沉积-刻蚀工艺。如图7.23所示，常规的CVD工艺沉积深孔容易产生入口夹断现象而导致深孔存在空洞。为了解决这个问题，首先，利用高密度等离子体沉积部分薄膜，直至堆积的薄膜使孔入口处开始变窄。其次，利用高密度等离子体刻蚀薄膜，使上表面薄膜减薄，孔入口处重新变宽。孔底部受刻蚀作用较弱，减薄不明显。最后，再次利用高密度等离子体沉积直至深孔完全被填充。

等离子体增强化学气相沉积工艺的优点是低沉积温度，高台阶覆盖能力，沉积速率介于常压与低压工艺之间，薄膜致密性和均匀性较好；其缺点是等离子体中会产生高浓

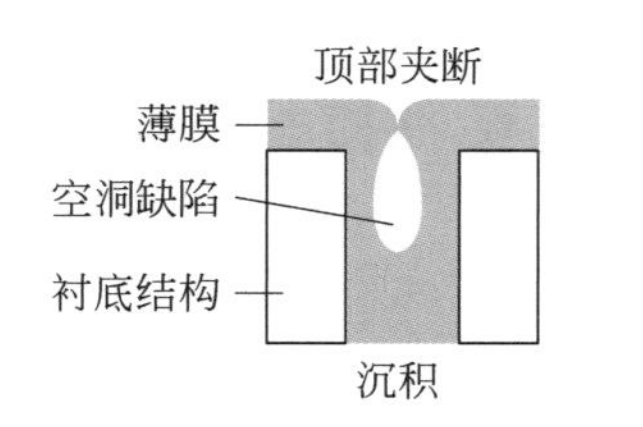

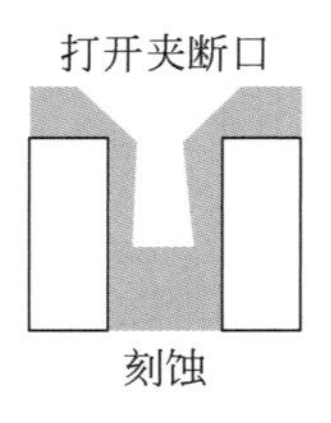

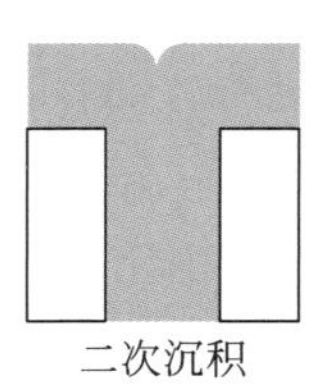

图 7.23　高密度等离子体增强沉积的同步沉积-刻蚀工艺

度的颗粒，导致薄膜不均匀和出现缺陷。

总体而言，三类化学气相沉积工艺各具特点，总结如表 7.2 所示。在实际工艺中，应根据需求来确定采用沉积工艺方法。

表 7.2　各种类型的 CVD 反应器及其主要特点

工　艺	优　点	缺　点	应　用
APCVD(常压 CVD)	设备简单，沉积速度快	高温台阶覆盖能力差，有颗粒污染，低产出率	高温 SiO_2(掺杂或不掺杂)
LPCVD(低压 CVD)	高纯度和均匀性，一致的台阶覆盖能力，大的硅片容量	高温，低的沉积速率，要求真空系统支持	高温 SiO_2(掺杂或不掺杂)、多晶硅、钨、WSi_2
等离子体辅助 CVD (1) 等离子体增强 CVD(PECVD) (2) 高密度等离子体增强 CVD(HDPCVD)	低温，快速沉积，好的台阶覆盖能力，好的间隙填充能力	要求 RF 系统，高成本，压力远大于张力，化学物质(H_2)污染和颗粒污染	高的深宽比间隙的填充，金属上的低温 SiO_2，层间介质层，大马士革工艺的铜籽晶层，钝化层(Si_3N_4)

7.4.3　典型材料的 CVD 工艺

在集成电路和微纳电子器件中，需要用到大量的薄膜沉积工艺，包括绝缘介质、半导体和金属。化学气相沉积工艺可以实现绝大多数的绝缘介质和半导体、少数金属的制备。下面介绍几种常见薄膜的化学气相沉积工艺。

1. SiO_2

SiO_2 是采用化学气相沉积工艺最常制备的绝缘介质薄膜。APCVD、LPCVD 和 PECVD 都可制备 SiO_2。采用的气体组合主要包括三类：硅烷和氧气、TEOS 和臭氧(非必需)、二氯甲硅烷和一氧化二氮。

$$SiH_4 + O_2 \longrightarrow SiO_2 + 2H_2$$

采用 SiH_4 和 O_2 反应生成 SiO_2。SiH_4 在氧气气氛中是易燃易爆气体，爆炸极限极低。通常采用氮气稀释过的 SiH_4 作为反应气体，稀释后的 SiH_4 体积百分比为 2%～10%。反应温度为 450～500℃，APCVD 由于平均自由程小和表面迁移能力差，制备 SiO_2 的台阶覆盖能力和深孔填充能力差。也可以采用 LPCVD 制备，但是台阶覆盖能力改善不大，主要问题是反应温度较低。

$$SiH_4 + 2N_2O \longrightarrow SiO_2 + 2N_2 + 2H_2$$

PECVD同样可用类似的工艺气体制备 SiO_2。最常用的组合是硅烷和一氧化二氮。工作温度为350℃。生成的薄膜均匀性较好。通常不用硅烷和氧气生长 SiO_2，因为氧原子活性基团的反应活性很强，会导致颗粒的产生，使薄膜出现针孔，均匀性变差。

$$Si(C_2H_5O)_4 + 8O_3 \longrightarrow SiO_2 + 10H_2O + 8CO_2$$

$$Si(C_2H_5O)_4 \longrightarrow SiO_2 + 2H_2O + 4C_2H_4$$

APCVD常采用TEOS和 O_3 反应生成 SiO_2。TEOS是正硅酸乙酯，分子式是 $Si(C_2H_5O)_4$，是一种有机液体，可通过载气(N_2)辅助输运到反应腔。O_3 是臭氧，包含3个氧原子，比氧气的化学活性更强。因此，可以在低温(400℃)常压或亚常压进行该工艺。该工艺高深宽比填充能力较好，薄膜的绝缘特性较好。

LPCVD直接采用热分解TEOS工艺生成 SiO_2，不需要 O_2 或 O_3。反应温度为650～750℃。低压下气体分子在表面扩散迁移率高，沉积的 SiO_2 薄膜深宽比填充能力更好，均匀性更高。沉积速率为10～15nm/min。

PECVD也可采用TEOS热分解生成 SiO_2，但会产生碳杂质污染在 SiO_2 薄膜中，因而较少采用。

$$SiH_2Cl_2 + N_2O \longrightarrow SiO_2 + 2HCl + N_2$$

LPCVD可采用二氯甲硅烷(SiH_2Cl_2)和 N_2O 生成 SiO_2，反应温度较高，需要900℃，但是 SiO_2 薄膜质量非常好，接近热氧化生成的 SiO_2 质量。但薄膜中含有一定残余的氯元素，可能会导致接触多晶硅层受腐蚀。

2. Si_3N_4

Si_3N_4 是良好的钝化保护层和掩模层，常覆盖在器件外表面以抵挡杂质和水汽的侵蚀。

$$3SiH_2Cl_2 + 4NH_3 \longrightarrow Si_3N_4 + 6HCl + 6H_2$$

常采用LPCVD工艺制备。采用二氯甲硅烷 SiH_2Cl_2 和氨气 NH_3 生成 Si_3N_4。生长温度为700～800℃。沉积速率随二氯甲硅烷流量增加而增加。典型沉积速率为1～2nm/min。

$$SiH_4 + NH_3 \longrightarrow Si_xN_yH_z + H_2$$

PECVD采用硅烷和氨气生成氮化硅。生长温度为300～400℃。但是生成的氮化硅具有不同的化学计量配比，其中含氢含量较高，为9%～30%，因而常写成 $Si_xN_yH_z$。高氨气流量和低沉积温度会增加氢含量。

APCVD同样采用硅烷和氨气生成 Si_3N_4。但是薄膜均匀性不如LPCVD工艺。沉积的氮化硅是非晶薄膜，含大量氢元素。

3. 多晶硅

多晶硅(Poly-Si)是CMOS器件中栅极电极的主要材料，原因是多晶硅与 SiO_2 的界面特性良好，兼容后续高温工艺，具有一定的电导率且比金属电极可靠。

$$SiH_4 \longrightarrow Si + 2H_2$$

常用 LPCVD 工艺沉积，通过分解硅烷生成多晶硅。沉积速率为 10～100nm/min。反应温度为 575～650℃。温度低于 600℃时，常生成非晶硅；温度太高则生成柱状多晶硅，因而温度区间较窄，需要准确控制。

在实际工艺中，为了实现多晶硅的掺杂，常在气体中加入 AsH_3、PH_3、B_2H_6 等，在生长过程进行原位掺杂。

4. 钨(W)

在填充深孔深槽的工艺中，对镀膜的台阶覆盖能力要求很高，譬如，制作层间引线互连时需要进行通孔填充，通孔一般是深宽比极大的孔洞结构，并且随着器件线宽减小还在进一步减小，薄膜沉积过程很容易产生孔洞从而影响导电率。PVD 的台阶覆盖能力无法满足需求，而鉴于 CVD 工艺具有极好的台阶覆盖能力，因而产生了采用 CVD 工艺沉积金属薄膜的需求。采用 CVD 制备金属薄膜的难点在于找到合适的金属化合物气体并能通过化学反应置换出金属单质。目前只有少数金属能找到合适的金属化合物气体以实现 CVD 沉积工艺，如 W、Cu、TiN 等。

钨常作为通孔层的金属材料，其 CVD 工艺采用的气体是 WF_6 和 H_2，WF_6 在室温呈液态，沸点为 25℃。因而可作为钨的金属化合物气体。氢气作为携带气体把 WF_6 输运到腔体，并通过氢还原反应将单质钨置换形成固态薄膜，反应温度通常为 500～700℃。沉积速率为 420～660nm/min。

$$WF_6 + 3H_2 \longrightarrow W + 6HF$$

虽然沉积速率较低，但是采用该工艺制得的钨通孔结构的台阶覆盖能力和填充能力很好。如图 7.24 所示，金属钨将通孔完全填充，显然是共性台阶覆盖。

更多材料的 CVD 工艺气体和参数可在表 7.3 中查阅。

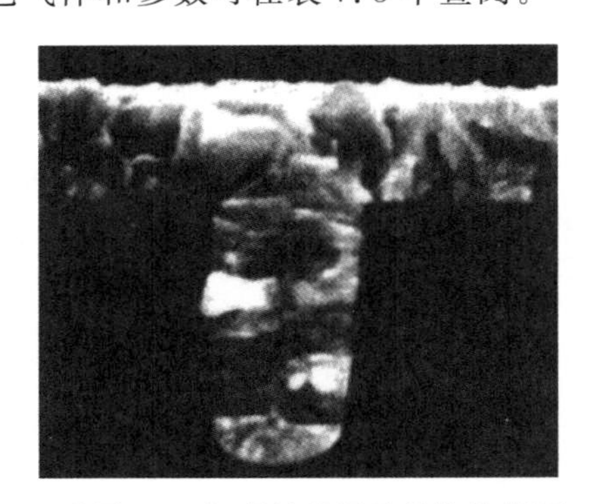

图 7.24　采用 CVD 沉积的钨通孔结构的截面 SEM 图

表 7.3　常用的薄膜材料的化学气相沉积工艺参数表

沉积的材料	衬　　底	反　应　物	沉积温度/℃	结　晶　度
Si	单晶 Si	$SiCl_2H_2$,$SiCl_3H$,$SiCl_4+H_2$	1050～1200	E
Si		SiH_4+H_2	600～700	P
Ge	单晶 Ge	$GeCl_4$,GeH_4+H_2	600～900	E
GaAs	单晶 GaAs	$(CH_3)_3Ga+AsH_3$	650～750	E

续表

沉积的材料	衬底	反应物	沉积温度/℃	结晶度
InP	单晶 InP	$(CH_3)_3In+PH_3$	725	E
SiC	单晶 Si	$SiCl_4$,甲苯,H_2	1100	P
AlN	蓝宝石	$AlCl_3,NH_3,H_2$	1000	E
In_2O_3 : Sn	玻璃	螯合物,$(C_4H_9)_2Sn(OOCH_3)_2$,H_2O,O_2,H_2	500	A
ZnS	GaAs,GaP	Zn,H_2S,H_2	825	E
CdS	GaAs,蓝宝石	Cd,H_2S,H_2	690	E
Al_2O_3	Si,合金	$Al(CH_3)_3+O_2,AlCl_3,CO_2,H_2$	275～475 850～110	A A
SiO_2	Si	$SiH_4+O_2,SiCl_2H_2+N_2O$	450	A
Si_3N_4	SiO_2	$SiCl_2H_2+NH_3$	750	A
TiO_2	石英	$Ti(OC_2H_5)_4+O_2$	450	A
TiC	不锈钢	$TiCl_4,CH_4,H_2$	1000	P
TiN	不锈钢	$TiCl_4,N_2,H_2$	1000	P
BN	不锈钢	BCl_3,NH_3,H_2	1000	P
TiB_2	不锈钢	$TiCl_4,BCl_3,H_2$	>800	P

7.4.4 采用 CVD 技术制备一维/二维纳米材料

随着微纳电子器件的线宽进入 10nm 以下范围,传统的自上而下(up-bottom)的微纳加工手段难度越来越大。因而,开始考虑自下而上(bottom-up)的自组装加工技术,即通过原子级别的自组装生长形成纳米图案,并构造器件结构。譬如,碳纳米管直径约为 1nm,通过批量自组装生长形成阵列结构,可作为 MOS 管沟道层或电极层。虽然现阶段该方法仍未能形成规模化的生产能力,但是可以代表微纳加工技术的一种发展趋势,相关工艺技术也在不断更新发展。纳米材料的自组装生长是其中的重要研究方向。传统的化学气相沉积技术是实现纳米材料生长制备的重要工艺。以下以一维纳米材料——碳纳米管和二维纳米材料——石墨烯为例,介绍纳米材料的 CVD 工艺。

石墨烯是 sp2 碳原子按六角蜂窝结构排列组成的二维单原子层纳米结构,可理解为由单层碳原子组成的一片薄膜,如图 7.25(a)所示。严格定义的石墨烯是指单层石墨烯。但是根据研究的需要,常按石墨烯层的数量,将其分成单层、双层、少层石墨烯,层间间距为 0.34nm。当层数达到数十层或以上时,则称为石墨了。

构成石墨烯的每个碳原子周围有 3 个碳原子成键,每个碳原子以 3 个 sp2 杂化轨道和邻近的 3 个碳原子形成 3 个 σ 键,剩下 1 个 p 轨道和邻近的其他碳原子一起形成共轭体系,每个碳原子贡献 1 个 p 电子。因而,石墨烯的 C-C 结构由 σ 键组成,这个结构上下分布有成对的电子云。每个 C-C 键都有一个成键轨道和反键轨道,以 C-C 键平面对称。整个石墨烯结构中的每个 π 键相互共轭形成巨大的共轭大 π 键,因此电子或空穴可以在此共轭体系中几乎无阻挡地以高电子费米速率移动,表现出零质量行为。

可见，石墨烯的特殊结构决定了其具有独特的物理化学特性。石墨烯最特殊的电子特性是基于其特殊的能带结构而形成的半金属特性，因此也称之为零带隙半导体，如图 7.25(b)所示。其能带结构是漏斗形的价带和导带完全对称分布在费米能级上下，只在费米能级相交于一点，该点称为狄拉克点。基于该能带结构，可获得室温量子霍尔效应、超高迁移率和热导率等优异的物化特性。基本上，这些特性都基于单层石墨烯的结构特性演化而来。当然，少层石墨烯也拥有部分新奇特性，如超大比表面积、透光度等。在众多器件中具有巨大的应用潜力。

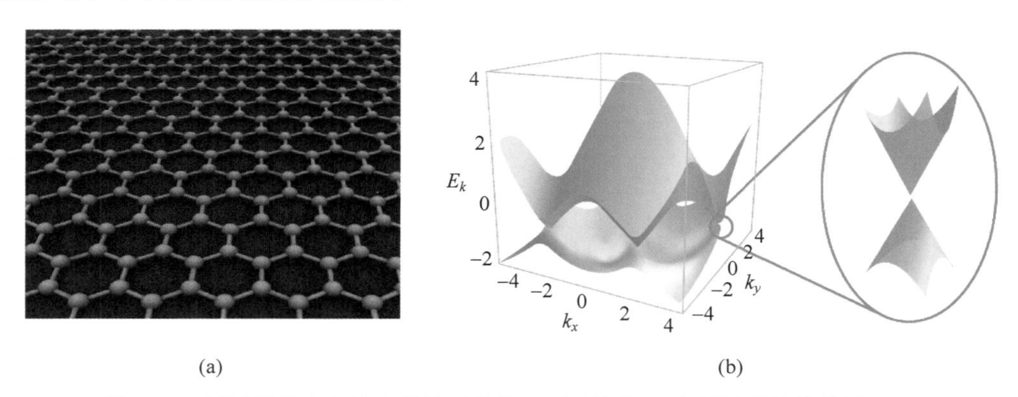

图 7.25 石墨烯的六角蜂窝状排列的单层原子结构(a)和石墨烯的能带图(b)

石墨烯的制备工艺有多种，其中可以实现大面积可控制备的是化学气相沉积工艺。区别于上述薄膜的沉积工艺，石墨烯的化学气相沉积需要借助金属催化剂的催化作用。常见催化剂包括铜、镍、钴等。其工艺流程如图 7.26 所示，首先，将铜箔(100μm 厚)放置在高温管式炉中，在氢气气氛中升温至 800℃，然后通入碳氢化合物气体，如甲烷，在高温下，铜箔具有一定的溶解碳能力(约 0.001%)，吸附在铜表面的甲烷高温裂解为碳原子和氢气，碳原子溶解到铜箔体内，直至达到碳固溶度极限。接着使管式炉快速降温，则铜箔的溶解碳能力下降，体内已呈碳过饱和状态，多余的碳从铜箔表面析出，以自组装方式生成石墨烯。

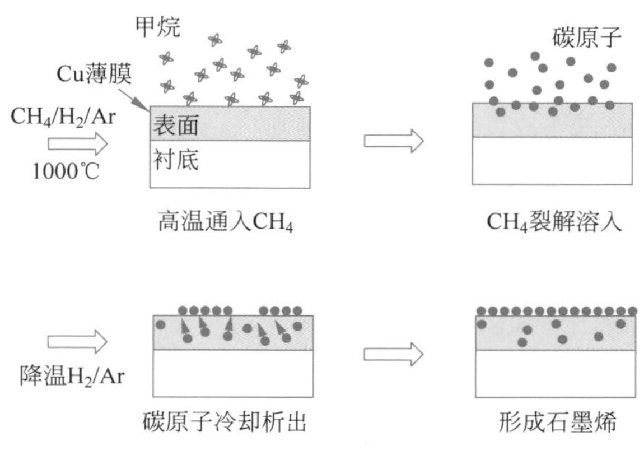

图 7.26 铜箔上石墨烯形成过程的示意图

石墨烯在金属催化剂表面的化学气相沉积生长是复杂的多相催化反应。主要涉及如下步骤：

（1）碳源在金属表面吸附和分解；

（2）由于表面碳浓度高于体相，浓度梯度促使表面碳原子向体内扩散；

（3）在降温过程中，碳在金属中溶解度下降，碳原子从催化剂体内向表面析出；

（4）碳原子在催化剂表面成核并重构，先在缺陷或位错处成核再不断长大至连成一片，生成石墨烯。

这是一个表面催化的过程，溶解度较低的金属（如铜）的石墨烯生长主要遵循该机理。金属催化剂溶解碳能力、金属碳化物的生成、生长温度、降温速率等是决定生长速率的关键因素。

铜箔由于溶解碳能力较低，因而最终能析出的碳原子也较少，是生成单层石墨烯的最优金属催化剂，该工艺对温度、气压等要求较简单。镍和钴等金属的碳溶解能力强，过饱和析出的碳量也更多，因而倾向于生成少层石墨烯，为了降低石墨烯层数，需要快速降温，使过饱和析出的碳量不要太多以控制层数。

采用等离子体增强化学气相沉积工艺，可以实现无需催化剂的直立石墨烯生长。该工艺不采用金属催化剂，直接在硅片或石英等衬底上直接生成石墨烯。并且，生成的石墨烯形态是垂直于衬底表面生长，形成墙状纳米片结构，如图7.27(b)和图7.27(c)所示。该工艺在等离子体环境进行，常采用微波增强化学气相沉积系统，如图7.27(a)所示，生长温度约为500℃，衬底偏压为200V，气压约为220Pa，通入气体是甲烷和氢气的混合气体。

由于没有催化剂，所以碳原子无法溶入衬底，只在衬底表面表面能最高的位点成核，并逐步形成碳原子团。在等离子体中，等离子体壳体与衬底之间形成一个强大的鞘层电场，方向垂直于衬底表面。在电场力的作用下，碳原子倾向于沿着电场线的方向迁移和生长，促使石墨烯的生成方向也垂直于衬底。控制鞘层电场的方向，就可以控制石墨烯的生长方向，因而还可以生成倾斜生长的石墨烯等形态。等离子体密度、气压和偏压是控制直立石墨烯沉积速率的关键因素。

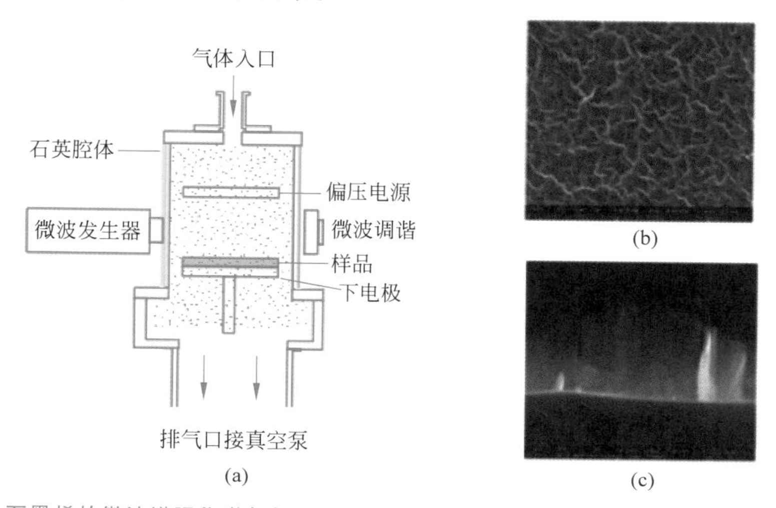

图7.27　直立石墨烯的微波增强化学气相沉积设备(a)以及生长出的直立石墨烯俯视图和侧视图(b)(c)

碳纳米管是由六角蜂窝结构排列的碳原子形成的中空管状纳米结构，可理解为石墨烯层按一定取向卷曲而成的中空圆管，如图 7.28 所示。其直径极小，一般为 0.6～100nm，长度很长，一般为 100nm～1cm，呈现为一维纳米结构。按石墨层数可分为单壁、双壁、少壁和多壁碳纳米管，碳纳米管壁间间距保持固定的距离，约 0.34nm。按石墨层卷曲的不同取向可分为锯齿形、扶手椅形和螺旋形碳纳米管。单壁和双壁碳纳米管根据取向不同，可呈现半导体性和金属性。少壁和多壁碳纳米管则呈现金属性。碳纳米管作为一维纳米材料，其六角蜂窝形结构连接完美，能带根据其结构可调可控，具有特殊和优异的电、光、力和化学特性，具有广泛的应用场合。

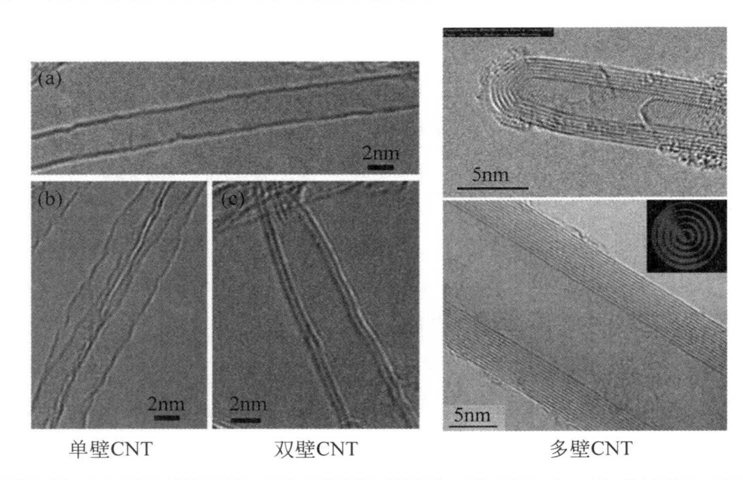

图 7.28 碳纳米管的透射电子显微镜图像，可以清晰地看到其石墨层数、中空管状结构和闭口的碳纳米管顶端

碳纳米管的制备工艺有多种，其中，金属催化化学气相沉积是最主流的制备工艺。与石墨烯相同，碳纳米管的沉积工艺必须借助催化剂的催化作用来实现生长。常见的金属催化剂是过渡性金属 Fe、Co 和 Ni。如图 7.29 所示，首先，采用物理气相沉积法，在衬底表面沉积一层厚度小于 10nm 的催化剂薄膜。催化剂薄膜的厚度决定了催化剂颗粒直径和碳纳米管直径。然后，将样品置于化学气相沉积装置中，在约 500℃的氢气气氛下处理催化剂薄膜，高温下催化剂薄膜分裂还原成密集排布纳米小颗粒。接着在 700℃的碳氢化合物气体（如甲烷、乙烯等）气氛下生长碳纳米管。碳纳米管在催化剂颗粒表面析出，形成中空管状结构。碳纳米管直径与催化剂颗粒保持一致。

碳纳米管的生长机理是：在高温下，碳氢化合物气体吸附在催化剂颗粒表面，受催化裂解为碳和氢气，碳原子在催化剂颗粒中溶解和扩散，直至达到催化剂中的碳的固溶度极限，即达到过饱和状态。此时，碳会从催化剂表面以管状形式析出，形成碳纳米管。如果催化剂与衬底的附着力较强，则碳从催化剂上表面析出，即底端生长模式；如果催化剂与衬底的附着力较弱，则碳从催化剂下表面析出，催化剂被不断生长的碳纳米管抬起，即催化剂处在碳纳米管顶端，即顶端生长模式。

碳纳米管化学气相沉积工艺主要有热化学气相沉积和等离子体增强化学气相沉积。前者主要靠高温来实现碳氢化合物气体裂解和生长，温度一般为 600～1000℃。后者通

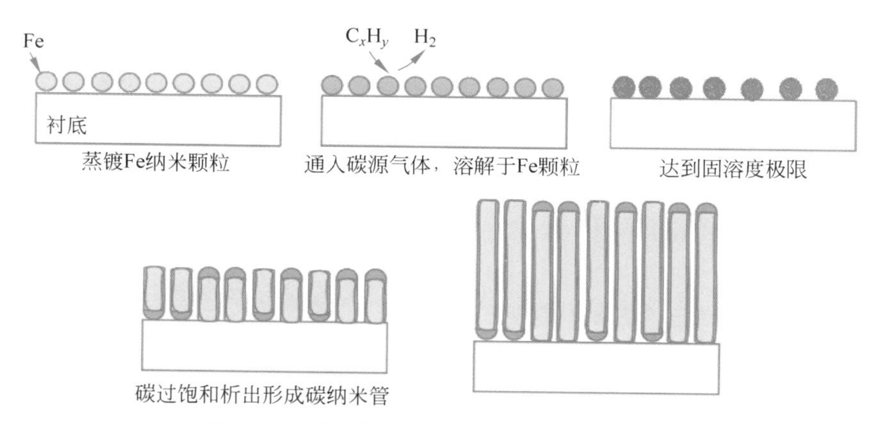

图 7.29 碳纳米管的化学气相沉积生长工艺

过将碳氢化合物气体电离为活性基团，将生长温度有效降低至 300～500℃。生长设备与常规管式炉和二极板式腔体类似。

7.4.5 原子层沉积技术

原子层沉积(Atomic Layer Deposition，ALD)是由化学气相沉积技术衍生而来的一种新的镀膜工艺，可理解为一种特殊的 CVD 工艺。其特征是通过依次饱和表面反应来生长薄膜，即将两种或多种气体交替通入反应腔中，每次通入后进行吹洗。

原子层沉积是典型的自限制生长模式：选择适当的条件，反应过程中每一步骤都达到饱和。一个典型的原子层沉积工艺包括以下步骤(如图 7.30 所示)：第 1 种反应气源饱和地吸附在表面上，形成一层致密的单原子层，再用惰性气体清除掉多余的反应气源；第 2 种反应气源通入时它只能与其接触到的表面单原子层反应，生成单原子层的薄膜和气体副产物，反应完毕，薄膜生长停止。惰性气体又带走未反应完的第 2 种反应物和反应副产物。每个周期生长的薄膜厚度都是固定不变的，只有一个单原子层。再循环重复上述步骤，可以依次沉积单原子层薄膜，增加薄膜厚度。

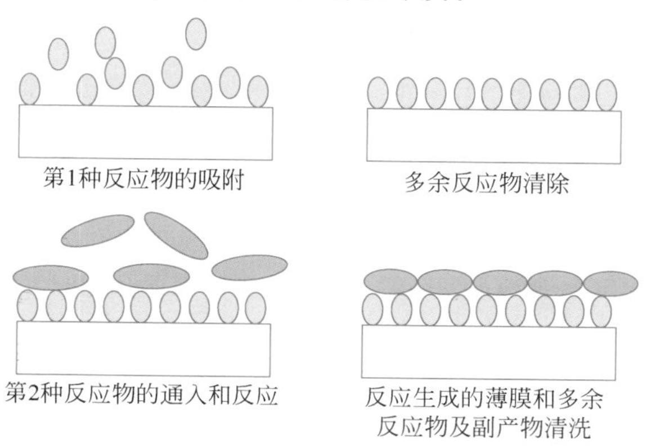

图 7.30 ALD 工艺流程图

在原子层沉积工艺中，化学反应过程与气体输运过程在时间上完全分开，由于气体在衬底表面呈现完全均匀化学吸附，而化学反应自限制，因而生成的单原子层薄膜的均匀性也非常高，具有完美的台阶覆盖能力，几乎可以均匀覆盖任意深宽比的图形，如图7.31所示，覆盖在硅深槽结构表面的 Al_2O_3 薄膜均匀性极佳。不会出现化学气相沉积工艺中沉积高深宽比孔洞结构时顶角生长快、底面生长慢的夹断问题。其次，原子层沉积厚度可控性很高，一次沉积周期生长一个原子层，而原子层厚度是固定的，依次累计可获得确定的薄膜厚度。

原子层沉积工艺也有其短板和缺点。首先，沉积速率太低，一般单原子层厚度为0.1～0.4nm，每分钟假设进行10个周期，则沉积速率为1～4nm/min。这限制了原子层沉积工艺在镀膜领域的应用，只能用于制备厚度在＜10nm级别的高质量薄膜。但是，随着微纳电子器件线宽的等比例缩小趋势，原子层沉积的重要性体现得淋漓尽致。特别在栅极绝缘层、高深宽比结构和金属扩散阻挡层等器件结构中，是最佳和最主流的制备工艺。其次，对气体消耗量较大。多周期的制备流程需要耗费大量的气体，超过99%的气体最终并无使用而被排走，而金属有机物气体价格昂贵，这使得使用成本较高。最后，工艺产生的副产物，如氢、氯和碳元素会导致薄膜污染，这在化学气相沉积中是普遍现象，但是在极薄薄膜中的元素污染对薄膜质量影响更大。

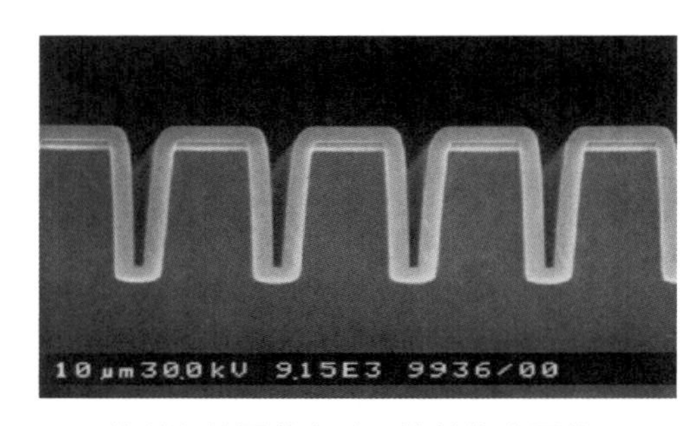

图7.31　采用ALD工艺制备的覆盖在硅深槽结构表面的 Al_2O_3 薄膜(白色部分)

原子层沉积工艺是现阶段制作栅极绝缘层的最主流工艺，特别是高 K 介质材料取代 SiO_2 成为栅极绝缘层材料后，栅极绝缘层的制备工艺从 SiO_2 热氧化工艺转变为高 K 介质原子层沉积工艺。下面以 HfO_2 为例，介绍其原子层沉积工艺流程。HfO_2 的介质常数是25，远高于 SiO_2 的3.9，是极好的栅极绝缘层材料。进行原子层沉积工艺，首先需要选择含Hf的气体源。常用 HfO_2 原子层沉积的气体，包括 $HfCl_4$ 和烷基酰胺类铪源，但是 $HfCl_4$ 由于发生化学反应后的氯原子无法通过退火消除，容易在薄层中留下杂质，故较少采用。一般采用烷基酰胺类铪源，如四(二乙基酰胺)铪 $Hf[N(C_2H_5)_2]_4$、四(二甲乙基酰胺)铪 $Hf[N(CH_3)(C_2H_5)]_4$ 等。

其次，选择氧化源。氧化源的选取种类较多，如 H_2O、O_3、N_2O、H_2O_2、氧自由基和金属醇盐等，其中最常用的是 H_2O，因为氧化源氧化能力的排序是：氧自由基＞O_3＞H_2O_2＞H_2O，氧化能力太强容易导致硅衬底的氧化，会产生一层低 K 材料的介质层，影响金属氧化膜的介电性能。

HfO_2 的制备流程是：

(1) 通入 N_2，打开机械泵，排走沉积室内的气体。

(2) 前驱物铪源保持 75℃，前驱物 H_2O 保持常温。

(3) 打开铪源脉冲阀，注入前驱物 1，等待其吸附完全。

(4) 排走未吸附气体，打开 H_2O 脉冲阀，注入氧化物。

(5) 通过控制循环次数可控制 HfO_2 膜厚，完成后取出。

HfO_2 薄膜厚度随循环周期次数等比例增加，而沉积速率先随循环周期次数的增加而降低，再趋于稳定。如图 7.32 所示，沉积速率随温度变化呈现 U 形关系，在 300℃附近沉积速率最低，该区间是 ALD 常选择的温度区间。生长温度较低是为了控制化学反应速率，避免气体在腔体中发生前驱体反应。特别是温度过高时，化学反应过快，前驱体自动热分解。这是一种常规化学气相沉积，而不是原子层沉积了。

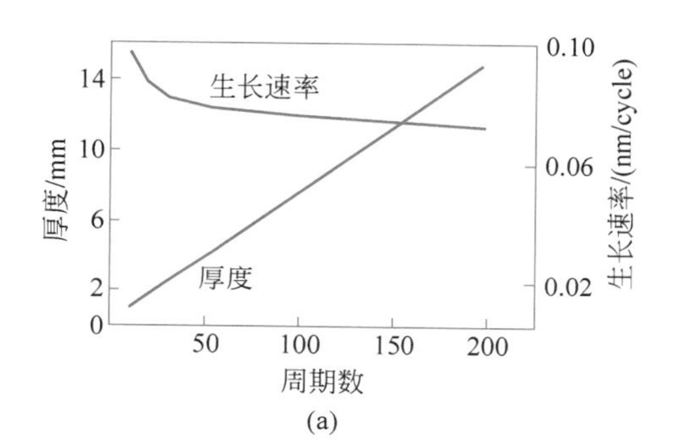

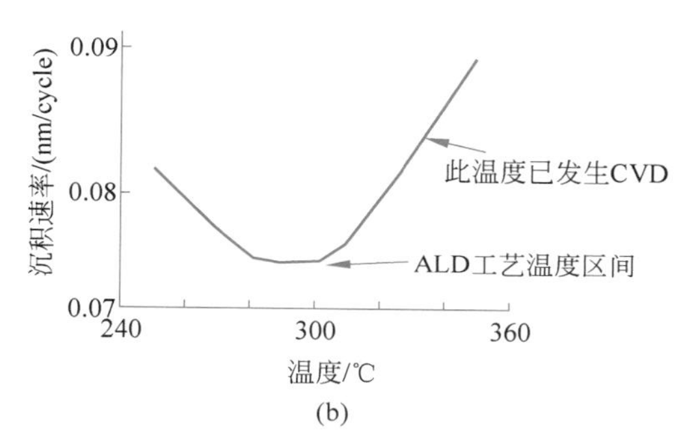

图 7.32 HfO_2 薄膜的沉积速率、厚度与生长循环次数的关系(前驱体为 TEMAHF 和 H_2O)(a)以及沉积速率与生长温度的关系(b)

第8章 薄膜制备工艺实验

8.1 工艺原理

8.1.1 磁控溅射工艺原理

磁控溅射是物理气相沉积的一种沉积形式，是一个物理过程，利用高能粒子去撞击金属靶材料，把金属原子从靶材料中撞击出来后穿过真空，最后沉积在硅片上，这种方法能形成具有较好台阶覆盖能力的高质量薄膜。与蒸发相比，溅射具有很多优点：

(1) 溅射工艺适用于沉积合金，而且具有保持复杂合金原组分的能力；

(2) 能获得很好的台阶覆盖效果；

(3) 形成的薄膜与硅片表面的黏附性比蒸发工艺更好；

(4) 能沉积难熔的金属；

(5) 能够在沉积金属前清除硅片表面污染和本身的氧化层(称为溅射刻蚀)。

相比于其他的物理沉积方法，磁控溅射对沉积薄膜材料选择范围大，对衬底材料的要求不高，同时较低的衬底温度和环境温度非常适合微加工工艺的要求，因为微加工技术的图形结构都是依靠光刻胶的图形转移来实现的，光刻胶的耐温程度普遍较低，所以磁控溅射正好适合微加工工艺中的光刻胶图形结构转移技术，从而实现微纳结构制备，在常见的溶脱剥离(lift-off)工艺中起着重要作用。

1. 普通的光刻工艺(见图8.1)

首先在衬底上成膜，然后在膜层上面涂布光刻胶，再进行图形化曝光，显影除去曝光的光刻胶，接着进行刻蚀，最后将剩余光刻胶剥离，留在衬底上的就是需要的成膜图形。

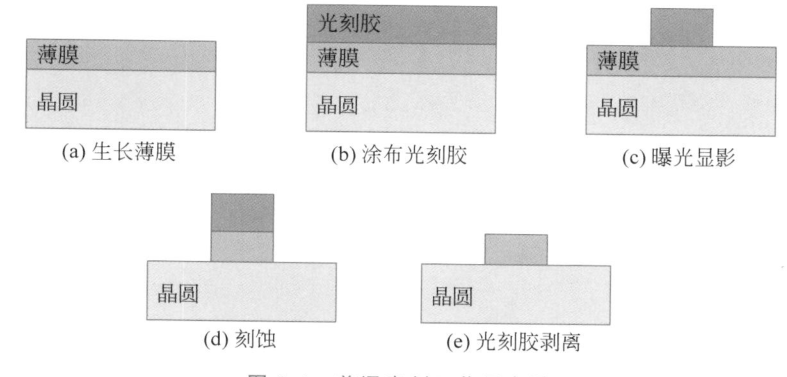

图8.1 普通光刻工艺示意图

2. 溶脱剥离工艺(见图8.2)

首先在衬底上涂布光刻胶，然后进行图形化曝光，显影除去曝光的光刻胶，再进行成膜，最后将剩余光刻胶和上面的成膜一起剥离，剩余在衬底上的就是需要的成膜图形。溶脱剥离工艺在理论上可以省掉刻蚀步骤，降低成本。

集成电路的制造可以分为两个主要的部分：一是前端工艺，在晶圆内及其表面制造

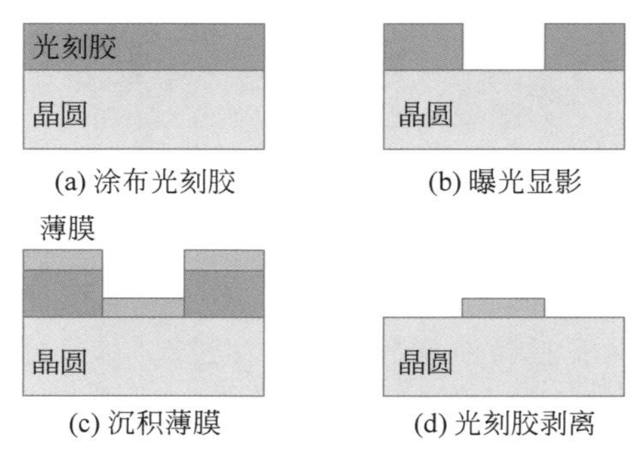

图 8.2 溶脱剥离工艺示意图

出有源器件和无源器件；二是后端工艺，需要在芯片上用金属系统连接各个器件和不同的层。本次工艺实验是磁控溅射沉积金属铝薄膜，作为金属互连导线。从导电性能的角度看来，金属铝的导电性比铜差一些，但铜与硅的接触电阻很高，而且铜原子进入器件区后，会引起器件性能受损。铝导线的优点在于它有足够低的电阻率，很好的过电流密度，对于二氧化硅有优异的黏附性，与硅的接触电阻很低。

实验中，圆硅片上已覆盖器件，并且旋涂了光刻胶，经过图形化曝光，显影除去曝光的光刻胶，接着需要形成一层铝膜。磁控溅射反应室如图 8.3 所示，以金属铝厚板作为靶材(target)，放入磁控溅射真空反应室，并且电接地。把氩气通入室内，电离形成正电荷。带正电荷的氩离子被接地的靶吸引，加速冲向靶，获得动量，轰击靶材。如此，靶上会出现动量转移，把靶上的铝原子轰击出来，一部分落在圆硅片上，形成金属铝薄膜(见图 8.4)。利用溶脱剥离技术，将剩余光刻胶和上面的成膜一起剥离，形成金属线互连。

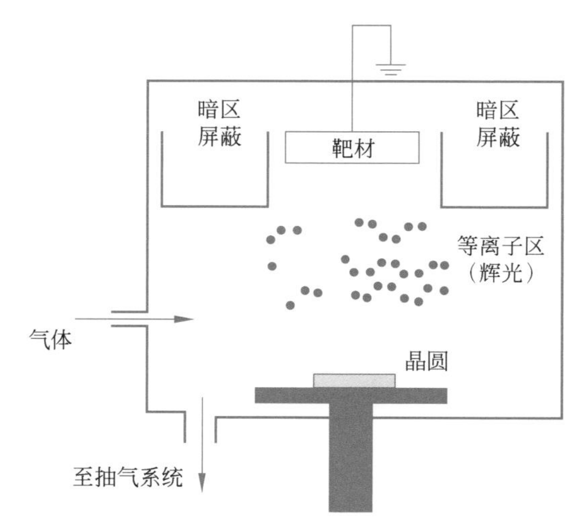

图 8.3 磁控溅射反应室示意图

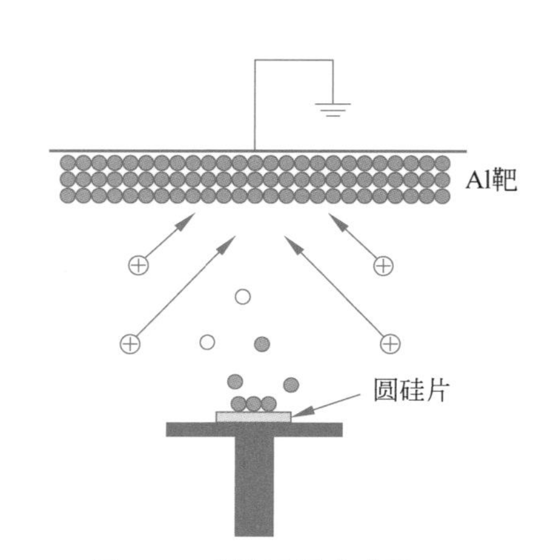

图 8.4 磁控溅射成膜原理图

8.1.2 等离子增强化学气相沉积工艺原理

等离子增强化学气相沉积是以离子体能量为主来产生并维持化学气相反应，使得反应可以在较低的温度(400℃以下)下进行。PECVD 制备的薄膜有很好的均匀性、良好的台阶覆盖能力和较少的孔洞。

本次工艺实验是 PECVD 沉积二氧化硅和氮化硅,反应在真空腔内进行,圆硅片放置在下面的托盘上,电极施加射频功率(见图 8.5)。把反应气体通入反应室内,在射频的作用下,形成等离子体,发生化学反应,在圆硅片上形成薄膜,生成的气体副产物被抽出清除。硅烷(SiH_4)和笑气(N_2O)反应,可生成二氧化硅薄膜;硅烷(SiH_4)和氨气(NH_3)反应,可生成氮化硅薄膜。反应中产生的气体有氮气、氢气,其中未反应完的硅烷、产物氢气是可燃气体,经过燃烧桶处理后,再排放。具体反应化学式如下:

$$SiH_4(g) + 2N_2O(g) \longrightarrow SiO_2(s) + 2N_2(g) + H_2(g)$$

$$3SiH_4(g) + 4NH_3(g) \longrightarrow Si_3N_4(s) + 12H_2(g)$$

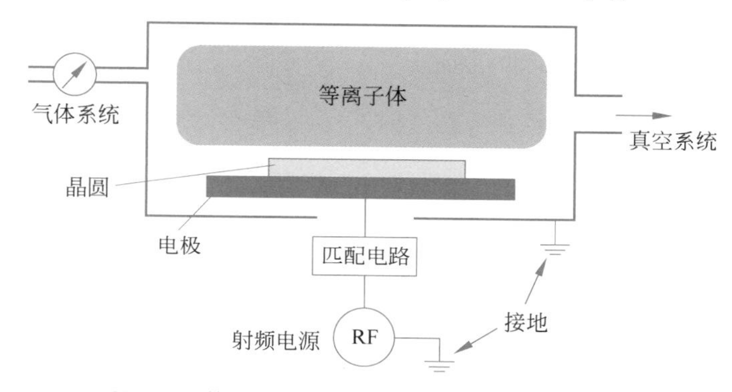

图 8.5　等离子增强化学气相沉积反应室适应图

8.1.3　原子层沉积工艺原理

原子层沉积是一种可以将物质以单原子膜形式一层一层地镀在衬底表面的方法,是一种真正的"纳米"技术,以精确控制的方式实现几纳米的超薄薄膜沉积。这种方法具有复杂表面化学过程和极低的沉积速率,其优势是原子层逐次沉积可以实现沉积层极具均匀性的厚度和非常优异的一致性,在纳米技术与器件制造中非常重要,例如,制备用于晶体管栅堆垛及电容器中的高 K 介质和金属薄膜、铜阻挡、刻蚀终止层、多种间隙层和薄膜扩散阻挡层、磁头以及非挥发存储器等。

原子层沉积是将气相前驱体脉冲交替地通入反应器,化学吸附在沉积衬底上并反应形成沉积膜的一种方法。在前驱体脉冲之间需要用惰性气体对原子层沉积反应器进行清洗。首先将第一种反应物引入反应室使之发生化学吸附,直至衬底表面达到饱和。过剩的反应物则被惰性气体吹扫从反应室中抽出清除,然后将第二种反应物引入反应室,使之和衬底上被吸附的物质发生反应。剩余的反应物和反应副产物将再次被惰性气体吹扫从反应室中抽出清除。这样就可得到目标化合物的单层饱和表面。这种原子层沉积的循环可实现一层接一层的生长,从而实现对淀积厚度的精确控制。反应室温度是用来控制表面饱和的重要参数之 一,作为 ALD 的基础,反应室温度起到两个主要作用:提供原子层沉积反应所需的激活能量和帮助清除单原子层形成过程中的多余反应物和副产物。

本次工艺实验是沉积 Al_2O_3 薄膜，用到的是超纯水和前驱体三甲基铝（$Al(CH_3)_3$）TMA，惰性气体是氮气。首先是水蒸气先进入反应室，在硅衬底表面形成一层羟基(-OH)，然后与前驱体 TMA 中的甲基(-CH_3)进行反应，形成气态的 CH_4，CH_4 被氮气吹扫从反应室中抽出清除，当表面所有的羟基都被置换后，就形成了 Al_2O_3 单原子层，最终形成 Al_2O_3 薄膜。成膜过程见图 8.6。

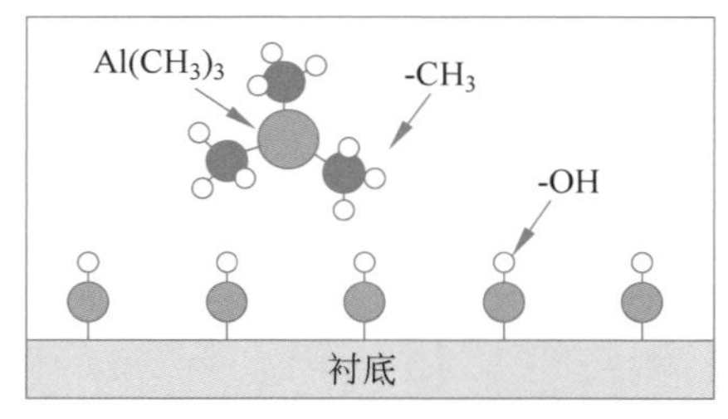

(a) 第一种反应物(H_2O)的吸附

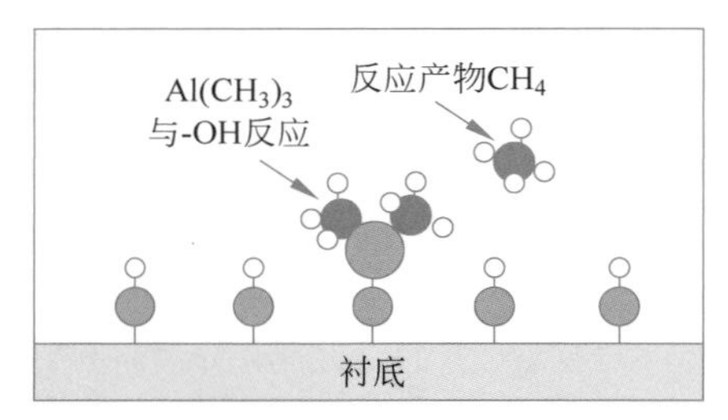

(b) 第二种反应物(TMA)通入和反应

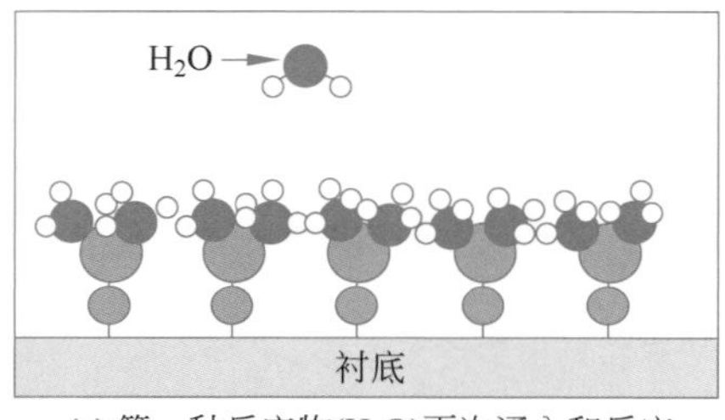

(c) 第一种反应物(H_2O)再次通入和反应

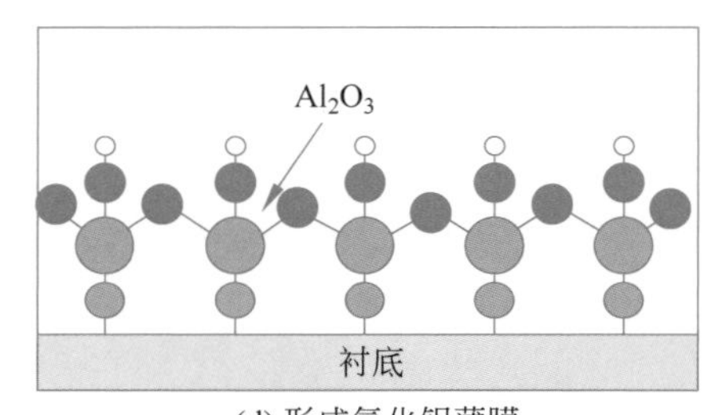

(d) 形成氧化铝薄膜

图 8.6　原子层沉积 Al_2O_3 薄膜的过程示意图

8.2　磁控溅射工艺

8.2.1　实验准备

本实验使用的设备是北京微电子所生产的 D100 磁控溅射系统。用于各种金属薄膜和氧化物薄膜的沉积，采用传输腔结构设计，自动传输基片，全自动操作机台。

整台设备由主腔室（工艺腔室）和传输腔室两个腔室组成。主腔室为圆形腔室，上盖为斜上方开盖方式，主腔室有观察窗，可以方便地在工艺期间观察工艺腔室的“辉光”变化，以调节相关工艺参数；传输腔室用来完成更换样片—放样片—送样片—取样片等操作流程。这种双腔室设计的优点是可以在不破坏主腔室工艺腔的真空条件下，完成样片的更换操作，不仅可以防止工艺腔污染，而且缩短了到达工艺真空的条件的时间。控制柜和工控机完成对设备中机械泵、各种气动阀门控制，对各种真空规等模拟量信号的数据采集，以及对射频电源、电动插板阀、流量计、分子泵等执行装置控制。

实验准备工作如下：

(1) 在已经覆盖器件的圆硅片上，旋涂光刻胶，并进行一次曝光。

(2) 打开循环冷却水设备，使冷却水能顺利流过分子泵、下电极、靶等装置。

(3) 压缩空气主要是给启动阀门提供动力，检查压缩空气阀是否开启，调节工作压力至 0.5MPa。

(4) 打开气体阀门，包括氮气阀、氩气阀，检查气源瓶内的气量是否充足，并减压到合适的工作气压。

(5) 准备好溅射使用的靶材铝靶。

8.2.2 磁控溅射工艺流程

(1) 设备 D100 磁控溅射系统上电。

(2) 充氮气至工艺腔内，使其达到大气压强，打开工艺腔腔盖，更换靶材，盖上工艺腔腔盖。

(3) 充氮气至传输腔内，使其达到大气压强，打开传输腔腔盖，把圆硅片放入传输腔内，盖上传输腔腔盖。

(4) 启动真空泵，对工艺腔和传输腔进行抽取真空。

(5) 真空度达到后，用机械臂把传输腔内的圆硅片送进工艺腔内。

(6) 设置磁控溅射工艺参数，通入氩气作为溅射气体，启动射频源，进行铝溅射。

(7) 溅射完毕后，充氮气至传输腔内，使其达到大气压强，打开传输腔腔盖，取出圆硅片。

(8) 利用溶脱剥离技术，把硅片浸泡在丙酮溶液中，超声使光刻胶剥落，露出金属铝互连线。

(9) 台阶仪测试铝薄膜台阶厚度，显微镜观察台阶覆盖情况。

8.2.3 实验记录

实验记录填入表 8.1 中。

表 8.1 工艺参数记录

沉积金属铝			
靶材			
工艺压强			
下电极转速		高阀开度	
距靶间距		Ar 流量	
射频功率			
沉积时间			
厚度测量			

8.2.4 注意事项

(1) 磁控溅射系统上电前保证冷却水设备能正常工作，防止装置因为高温损坏，造成人员伤亡和财产损失。

(2) 上电前确保磁控溅射系统压缩气体、实验气体供应正常。

(3) 设备上电后，需要检查设备中分子泵、分子泵驱动器、射频电源、匹配器、流量计、温控器、插板阀及伺服控制电机等是否正常启动和工作。

(4) "急停"按钮起到保护设备的作用，万一设备出现异常或"启动"按钮不能正常操作，可以立即按下"急停"按钮，设备会立即断电。

(5) 进行"维护和换靶"前，要单击"关机"按钮。

8.3 化学气相沉积工艺

8.3.1 实验准备

本实验使用的设备是北京微电子所生产的等离子增强化学气相沉积系统。用于 SiO_2 以及 SiN_x 薄膜沉积生长，采用独特的平板式电容耦合等离子体源结构设计以及进气匀气结构，可快速生长所需要的薄膜材料，工艺均匀性与重复性能指标优异。

整台设备由主腔室(工艺腔室)和传输腔室两个腔室组成。这种双腔室设计的优点是可以在不破坏主腔室工艺腔的真空条件下，完成样片的更换操作，不仅可以防止工艺腔污染，而且缩短了到达工艺真空的条件的时间。控制柜和工控机完成对设备中机械泵、各种气动阀门控制，对各种真空规等模拟量信号的数据采集，以及对射频电源、电动插板阀、流量计、分子泵等执行装置控制。

主界面主要显示系统各部件的状态，整体包括设备模拟结构图、设备气路、工艺参数、射频参数等。模块功能管理包括真空管理(真空开始流程、真空停止)、取送片管理(取片流程和送片流程)、工艺管理(工艺编辑、工艺运行、工艺停止)、充气流程(充气开始、充气停止)、吹扫管理(各腔室及各路气体)、维护管理、工作日志、用户管理、登录管理及关机。

实验准备工作如下：

(1) 准备圆硅片。

(2) 设备的真空系统有分子泵，工作时需要冷却水，检查冷却水工作是否正常。

(3) 设备中阀门的开启，是以压缩空气作为动力，检查压缩空气阀是否开启，调节工作压力至 0.5MPa。

(4) 检查气源瓶内的气量是否充足，开启氮气阀、氩气阀、硅烷阀、笑气阀、氨气阀，并减压到合适的工作气压。

(5) 在操作过程中，请戴上口罩和手套，并采取适当的安全防护措施。

8.3.2 化学气相沉积工艺流程

(1) 设备 D150 化学气相沉积系统上电。

(2) 充氮气至传输腔内，使其达到大气压强，打开传输腔腔盖，放入待刻蚀的圆硅片，并关好腔盖。

(3) 启动真空泵,对传输腔和工艺腔进行抽取真空。

(4) 真空度达到后,用机械臂把传输腔内的圆硅片送进工艺腔内。

(5) 设置刻蚀工艺参数,通入反应气体,启动射频源,进行二氧化硅或氮化硅薄膜的化学气相沉积。

(6) 沉积完毕后,充氮气至传输腔内,使其达到大气压强,打开传输腔腔盖,取出圆硅片。

(7) 台阶仪测试二氧化硅或氮化硅薄膜台阶厚度,显微镜观察薄膜表面形貌和台阶覆盖情况。

8.3.3 实验记录

实验记录填入表8.2和表8.3中。

表8.2 沉积二氧化硅工艺参数记录

沉积二氧化硅			
工艺压强			
SH_4 流量		N_2O 流量	
NH_3 流量		Ar 流量	
电极工作距离			
射频功率			
沉积时间			
厚度			

表8.3 沉积氮化硅工艺参数记录

沉积氮化硅			
工艺压强			
SH_4 流量		N_2O 流量	
NH_3 流量		Ar 流量	
电极工作距离			
射频功率			
沉积时间			
厚度			

8.3.4 注意事项

(1) 化学气相沉积系统上电前保证冷却水设备能正常工作,防止装置因为高温损坏,造成人员伤亡和财产损失。

(2) 上电前确保化学气相沉积系统压缩气体、实验气体供应正常。

(3) "急停"按钮起到保护设备的作用,万一设备出现异常或"启动"按钮不能正常操作,可以立即按下"急停"按钮,设备会立即断电。

(4) 送片和取片时,必须单击"真空停止"按钮,使插板阀和传输阀处于关闭状态。

(5) 送片和取片时工艺腔与传输腔之间的压差小于0.2Torr时,阀门才会打开。

(6) 在工艺过程中,若提示"射频反射过高,工艺终止",则说明射频反射已经超出了可控范围,工艺流程会终止。

(7) 在抽真空已完成的情况下,单击"吹扫管理"按钮,可进入吹扫界面,选择腔室或气路的吹扫。

(8) 实验中使用到危险气体,注意做好防护,实验结束后清除管道气体。

8.4 原子层沉积工艺

8.4.1 实验准备

本实验使用的设备是嘉兴科民电子设备技术有限公司生产的原子层沉积系统。使用自限制的反应方式,沉积出种类广泛的材料,实现均匀的加热、高精度的控制和广泛的应用。

大多前驱体是具有毒性且易燃易爆的。实验中用到的三甲基铝是一种有机化合物,溶于乙醚、饱和烃类等有机溶剂,可以在空气中燃烧,遇水爆炸,生成氢氧化铝和甲烷。因此工艺结束后,必须确保源瓶的手动阀处于关闭状态,因为开启状态将可能导致有毒气体的吸入与由湿气侵入导致的爆炸。

源瓶(source)、吹扫管道(purge)、热井(hottrap)、泵管道(pumpline)和样品台(heater)都配备了加热器。各个温度控制器的设置与作用如表8.4所示。

表8.4 各个温度控制器的设置与作用

温度控制器	温度设置	作用
H-Source	设置在前驱体源瓶上的温度	源瓶加热
H-Heater	设置腔内样品台上的温度	排除开腔过程中的水汽吸附
H-Purge	设置在载气通入管道上的温度	避免反应原子在管道上凝结
H-Hottrap	设置热井的温度	分解多余的源
H-PumpLine	设置在排气管道上的温度	避免反应原子在泵的管道上凝结

实验准备工作如下:

(1) 准备圆硅片。

(2) 打开压缩空气阀、氮气阀,阀门驱动气体压力为0.45~0.55MPa,工艺气体压力为0.2MPa。

(3) 准备三甲基铝源瓶和超纯水源瓶。

(4) 在操作过程中,请戴上口罩和手套,并采取适当的安全防护措施。

8.4.2 原子层沉积工艺流程

(1) 设备TALD-100A原子层沉积系统上电。

(2) 充氮气至工艺腔内,使其达到大气压强,打开工艺腔腔盖,放入圆硅片,并关好腔盖。

(3) 启动真空泵,对工艺腔进行抽取真空。

(4) 打开温度控制器的 H-Heater、H-PumpLine、H-Hottrap、H-Purge，设定温度值，开始加热。

(5) 当温度和真空度达到沉积要求后，打开三甲基铝源瓶控制阀。

(6) 设置配方参数，水和三甲基铝发生反应，以氮气吹扫，形成三氧化二铝薄膜。

(7) 沉积完毕后，需要进行除气。关闭三甲基铝源瓶控制阀，用氮气进行管道吹扫。

(8) 充氮气至传输腔内，使其达到大气压强，打开工艺腔腔盖，取出圆硅片。

(9) 台阶仪测试三氧化二铝薄膜台阶厚度，显微镜观察薄膜表面形貌和台阶覆盖情况。

8.4.3 实验记录

1. 工艺参数记录

原子层沉积工艺参数记录如表 8.5 所示。

表 8.5 原子层沉积工艺参数记录

沉积薄膜			
工艺压强			
H-Heater		H-Hottrap	
Purge1/Purge2		H-PumpLine	
Dose TMA			
H-Purge			
Dose H_2O			
H-Purge			
重复次数			
总时间			
薄膜厚度			

2. ALD 沉积氧化铝和氮气管道吹扫的典型配方

表 8.6 是 ALD 沉积氧化铝的典型配方，实验时可作为参考，通过修改重复次数，可改变沉积总时间，从而改变薄膜的厚度。每次沉积结束，反应室内会残留有机源，需要用氮气进行管道吹扫，典型的配方见表 8.7。

表 8.6 ALD 沉积氧化铝的典型配方

沉积 Al_2O_3			
工艺压强		0.15Torr	
H-Heater	150℃	H-Hottrap	400℃
Purge1/Purge2	120℃/80℃	H-PumpLine	100℃
Dose TMA		0.02s	
H-Purge		40s	
Dose H_2O		0.015s	
H-Purge		40	
重复次数		250	
总时间		5:33:29	

表 8.7　氮气管道吹扫配方

管道吹扫			
H-Heater	150℃	H-Hottrap	400℃
Purge1/Purge2	120℃/80℃	H-PumpLine	100℃
Dose TMA		0.3s	
H-Purge		15s	
重复次数		20	
总时间		00：05：06	

8.4.4　注意事项

(1) 不要将易燃易爆的或挥发性的物质放入原子层沉积系统的反应室。在基片上和反应室内不能使用真空硅脂。

(2) 注意表面高温和防火安全。请小心高温的腔盖和反应室，不要直接用手触碰，不要将可燃物质放置在设备的下面、上面或旁边。待高温部件冷却后方可处理样品。

(3) 在原子层沉积工艺过程中脉冲的消失意味着前驱体源用尽。不要将前驱体源瓶装满。这里建议只装源瓶容积的 40%，例如，50ml 的瓶子装 20ml。

(4) 上电前原子层沉积系统压缩气体、实验气体供应正常。

(5) "急停"按钮起到保护设备的作用，万一设备出现异常或"启动"按钮不能正常操作，可以立即按下"急停"按钮，设备会立即断电。

(6) 在工艺结束后，确保将源瓶手动阀关闭。

(7) 在更换源瓶和系统真空检查后需要除气，在除气过程中确保所有的手动阀都已关闭。

8.5　实验报告与数据分析

(1) 写出磁控溅射工艺的实验步骤，做好实验记录。

(2) 写出化学气相沉积工艺的实验步骤，做好实验记录。

(3) 写出原子层沉积工艺的实验步骤，做好实验记录。

(4) 实验结果的分析与讨论。

(5) 完成思考题。

8.6　思考题

(1) 列出二氧化硅薄膜沉积的方法，比较不同工艺之间的优缺点。

(2) 描述溅射工艺，并说明溅射的工艺特点。

(3) 计算磁控溅射沉积铝薄膜的沉积速率。

(4) 怎样估算原子层沉积薄膜的厚度？

(5) 说出常用的测量膜厚和折射率的方法。二氧化硅和氮化硅的折射率分别是多少？

(6) 说明 PECVD 中用到的 3 种反应气体（硅烷、氨气、笑气）的特点及使用时应注意的安全事项。

扩展阅读：仪器操作与说明

D100 磁控溅射系统（见图 8.7 和图 8.8）操作规范如下。

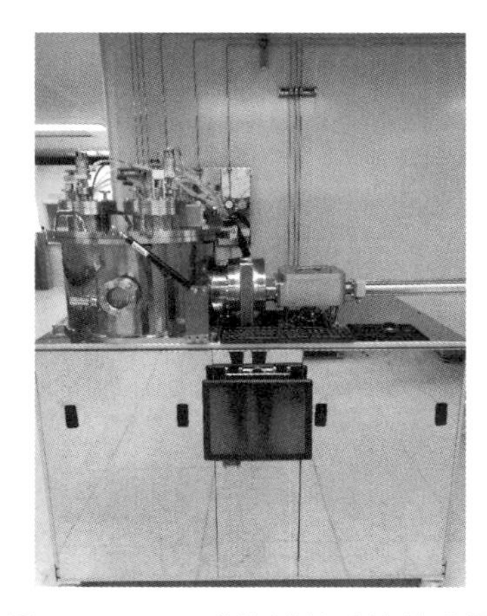

图 8.7 D100 磁控溅射系统外观图

图 8.8 主腔室（工艺腔）及靶材调节装置

1. 开机准备

打开三相电闸，打开冷却水阀、打开压缩气体阀并调节压力，打开工艺气体阀并调节流量。

2. 开机

(1) 按下设备机台上“启动”按钮。

(2) 计算机自动启动后，双击桌面 SputterD100. exe 图标进入软件（见图 8.9）。

3. 工艺腔真空流程

单击“工艺腔真空”进入真空流程。真空流程是自动完成，具体流程如下：

(1) 开启主腔室泵，打开预抽阀。

(2) 等待 60s 待腔室压力稳定，打开主腔室规阀，判断腔室压力是否小于开启分子泵压力，等待压力稳定后，关闭预抽阀。

(3) 打开分子泵前阀，打开插板阀，开启分子泵。

(4) 等待分子泵达到额定转速后，高真空流程结束。

4. 传输腔真空流程

单击“传输腔真空”进入真空流程，只需要传输腔泵抽取真空，真空流程是自动完成。

5. 上片

(1) 单击“传输腔充气”，关闭传输角阀，打开传输充气阀，充氮气至传输腔内。

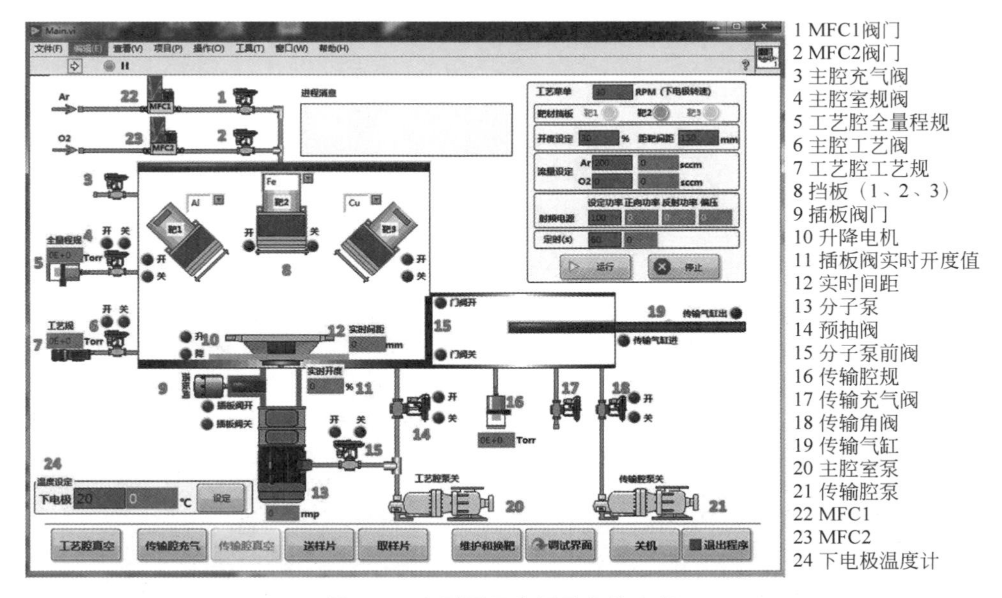

图 8.9　主界面示意图及部件介绍

(2) 与大气压强达到平衡后，打开传输腔腔盖，放入样品，并关好腔盖。

(3) 上片完成后，单击“传输腔真空”，关闭传输充气阀，打开传输角阀。

6. 送样片

把样品用机械臂从传输腔送到工艺腔(见图 8.10)。

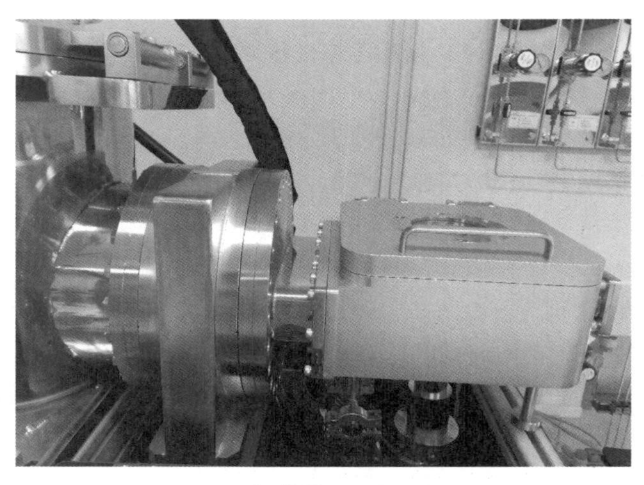

图 8.10　传输腔及阀门位置

(1) 单击“送样片”，关闭插板阀，打开阀门。

(2) 机械臂把样片从传输腔送到工艺腔，机械臂退出。

(3) 关闭阀门，打开插板阀，完成送样片过程。

7. 工艺运行

(1) 设定下电极温度,手动调节靶材挡位。

(2) 设置工艺参数:下电极转速(通常 30r/min)、靶材挡板(靶材挡位对应)、开度设定(插板阀的开度)、距靶间距数(80~150mm)、流量设定、射频电源功率设定、时间设定。

(3) 单击"工艺运行",开始溅射。

8. 取样片

把样片用机械臂从工艺腔取到传输腔。

(1) 单击"取样片",关闭插板阀,打开阀门。

(2) 机械臂伸进工艺腔,机械臂退出并取出样片到传输腔。

(3) 关闭阀门,打开插板阀,完成取样片过程。

9. 取片

(1) 单击"传输腔充气",关闭传输角阀,打开传输充气阀,充氮气至传输腔内。

(2) 与大气压强达到平衡后,打开传输腔腔盖,取入样品,并关好腔盖。

(3) 取片完成后,单击"传输腔真空",关闭传输充气阀,打开传输角阀。

10. 关机

(1) 单击"关机",开始停机流程。

(2) 等停机完成后,再单击"退出程序",退出程序。

(3) 关闭计算机,按下机台开关。

(4) 关闭水电气。

11. 维护和换靶

需要更换靶材时,进入此模式(需输入密码)。界面(见图 8.11)中包含工艺腔充气、工艺腔开盖、工艺腔关盖、电机减速停止、电机急停等操作。

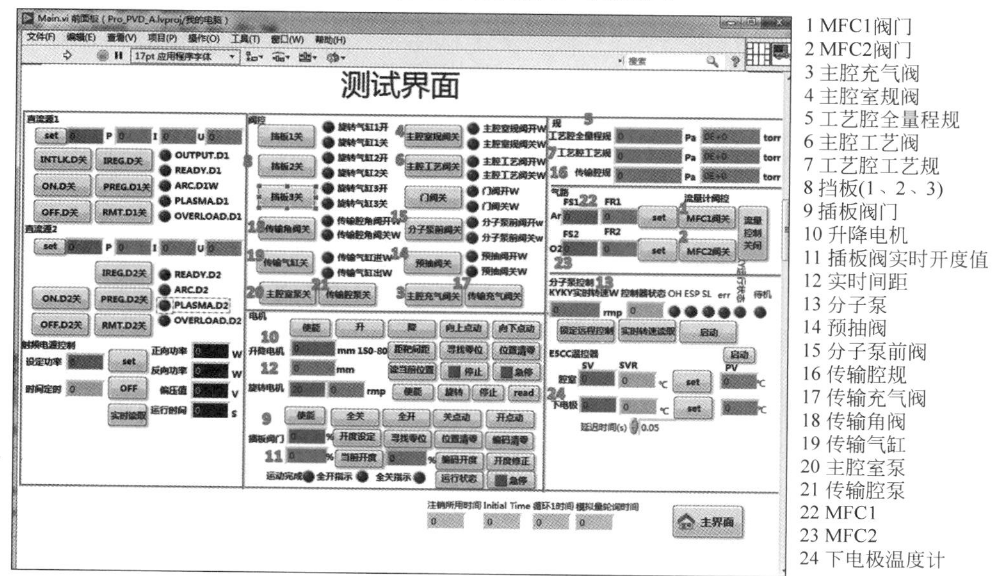

图 8.11 测试界面示意图及部件介绍

D150化学气相沉积系统(见图8.12)操作规范如下。

图8.12 D150化学气相沉积系统外观图

1. 开机准备

打开三相电闸,打开冷却水阀、打开压缩气体阀并调节压力,打开工艺气体阀并调节流量。

2. 开机

(1) 按下设备机台上的“启动”按钮。

(2) 计算机自动启动后,双击桌面上的PECVD图标进入软件(见图8.13)。

(3) 输入用户名和密码。

3. 真空流程

单击“真空开始”进入真空流程。真空流程是自动完成的,具体流程如下:

(1) 开启前级泵、传输泵和罗茨泵的前级泵及罗茨泵,等待30秒将泵与阀之间的气体抽完。

(2) 打开前级阀,打开全量程真空规前阀,开启分子泵。

(3) 等待分子泵达到额定转速后,关闭预抽阀,判断腔室压力,如果压力小于或等于0.2Torr,则打开插板阀及传输阀,否则关闭前级阀打开预抽阀及传输阀调节腔室压力直至小于或等于0.2Torr,然后关闭预抽阀打开前级阀打开插板阀。

(4) 高真空流程结束。

4. 上片

(1) 单击“真空停止”,关闭传输阀和插板阀。

(2) 单击“充气”(进行传输腔充气),与大气压强达到平衡后,打开传输腔腔盖,放入样片,并关好腔盖。

(3) 上片完成后,单击“真空开始”,打开传输阀和插板阀。

5. 送样片

把样品用机械臂从传输腔送到工艺腔。

(1) 单击“真空停止”,关闭传输阀和插板阀。

(2) 单击“送片”,自动检测工艺腔室与传输腔室之间的压差小于0.2Torr,然后阀门打开,机械臂把样片从传输腔送到工艺腔,机械臂退出。

(3) 关闭阀门,完成送样片过程。

(4) 单击“真空开始”,打开传输阀和插板阀。

6. 工艺运行

(1) 设定下电极温度。

(2) 单击“工艺编辑”,设置工艺参数,包括工艺气体种类和流量、射频电源功率、工艺

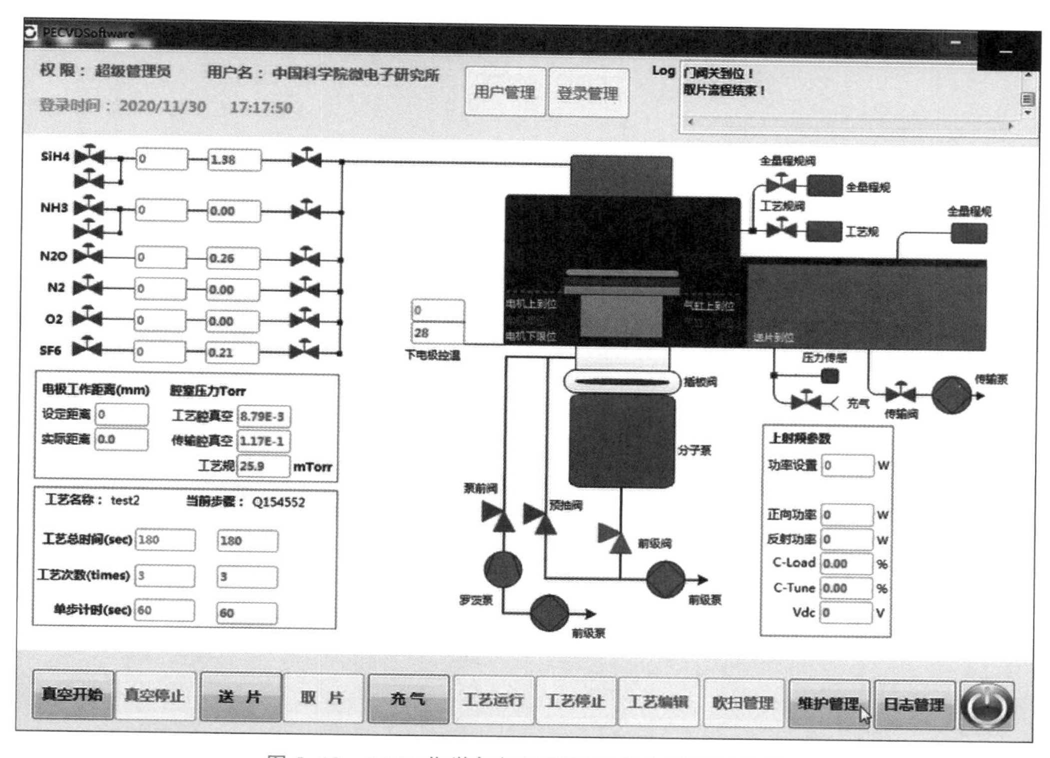

图 8.13　D150 化学气相沉积系统操作页面示意图

时间、电极位置(控制起辉距离)。

(3) 单击“工艺运行”,开始沉积。

7. 取样片

把样片用机械臂从工艺腔取到传输腔。

(1) 单击“真空停止”,关闭传输阀和插板阀。

(2) 单击“取片”,自动检测工艺腔室与传输腔室之间的压差小于 0.2Torr,然后阀门打开,机械臂伸进工艺腔,机械臂退出并取出样片到传输腔。

(3) 关闭阀门,完成取样片过程。

(4) 单击“真空开始”,打开传输阀和插板阀。

8. 取片

(1) 单击“真空停止”,关闭传输阀和插板阀。

(2) 单击“充气”(进行传输腔充气),与大气压强达到平衡后,打开传输腔腔盖,取出样片,并关好腔盖。

(3) 取片完成后,单击“真空开始”,打开传输阀和插板阀。

9. 关机

(1) 单击“关机”,开始停机流程。

(2) 等停机完成后,再次单击“关机”,退出程序。

(3) 关闭计算机,按下机台开关。

(4) 关闭水电气。

10. 吹扫管理

吹扫管理包括腔室吹扫和气路吹扫,在设备移机或换气源时进行气体管路吹扫。

(1) 在真空情况下,单击"吹扫管理"进入吹扫界面。

(2) 单击腔室气路选择,选择腔室或气路,会显示对应的部分会变成可修改操作,设置吹扫时间和工艺腔下限压力(建议默认压力),单击"参数配置"。

(3) 单击"吹扫运行",等待吹扫结束。

维护(维护管理)模式(见图 8.14)即为设备手动控制模式,可以单独控制设备的各个模块功能,并可以显示各个模块的状态,包括流量计控制单元、调压阀控制单元、真空控制单元、温度控制单元及射频控制单元。

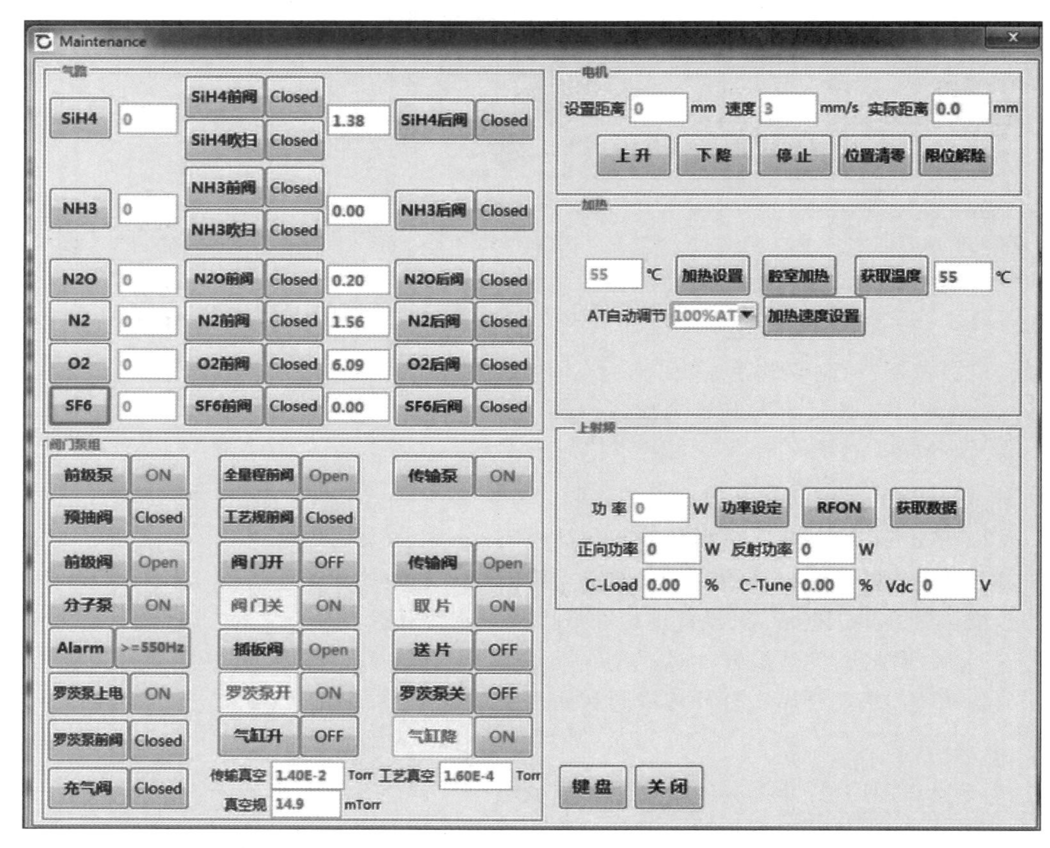

图 8.14　D150 化学气相沉积系统阀门控制页面(维护模式)

TALD-100A 原子层沉积系统(见图 8.15)操作规范如下。

1. 开机准备

打开三相电闸,打开压缩气体阀并调节压力,打开工艺气体阀并调节流量。

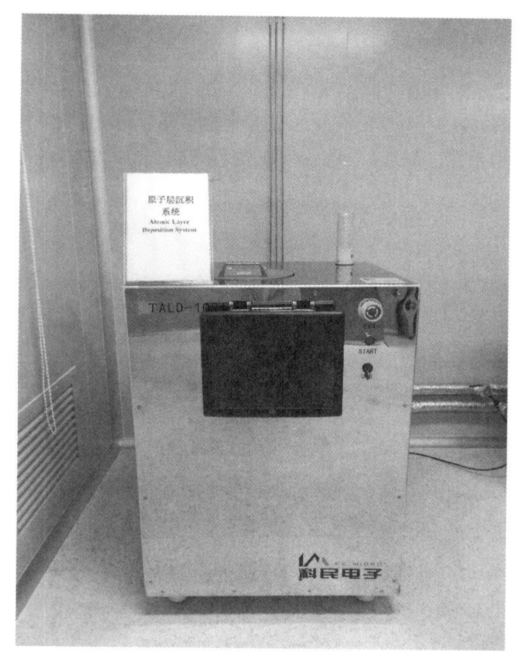

图 8.15　TALD-100A 原子层沉积系统外观图

2. 开机

(1) 按下设备机台上的“启动”按钮。

(2) 计算机自动启动后，双击桌面上的 ALD 图标进入软件。

(3) 输入用户名和密码，进入自动页面 Auto Page(见图 8.16)。

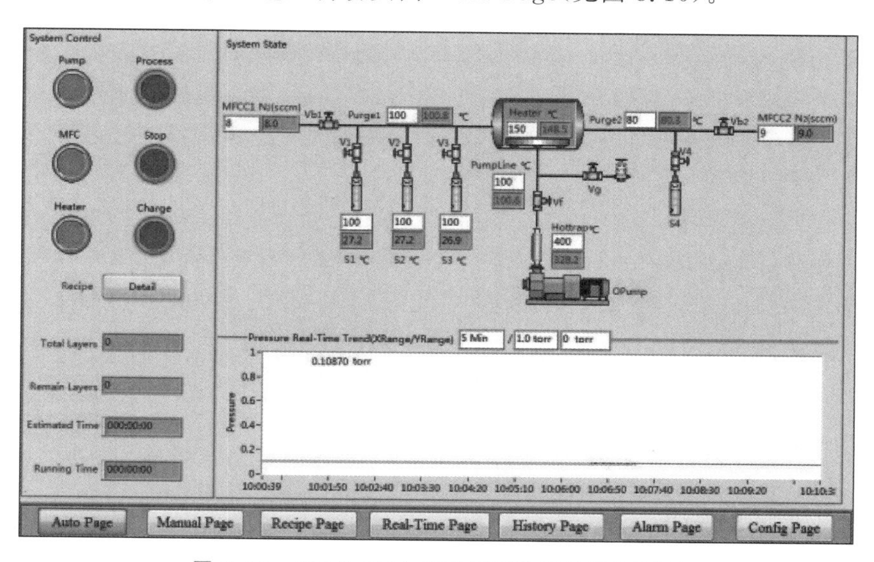

图 8.16　TALD-100A 原子层沉积系统操作页面

3. 上片

(1) 单击 Charge 键打开充气阀对样品腔进行充气，当实时压力为 760Torr 时，再次单击 Charge 键关闭充气阀。

(2) 打开腔门，放入待沉积样品，关闭腔门。

4. 设置参数

(1) 在配置页面 Config Page(见图 8.17)中将设备调至自动模式 Automatic Mode。

(2) 打开温度控制器 H-Heater、H-PumpLine、H-Hottrap、H-Purge。

(3) 设定温度补偿参数 Temp Scale。

(4) 切换到自动页面 Auto Page，设定 H-Heater、H-PumpLine、H-Hottrap、H-Purge 的温度值。

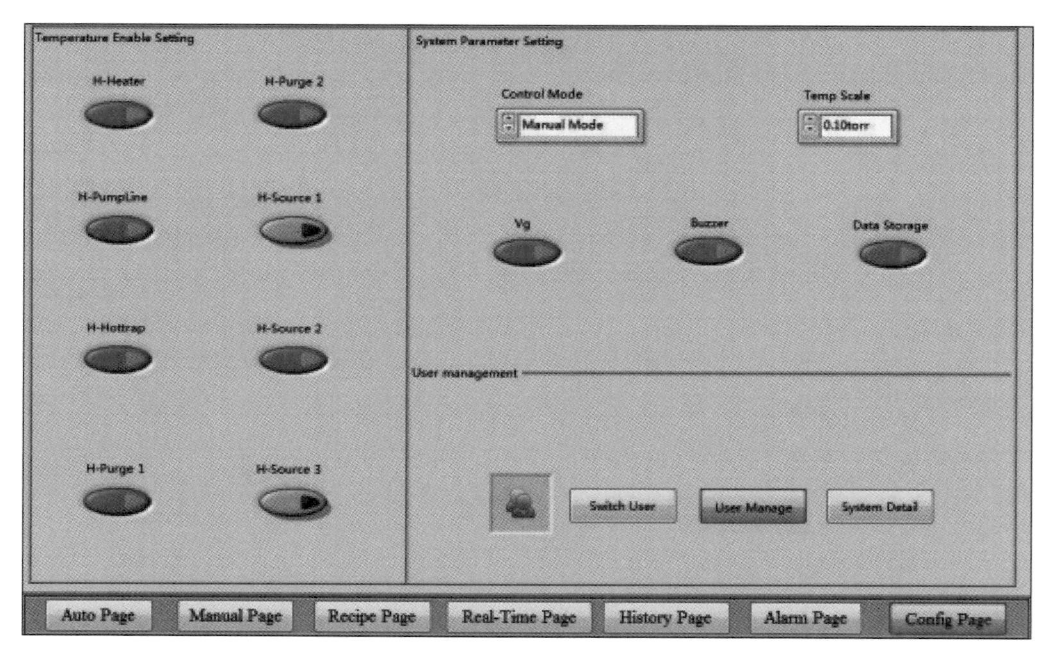

图 8.17　TALD-100A 原子层沉积系统阀门开关页面

5. 真空与加热流程

在自动页面 Auto Page 中，单击 Pump 启动真空泵，单击 MFC 打开流量计、单击 Heater 加热器开始加热，单击配置页面 Config Page 中 Vg 阀显示实时样品腔的压强。

6. 沉积工艺

(1) 切换至配方页面 Recipe Page(见图 8.18)，编写并保存配方。

(2) 在 Auto Page 中查看配方是否有误。

(3) 打开源瓶手动阀。

(4) 待温度与压力达到预设值后，Process 按钮会由灰变红，稳定半小时后单击 Process 按钮，开始沉积薄膜。

(5) 沉积完成后,关闭源瓶手动阀。

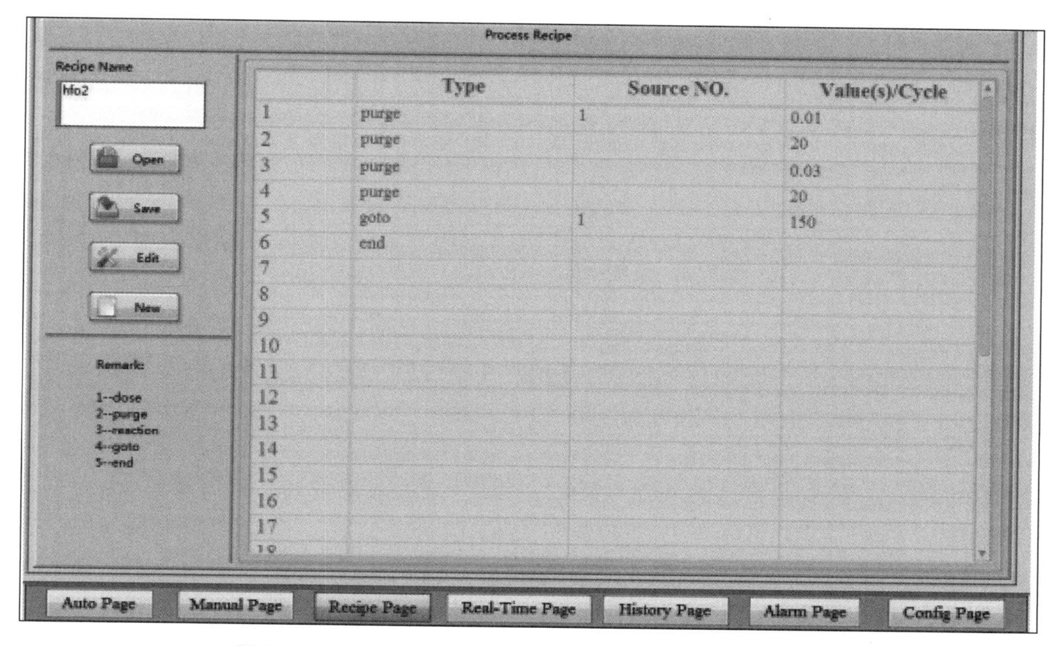

图 8.18 TALD-100A 原子层沉积系统设置配方参数页面

7. 吹扫管道

切换至配方页面 Recipe Page,打开吹扫管道工艺并运行。

8. 取片

(1) 关闭加热器、流量计、真空泵,单击 Charge 按钮打开充气阀对样品腔进行充气,当实时压力为 760Torr 时,再次单击 Charge 按钮关闭充气阀。

(2) 打开腔门,取出已沉积样品,关闭腔门。

(3) 单击 Pump 真空泵。

9. 关机

(1) 当达到真空后,关闭真空泵。

(2) 关闭软件与计算机,关闭设备电源,关闭设备供气。

第五篇

单项工艺4：掺杂

第9章 热处理和离子注入

9.1 热处理工艺

9.1.1 介绍

与其他半导体相比，硅晶圆的一个优点就是其耐高温处理的能力。硅片加工涉及许多高温(700～1200℃)过程。因为硅的自然氧化物——二氧化硅是一种非常稳定、高强度的介质材料，且在高温下较容易形成。这是硅成为主导集成电路产业的半导体材料的重要原因之一。集成电路芯片制造工艺从氧化过程开始，即生长一层二氧化硅来保护硅表面。之后，在高温炉中对硅片进行热处理，且在IC工艺流程中多次使用快速热处理。

9.1.2 热处理系统

热处理工艺通常在高温炉中进行。高温炉也被称为扩散炉，因为它在半导体工业的早期被广泛用于扩散掺杂过程。根据石英管和加热元件在系统中的放置方式，可以分为水平(卧式)和垂直(立式)两种高温炉。通常我们希望高温炉具有均匀性好、精确的温度控制、低颗粒污染、高生产率、高可靠性和低成本等优点。

高温炉由5个基本部分组成：控制系统、工艺炉管、输气系统、排气系统和晶圆装载系统。有些工艺的高温炉还需要真空系统。

与卧式炉相比，立式炉具有许多优点，如颗粒污染小、重晶圆承载能力强、更好的均匀性、更低的维护成本和更小的占地面积。对于一个工艺设备来说，拥有一个小的占地面积是非常重要的，因为在先进的集成电路芯片制造厂里洁净室空间是非常宝贵的。另外，由于晶圆是垂直堆叠的，所以大颗粒只会落在顶部的晶圆上，而不会落到下面的晶圆上。因此，立式炉在先进的半导体制造厂中更常用。

高温炉中的大部分零件，如晶圆舟、叶片和晶圆塔，都是由熔融石英制成的。石英是一种单晶二氧化硅，即使在高温下也非常稳定，但它的缺点是易碎和内部有金属杂质。因为石英不能屏蔽钠，所以微量的钠总是能穿透炉管，对晶圆上的器件造成污染和损坏。当温度高于1200℃时，炉管上可能会出现小的颗粒物，导致颗粒污染。

碳化硅是另一种用于制作高温炉的材料。与石英相比，碳化硅具有更高的热稳定性，也可以更好地屏蔽离子杂质。但碳化硅的缺点是它更重、更贵。随着器件尺寸的进一步缩小，越来越多的碳化硅零件被用于高温炉中，以满足更高的工艺要求。

高温炉的控制系统通常由一台计算机连接多个微控制器组成。每个微控制器都连接到高温炉其他系统的控制接口板，这些接口板控制工艺顺序，如晶圆的装卸，每一步的工艺温度、时间和升降温速率，工艺气体的流量、排放等。另外，控制系统还可以收集和分析工艺数据，编程工艺序列，并记录跟踪批号。

输气系统用于处理工艺所需气体，并根据需要将气体输送至反应室，即工艺炉管，如图9.1所示。输气系统由调节器、阀门、质量流量控制器(Mass Flow Controller，MFC)组成；它根据工艺需要向工艺炉管中分配气体。加工气体通常储存在远程气体柜的高压(超过100psi)气瓶中，调节器和阀门的作用是监控加工气体的压力。气体流量由MFC

精确控制，MFC 通过调节内部控制阀来控制流量，使测量的流量保持在工艺设定值。过滤器可防止杂质颗粒随气体流入工艺炉管，从而将颗粒污染降至最低。

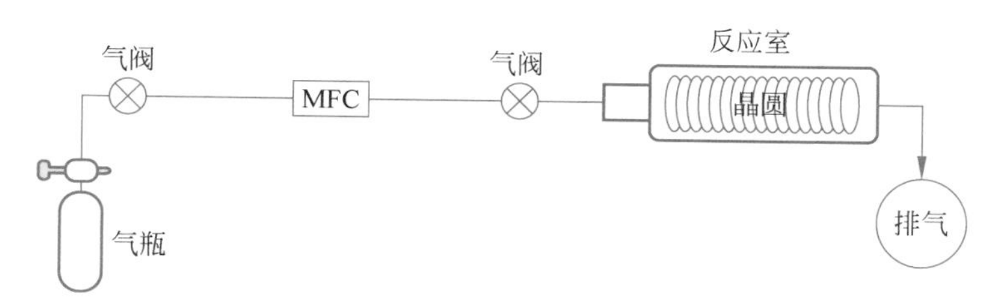

图 9.1 高温炉输气系统示意图

晶圆装载系统用于晶圆的装卸和临时存储。在热处理工艺开始前，晶圆装载系统将晶圆从晶圆盒中取出并装入石英舟中，然后将石英舟推入工艺炉管中。

热处理工艺的副产物和未使用的源气体通过排气系统从工艺炉管中排出。对于使用了易燃气体的热处理工艺，如硅烷（SiH_4）和氢气（H_2）等，额外需要一个处理废气的燃烧室。在燃烧室中，废气在氧气气氛下通过受控燃烧过程消耗，并减少为危害较小、活性低的氧化物化合物。过滤器用于去除燃烧过程中产生的颗粒，如在硅烷燃烧后产生的二氧化硅。在废气排入大气之前，一个带有水或水溶液的洗涤器将吸收大部分有毒和腐蚀性气体。

工艺炉管由石英管腔体和多个加热器组成，晶圆在工艺炉管中将经历高温过程。热电偶接触腔室壁并监测腔室温度。每个加热器由大电流电源独立供电。每个加热器的功率由热电偶数据通过微控制器反馈控制，当达到设定温度时变为稳定。炉管的中心温度平坦区的温度在1000℃时控制误差需在0.5℃以内。图9.2展示了水平和垂直高温炉的示意图。

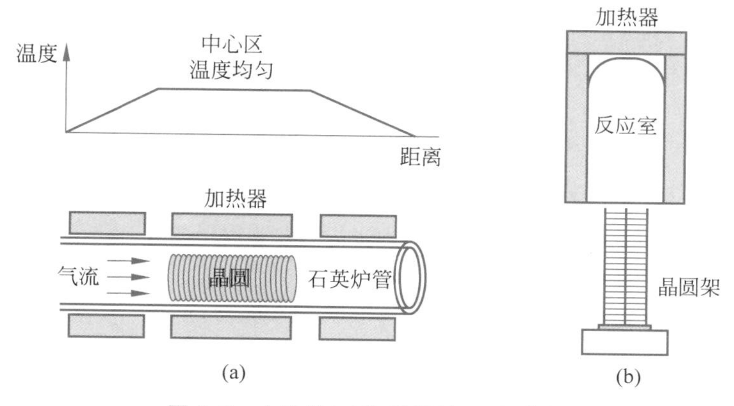

图 9.2 水平炉(a)和垂直炉(b)示意图

在水平炉中，晶圆被水平放置在石英舟上，然后将石英舟缓慢推入炉管中的温度平坦区域进行热处理。在加工之后，晶圆必须非常缓慢地拉出，以避免由于突然的温度变化引起的过大的热应力而产生晶圆翘曲。

在垂直炉中，晶圆被装入由石英或碳化硅制成的晶圆塔中。将晶圆面朝上放置在塔内，然后将晶圆塔慢慢提升到石英炉管中加热。之后，晶圆塔缓慢下降，以避免晶圆翘曲。

9.2 氧化工艺

9.2.1 介绍

氧化工艺是集成电路芯片制造中最重要的热处理工艺之一。它是一种添加过程，即向硅片中添加氧气，在硅片表面形成二氧化硅。硅与氧的反应性很强，因此在自然界中，大多数硅以二氧化硅的形式存在，如石英砂。硅与氧气的反应式为

$$Si + O_2 \longrightarrow SiO_2$$

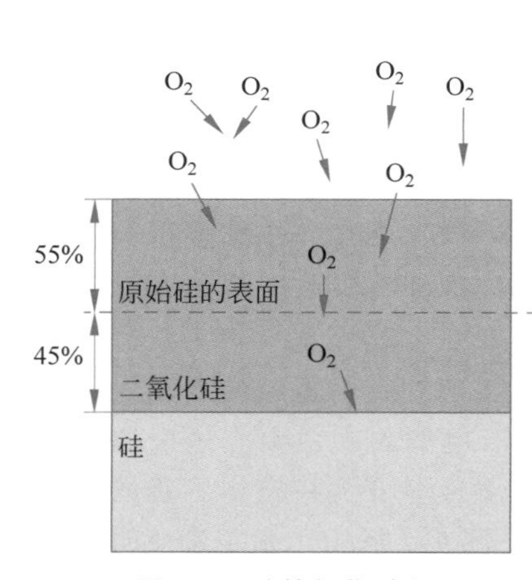

图 9.3 硅的氧化过程

二氧化硅是一种完全覆盖硅表面的致密材料。为了使硅继续氧化，氧分子必须在氧化层中扩散，才能到达下面的硅原子层并与其发生反应。不断增长的二氧化硅层逐渐阻碍和减缓氧气的扩散。当裸硅暴露在大气中时，它几乎立即与空气中的氧气或水分发生反应，并形成一薄层(10～20Å)二氧化硅，这被称为自然氧化物。自然氧化层的厚度已经足以阻止硅在室温下的进一步氧化。图 9.3 展示了硅氧化的过程，在氧化反应的过程中，氧原子来自气体，硅是固体衬底。因此，当二氧化硅生长时，它消耗衬底硅，并且薄膜也会生长到硅衬底中。氧是地壳中含量最丰富的元素，是继氮之后地球大气层中含量第二丰富的元素。

在高温下，热能会使氧分子快速移动，从而促使氧分子扩散进入现有的氧化层，并与硅反应形成更多的二氧化硅。温度越高，氧分子运动越快，氧化膜生长越快。氧化膜的质量也优于低温生长的薄膜。因此，为了获得高质量的氧化膜和较快的生长速度，通常在高温石英炉中进行氧化。氧化过程很缓慢，即使温度超过 1000℃，厚氧化硅层(＞5000Å)仍需要几个小时才能生长完。因此，氧化过程通常是批量进行的，同时加工大量(100～200 个)晶圆，以达到合格的生产能力。

9.2.2 氧化工艺的应用

硅的氧化工艺是集成电路芯片制造过程中最重要的基本工艺之一。二氧化硅有许多应用，其中之一是作为扩散掩模层材料。半导体工业中使用的大多数掺杂原子，如硼和磷，在二氧化硅中的扩散速率比在单晶硅中低得多。因此，通过在掩模氧化物层上刻蚀出窗口，就可以通过掺杂剂扩散工艺在指定区域掺杂硅衬底，如图 9.4 所示。

氧化物也常用于离子注入工艺的屏蔽层。它们可以用来阻挡溅射的光刻胶，防止其

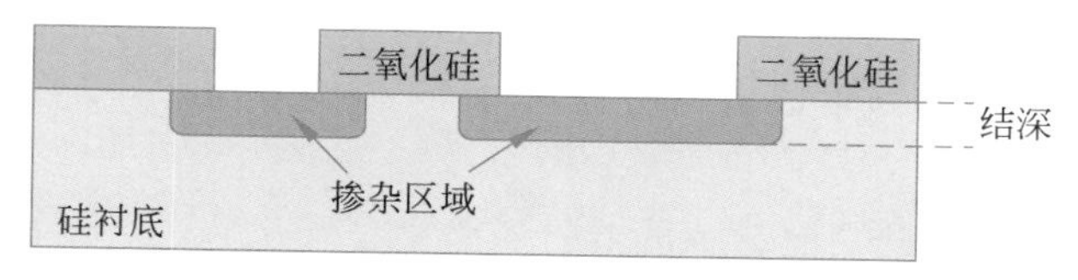

图 9.4 用于扩散掩模的 SiO_2 层

污染硅衬底；在入射离子进入单晶硅衬底之前，它们还可以通过散射作用使隧道效应减弱。屏蔽氧化层的厚度为 100～200Å。图 9.5 展示了用于离子注入的屏蔽氧化层。

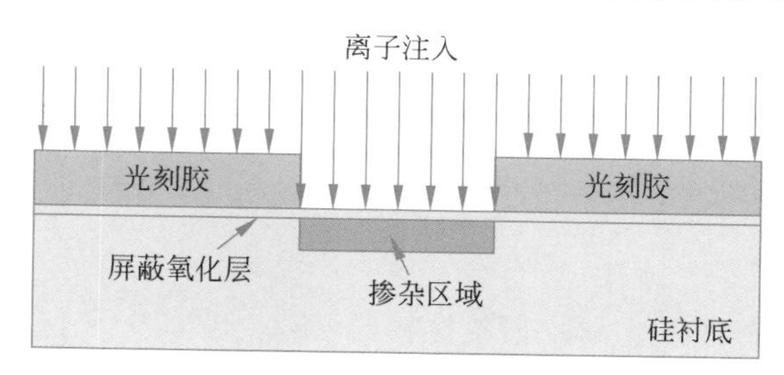

图 9.5 用于离子注入屏蔽的 SiO_2 层

在硅的局部氧化(LOCOS)隔离和浅槽隔离(STI)结构的制作中，热氧化生长的二氧化硅用作氮化硅的应力缓冲层。如果没有这层缓冲氧化物，LPCVD 氮化硅薄膜可能会由于高拉伸应力而开裂，在某些情况下甚至可以使硅片断裂。缓冲氧化层的厚度约为 150Å。二氧化硅还用作阻挡层，以防止在 STI 工艺中沟槽填充之前硅衬底受到污染。沟槽填充是一种介质材料化学气相沉积工艺，通过沉积未掺杂的硅玻璃(USG)以填充沟槽。STI 工艺用于相邻晶体管之间的电学隔离。由于化学气相沉积过程总是会带来少量的杂质，为了阻止可能的污染，一个致密的、热氧化生长的二氧化硅阻挡层是必要的。图 9.6 展示了 STI 工艺中的氧化物应力缓冲层和阻挡层。

图 9.6 STI 工艺中的 SiO_2 应力缓冲层和阻挡层

STI 工艺避免了 LOCOS 工艺的“鸟嘴”效应，并且 STI 具有更平坦的表面结构。自 20 世纪 90 年代中期开始，当集成电路特征尺寸小于 0.35μm 时，STI 逐渐取代 LOCOS 隔离工艺。

牺牲氧化层是生长在硅表面有源区上的一薄层二氧化硅，生长后立即在 HF 溶液中被去除。在栅氧化前，采用该工艺可以去除硅表面的损伤和缺陷。这种氧化物的生长和去除工艺有助于暴露无缺陷的硅表面，以生长出高质量的栅氧化层。

集成电路芯片中最薄、最重要的二氧化硅层是栅氧化层。在器件尺寸不断缩小的同时，栅氧化层的厚度从 20 世纪 60 年代的 1000Å 以上降低到 21 世纪中期高端芯片的 15Å 左右；集成电路芯片的工作电压从 12V 降低到 1.0V。栅氧化层的质量对器件的性能至关重要。栅氧化层中的任何缺陷、杂质或颗粒污染都会影响器件性能并显著降低芯片成品率。

9.2.3 氧化前清洗

热氧化生长的二氧化硅是一种非晶材料，并不稳定，其分子倾向于交联形成晶体结构，这也是二氧化硅在自然界中以石英或石英砂的形式存在的主要原因。由于非晶二氧化硅的晶化在室温下需要数百万年的时间，因此集成电路芯片中的非晶二氧化硅层在其寿命期内非常稳定。然而，二氧化硅的热氧化生长过程在高温（>1000℃）下进行，其结晶过程会显著加快。如果硅表面有污染物，那么在氧化过程中，缺陷和颗粒可以作为结晶的成核点，二氧化硅会生长成类似冬天在玻璃上形成的冰晶那样的多晶结构。我们不希望出现二氧化硅结晶，因为结晶的二氧化硅是不均匀的，其晶界可以为杂质和水分的进入提供路径。因此，对晶圆进行适当的氧化前清洗，去除晶圆表面的颗粒、有机和无机污染物、天然氧化物和表面缺陷，对于消除二氧化硅的晶化非常重要。

湿法清洗工艺是集成电路芯片制造厂最常用的清洗工艺。强氧化剂，如溶液 H_2SO_4：H_2O_2：H_2O 或 NH_4OH：H_2O_2：H_2O，可以去除颗粒和有机污染物。当晶圆浸入这些溶液中时，颗粒和有机污染物会被氧化，氧化副产物是气态的（如 CO 等）或会被溶解在溶液中（如 H_2O）。工业上通常使用 70～80℃、比例为 1：1：5～1：2：7 的 NH_4OH：H_2O_2：H_2O 溶液进行有机污染物的清洗。该清洗过程是由来自美国无线电公司（Radio Corporation of America，RCA）的 Kern 和 Puotinen 于 1960 年首次开发的，因此被称为 RCA 标准清洗-1（Standard Cleaning-1，SC-1）。在 SC-1 之后，硅片在浸泡槽中用去离子水冲洗并在旋转干燥器中干燥。

SC-1 和去离子水冲洗并干燥后，将晶圆浸入 70～80℃的组成比为 1：1：6 至 1：2：8 的 HCl：H_2O_2：H_2O 溶液中。称为 RCA 标准清洗-2（SC-2），即通过在低 pH 溶液中形成可溶副产物的方式来去除无机污染物。在 SC-2 工艺中，H_2O_2 氧化无机污染物，HCl 与氧化物反应形成可溶氯化物，去除晶圆表面无机污染物。SC-2 之后还有去离子水冲洗和干燥工艺。

硅表面的天然氧化物质量较差，需要去除，尤其是栅氧化层的制作，要求最高的硅衬底质量。HF 是一种常用于溶解二氧化硅的化学物质。天然氧化物的去除可以在含 HF：

H_2O 溶液的湿法刻蚀工作台上进行，也可以在 HF 蒸汽蚀刻机中进行，该蚀刻机使用 HF 蒸汽与二氧化硅反应并蒸发副产物。天然氧化物去除后，一些氟原子会与硅原子结合，在硅表面形成 Si-F 键。

9.2.4 热氧化的速率

氧开始与硅反应成一层二氧化硅后，会阻止后续硅原子与氧分子反应。当氧化物刚开始生长并且氧化层非常薄(<500Å)时，氧分子可以以很少的碰撞通过氧化层并到达硅衬底，在那里硅和氧分子发生反应并继续生长二氧化硅。这一阶段称为线性生长区，因为氧化物厚度随生长时间线性增加。当氧化膜厚度变厚时，氧分子不可避免地与氧化层内的原子发生多次碰撞后才会穿过氧化层。因此，氧分子必须先扩散到已生长的氧化物中，才能到达硅衬底表面，与硅反应，继续形成二氧化硅。这一过程称为扩散限制区，此时氧化物的生长速度比线性生长区慢。图 9.7 展示了二氧化硅热氧化生长的两种状态，方程式中的 A 和 B 是与氧化物生长速率相关的两个系数，它们由许多因素决定，例如，氧化温度、氧源(O_2 或 H_2O)、硅晶体取向、掺杂类型、气体浓度和压力等。

二氧化硅热氧化生长速率对温度非常敏感，因为氧在二氧化硅中的扩散速率与温度呈指数关系，即 $D\propto\exp\left(-\frac{E_a}{k_B T}\right)$。其中，$D$ 是扩散系数，E_a 是活化能，$k_B=2.38\times10^{-23}$ J/K 是玻耳兹曼常数，T 是温度。提高温度可以显著提高 B 和 B/A，提高氧化物的生长速率。

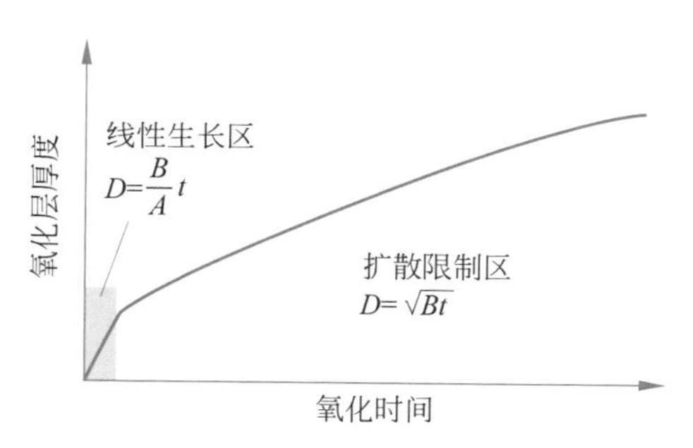

图 9.7 二氧化硅热氧化生长的两种状态

氧化物生长速率也与氧源有关。用 O_2 干法氧化比用 H_2O 湿法氧化的氧化物生长速率更低，这是因为氧分子 O_2 在二氧化硅中的扩散速率低于高温下 H_2O 分子离解产生的氢氧化物 HO 的扩散速率。干法和湿法热氧化过程的氧化物生长速率如图 9.8 和图 9.9 所示。

实验数据表明，湿法氧化比干法氧化快得多。例如，对于 1000℃下的<100>硅，湿法氧化的氧化层在 20 小时后可以生长到约 2.2μm，而干法氧化的氧化层仅生长到 0.34μm。这就是为什么湿法氧化工艺优选用于生长厚氧化层(例如，扩散的掩模和场氧化层等)的原因。

氧化物的生长速率也与单晶硅的晶向有关。通常，<111>晶向硅的氧化物生长速率

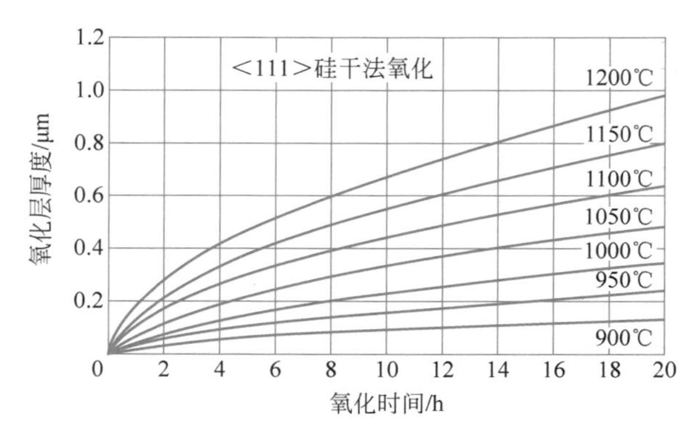

图 9.8　<100>硅的干法氧化速率

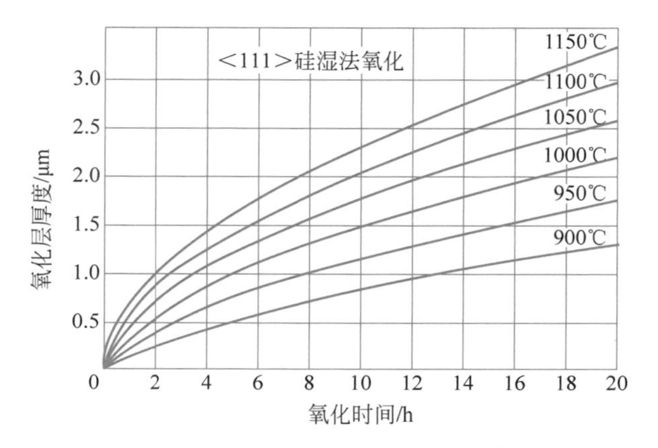

图 9.9　<100>硅的湿法氧化速率

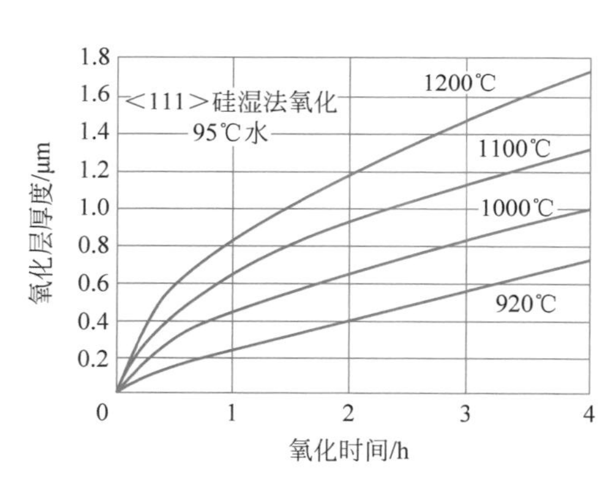

图 9.10　<111>硅的湿法氧化速率

高于<100>晶向硅。这是因为<111>硅表面的硅原子密度比<100>硅表面更高，可以提供更多的硅原子与氧反应并形成更厚的二氧化硅层。通过比较图 9.10（显示<111>硅的湿法氧化速率）和图 9.9（显示<100>硅的湿法氧化速率），可以明显看出，<111>硅上二氧化硅的生长速率高于<100>硅。

氧化速率与硅的掺杂种类和掺杂浓度有关。重掺杂硅通常比轻掺杂硅氧化得更快。在氧化过程中，硅中的硼容易扩散入二氧化硅中，从而导致硅-二氧化硅界面处硼浓度耗尽的状态。N 型掺杂如磷、砷和锑具有相反的效果。当氧化发生时，这些 N 型杂质会深入硅中。与扫雪机积起的雪类似，Si-SiO_2 界面中的 N 型掺杂浓度会明显高于其初始值。图 9.11 展示了 N 型掺杂硅氧化过程中的杂质积累效应和 P 型掺杂的耗尽效应。

热氧化速率还与反应过程中添加的气体有关，例如，在栅氧化层的生长过程中添加 HCl，氧化速率可提高 10%左右。

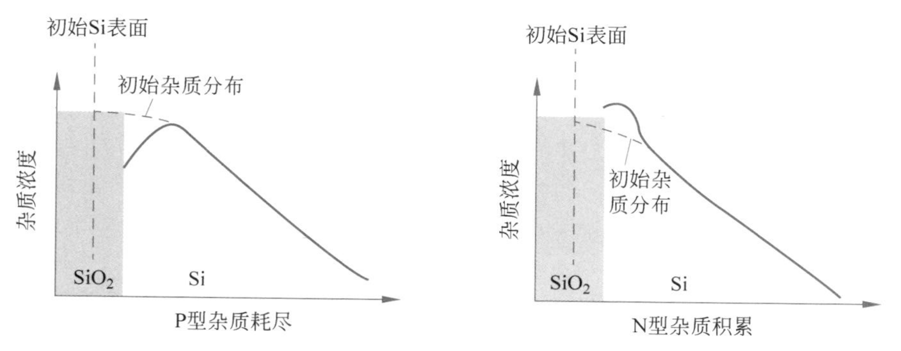

图 9.11 掺杂硅氧化过程中的杂质耗尽效应(P 型硅)和杂质积累效应(N 型硅)

9.2.5 干法氧化

干法氧化的生长速率比湿法氧化的更低，但氧化膜的质量更好。因此，薄氧化物，如屏蔽氧化层、缓冲氧化层，特别是栅氧化层，都使用干法氧化工艺。

大多数氧化系统中包含两种氮气(N_2)源：一种用于工艺(纯度较高)，另一种用于腔室净化(纯度较低，成本也较低)。因为氮气是一种非常稳定的气体，所以在系统闲置、晶圆装载、温度爬升、温度稳定和晶圆卸载步骤中，氮气用作氧化工艺中的惰性气体。对于干法氧化，在氧化步骤中使用高纯度氧气(O_2)作为氧源来氧化硅。

当温度超过 1150℃时，石英炉管会开始发生下陷，因此氧化过程不能在这样的温度下运行很长时间。干法氧化过程在 1000℃左右运行。在干法氧化中，HCl 通常通过与金属离子形成不动的氯化物化合物来去除可动的金属离子，特别是去除钠离子。这一点非常重要，因为微量钠会导致 MOS 晶体管故障，影响集成电路芯片的性能和可靠性。

在热氧化系统闲置期间，高温炉会始终保持在高温下，例如 850℃，因此工艺温度上升不需要太多时间。当系统长时间闲置时，必须一直使用清洗氮气气体填充工艺炉管。在晶圆装入之前，工艺氮气开始流入工艺炉管，即用更高纯度的氮气填充炉管。氧化工艺开始前，需要缓慢地将晶圆舟推入工艺炉管，以避免晶圆因温度突变引起的高热应力而翘曲。当晶圆舟放置在工艺管的温度平坦区域时，温度以 10℃/min 的速率上升。高温炉的温度不能上升太快，因为过快的升温很容易引起温度过冲甚至振荡。当高温炉达到工艺要求的设定温度(通常为 1000℃)后，需要使用氮气流进行温度稳定的步骤，使得温度振荡稳定下来，并使其最终达到设定温度的稳定状态。开始氧化过程时，通过打开氧气和 HCl 流并关闭氮气流，氧气开始与硅发生反应，并在硅片表面形成一层薄薄的二氧化硅。达到所需的氧化物厚度后，终止 O_2 和 HCl 流，开启氮气流。晶圆在高温下停留一段时间以使氧化物进一步退火，退火步骤可以提高二氧化硅的质量，使其更加致密，并降低界面状态，提高器件的击穿电压。薄栅氧化层(厚度约为 50Å)可在较低温度(如 700℃)下生长，因而可以通过延长氧化时间来控制氧化过程。氧化膜生长后，需在

>1000℃的氮气环境中退火，以改善氧化膜质量。经过氧化退火后，炉温逐渐冷却到闲置温度，晶圆舟在恒定的氮气流下缓慢地从炉中拉出。

9.2.6 湿法氧化

当用 H_2O 代替 O_2 作为氧源时，硅的氧化过程称为湿法氧化。化学反应可以表示为

$$2H_2O + Si \longrightarrow SiO_2 + 2H_2$$

在高温下，H_2O 可以分解并形成氢氧化物(HO)，它在二氧化硅中的扩散速度比 O_2 快。因此，湿法氧化工艺的氧化速率明显高于干法氧化工艺。湿法氧化用于生长厚的氧化物，如扩散掩模层和 LOCOS 隔离氧化物等。

有几种系统可以将水蒸气输送到高温炉的工艺炉管中。例如，汽锅(bolier)系统在高于 100℃的温度下蒸发水，水蒸气通过加热的气体管线流入工艺管；而在鼓泡器(bubbler)系统中，用氮气在加热的高纯去离子水中鼓泡，将水蒸气带入工艺管。图 9.12 是汽锅和鼓泡器系统的示意图。

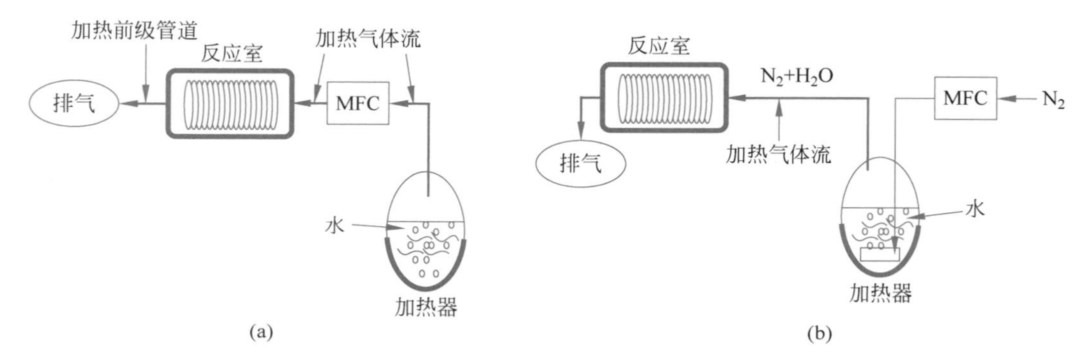

图 9.12　汽锅(a)和鼓泡器(b)系统的示意图

上述两种系统的主要缺点是它们不能精确控制进入工艺炉管的水蒸气量。另一种常用的湿法氧化系统是火焰蒸汽(pyrogenic steam)系统，该系统是在工艺炉管的入口处燃烧氢气，以便通过 H_2 和 O_2 之间的化学反应形成水蒸气：

$$2H_2 + O_2 \longrightarrow 2H_2O$$

该方法避免了处理液体和蒸汽的要求，并能精确控制流量；而其缺点是引入了易燃易爆的氢气。图 9.13 是火焰蒸汽系统的示意图。由于氢气的使用，在将废气排放到大气中之前，排气系统中需要一个燃烧室来燃烧掉所有残余的氢气。

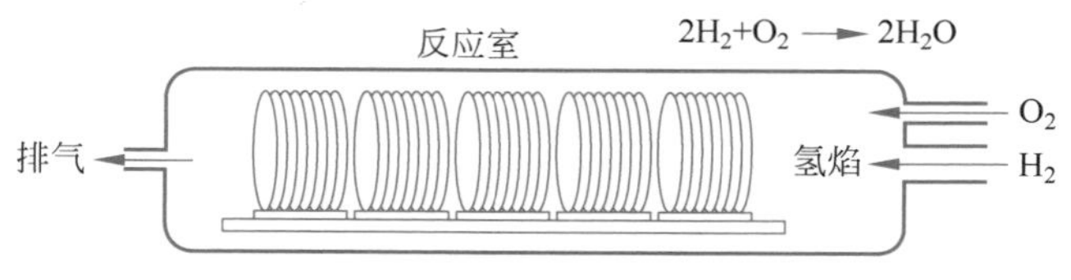

图 9.13　火焰蒸汽系统示意图

氢气的自燃温度约为400℃，当高温炉的炉管中同时通入氧气和氢气时，氢气将自动与氧气发生反应，并在管内形成蒸汽。在火焰蒸汽法氧化的工艺过程中，氢气和氧气的流量比是非常关键的。H_2∶O_2的正常流量比应略低于2∶1，以确保存在过量的氧气，从而在反应过程中充分燃烧掉氢气；否则，氢气会在管子内积聚，引起爆炸。典型的H_2∶O_2比是1.8∶1～1.9∶1。通常，采用火焰蒸汽法氧化会在晶圆推入、温度上升和温度稳定的步骤中先通入氧气，有助于在晶圆表面先生长一层质量更好的干法氧化物薄层(几百埃)，可以阻挡质量较差的蒸汽氧化物在硅表面生长，有助于减少硅-二氧化硅界面的缺陷。火焰蒸汽氧化完成后，先停止供应氢气，而氧气不断流入炉管以清除残余的氢气，而且氧气流也有助于减少氢进入蒸汽氧化物。

9.2.7 高压氧化

增加反应气压会增加反应腔中的氧气或蒸汽浓度及其在二氧化硅内部的扩散速率，有助于提高氧化速率。在保证氧化厚度的情况下，高压氧化可以在相同的氧化温度下缩短氧化时间，也可以在相同的氧化时间下降低氧化温度。通常，增加一个大气压可使氧化温度降低30℃。高压氧化所需的系统不同于其他类型氧化所需的系统，出于对系统复杂性和安全性的考虑，高压氧化工艺在集成电路制造中并不十分流行。

9.2.8 氧化层的测量

监测氧化过程意味着需要测量氧化层厚度及其均匀性。椭偏法常用于测量介质薄膜的折射率和厚度。当光束被薄膜表面反射时，其偏振状态发生变化，通过测量这种变化，可以获得有关薄膜折射率和厚度的信息。由于测得的椭圆偏振量是膜厚的周期函数，因此需要预先确定膜厚的近似值。

生长氧化物后，硅晶圆表面的颜色会发生变化。该颜色取决于薄膜厚度、折射率和光的角度。来自氧化物表面的反射光和来自Si-SiO_2界面的反射光具有相同的频率，但光程和相位不同，如图9.14所示。由于折射率是波长的函数，两个反射光相互干涉，在不同的波长上产生相消和相长干涉。晶圆表面的颜色是由干涉频率决定的

$$\Delta\Phi=\frac{2tn(\lambda)}{\cos\theta}=2N\pi$$

式中，t是薄膜厚度，$n(\lambda)$是薄膜折射率，θ是入射角，N是整数。

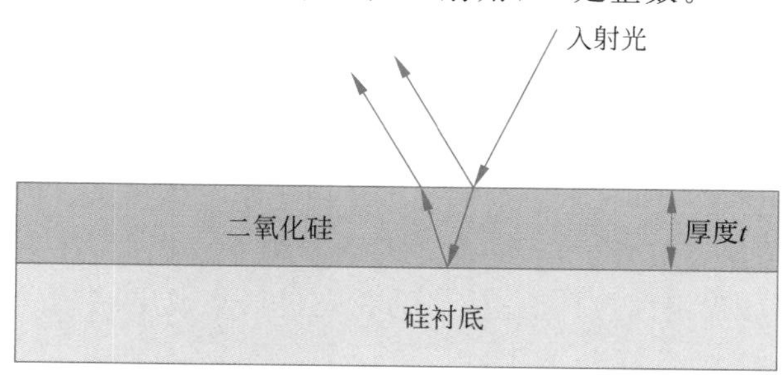

图9.14 SiO_2表面和Si-SiO_2界面的反射光具有不同的光程和相位

根据晶圆颜色可以简易地判断氧化膜的厚度，虽然该方法不用于集成电路制造厂的氧化膜厚度测量，但它仍然是快速估计氧化层厚度和检测明显不均匀性问题的有用方法。为了精确测量二氧化硅厚度，可以使用反射光谱法。它测量不同波长的反射光强度，根据反射光强度与光波长的关系计算薄膜厚度。

对于栅氧化层来说，测量击穿电压和界面电荷是非常重要的，这些测量可以通过在氧化层上沉积图案化的导体层以形成金属-氧化物-半导体电容来实现。通过施加偏置电压，电容对外加电压的响应即 C-V 曲线给出了 Si-SiO_2 界面电荷的信息。通过增加偏压直到二氧化硅层击穿，可以测量击穿电压。通过使用更高的测试温度，例如 250℃，热应力可以加速器件的失效，帮助预测器件的寿命。

9.2.9 氧化工艺的发展

当特征尺寸持续减小时，STI 逐渐取代了 LOCOS 结构来隔离相邻的晶体管。在集成电路芯片制造中不再需要生长厚的氧化层，大多数氧化过程都以生长薄的氧化层为目的，例如缓冲层、屏蔽层、阻挡层和栅氧化层等，这些氧化层都是在干法氧化工艺中生长的。

栅氧化层的氮化可以增加薄膜的介电常数并有助于降低有效氧化物厚度(Effective Oxide Thickness，EOT)，同时保持足够的栅氧化层的物理厚度以防止电击穿。栅氧化层的氮化可以通过在一氧化氮(NO)气氛中热退火实现，也可以在氮气等离子体中完成，然后在氮气环境中退火。

9.3 扩散掺杂工艺

9.3.1 介绍

半导体材料最重要的特性之一便是其导电性可以通过掺入杂质来调控。

纯净单晶硅的电阻率很高，而且晶体越纯净，电阻率就越高。通过添加硼(B)、磷(P)、砷(As)和锑(Sb)等杂质，可以提高单晶硅的导电性。硼是一种 P 型杂质，其原子在最外层轨道(价电子层)只有三个电子。当硼原子取代单晶硅晶格中的硅原子时，就会在单晶硅中产生空穴。空穴是带正电荷的载流子。磷、砷和锑原子的价电子层中有五个电子，因此它们能电离出在单晶硅中可动的电子，因为电子带有负电荷，所以 P、As 和 Sb 称为 N 型杂质，含有这些杂质的半导体称为 N 型半导体。半导体材料，例如硅、锗和Ⅲ-Ⅵ族化合物(如砷化镓)等，在集成电路芯片制造中通常均可掺入 N 型或 P 型杂质。半导体的掺杂有两种方法：扩散和离子注入。

在早期的集成电路工业中，扩散工艺被广泛用于半导体掺杂。因为硅的扩散掺杂工艺最常用的工具是高温石英管炉，所以它也称为扩散炉。因此，在集成电路芯片制造厂中，高温炉所在的区域也被称为扩散室，但是在先进的集成电路芯片制造厂中已经很少使用扩散工艺了。

扩散是物质在分子热运动的驱动下从高浓度区向低浓度区运动的一种基本物理现

象。扩散过程随时随地都在发生。香水在空气中扩散是一个很好的例子；糖、盐和墨水在液体中也会扩散；木头浸泡在水或油中会逐渐被浸润，这是液体扩散进固体的一个例子。

扩散掺杂工艺主导了早期的集成电路工业。通过在高温下将高浓度的掺杂杂质引入硅表面，杂质可以扩散到硅衬底中，从而改变硅的导电性。扩散掺杂工艺所形成的杂质浓度是随扩散深度递减的，当衬底中扩散的杂质浓度等于衬底的本征掺杂浓度时，该深度即称为结深。图9.15显示了结深的定义。

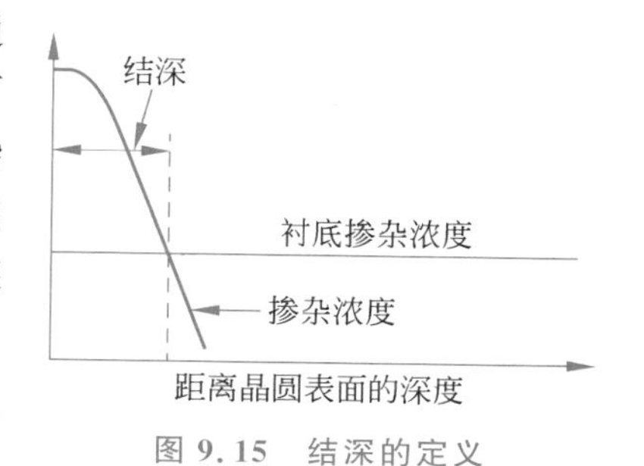

图9.15 结深的定义

由于固体材料中的扩散速率与温度呈指数关系[$D \propto \exp(-E_a/k_B T)$]，因此在高温下扩散过程会显著加速($E_a$ 是活化能，k_B 是玻耳兹曼常数，T 是温度)。

对于半导体工艺中的大多数掺杂杂质，如硼和磷，它们在二氧化硅中的活化能高于在单晶硅中的活化能，而且它们在二氧化硅中的扩散速率远低于在硅中的扩散速率。因此，二氧化硅可用作扩散的掩模来进行硅表面指定区域的掺杂。

与离子注入掺杂工艺相比，扩散掺杂工艺存在一些缺点。例如，它不能独立地控制掺杂浓度和结深。扩散是一个各向同性的过程，因此杂质会在掩模氧化物下方横向扩散。

在先进的集成电路芯片制造工艺中，与扩散过程相关的一个重要概念是热预算。任何高温过程都会导致杂质在硅衬底中的扩散，如源/漏掺杂完成后的热退火过程会使源/漏结发生扩展，如果它们扩展得太多，那么器件性能会受到极大影响。可见，热预算通常由栅极尺寸决定，栅极尺寸通常是芯片的最小特征尺寸。栅极宽度越小，源/漏结扩散的空间越小，因此热预算越小。随着特征尺寸的不断缩小，晶圆在进行高温热处理(>1000℃)工艺时的时间必须减少，以严格地控制热预算。

9.3.2 扩散工艺步骤

常用的扩散掺杂工艺过程包含两个步骤：预沉积(pre-deposition)和推进(drive-in)。首先，在1050℃下在晶圆表面上沉积一层杂质氧化物，如 B_2O_3 或 P_2O_5，随后进行热氧化过程，消耗残余的杂质气体并在晶圆表面生长一层二氧化硅，用于覆盖杂质并防止其向外扩散。最常用的硼和磷源[二硼烷(B_2H_6)和氧氯化磷($POCl_3$，通常称为POCL)]的预沉积和覆盖层氧化反应的化学反应可表示为

$$\text{硼：} B_2H_6 + 2O_2 \longrightarrow B_2O_3 + 3H_2O$$

$$2B_2O_3 + 3Si \longrightarrow 3SiO_2 + 4B$$

$$2H_2O + Si \longrightarrow SiO_2 + 2H_2$$

$$\text{磷：} 4POCl_3 + 3O_2 \longrightarrow 2P_2O_5 + 6Cl_2$$

$$2P_2O_5 + 5Si \longrightarrow 5SiO_2 + 4P$$

二硼烷(B_2H_6)是一种有毒气体，带有类似于烧焦巧克力的甜味。如果通过皮肤吸

收或直接吸入，可能致命。二硼烷易燃，自燃温度为56℃，当二硼烷在空气中的浓度高于0.8%时会发生爆炸。POCL是一种腐蚀性液体，可导致皮肤或眼睛灼伤。POCL蒸汽对皮肤、眼睛和肺部有刺激性，可引起头晕、头痛、食欲不振、恶心和肺损伤等。其他常用的N型掺杂化学品是砷化氢（AsH_3）和磷化氢（PH_3），它们都有毒，且易燃、易爆。它们的预沉积和氧化反应与二硼烷（B_2H_6）非常相似。

在预沉积和覆盖层氧化之后，工艺炉管的温度会在氧气环境中升高到1200℃，为杂质原子快速扩散到硅衬底提供足够的热能。推进时间由所需的结深决定，并且可以根据每种杂质扩散的理论公式轻松计算。图9.16展示了扩散掺杂工艺中的预沉积、覆盖层氧化和推进过程。扩散掺杂工艺不能分别控制掺杂浓度和结深，因为两者都与加工温度和时间密切相关。扩散过程是一个各向同性的过程，掺杂原子总是会在掩模二氧化硅下面横向扩散。当进行较小特征尺寸器件的掺杂工艺时，扩散可能会导致相邻的PN结短路。因此，在20世纪70年代中期引入离子注入掺杂工艺后，它很快取代了扩散掺杂工艺。目前在先进的集成电路芯片制造工艺中，几乎所有的半导体掺杂都是通过离子注入工艺而不是扩散工艺来完成的，因为离子注入可以更好地控制掺杂的浓度和分布。在先进集成电路芯片制造工艺中，扩散的主要应用是在阱注入之后的退火过程中完成掺杂杂质的推进。

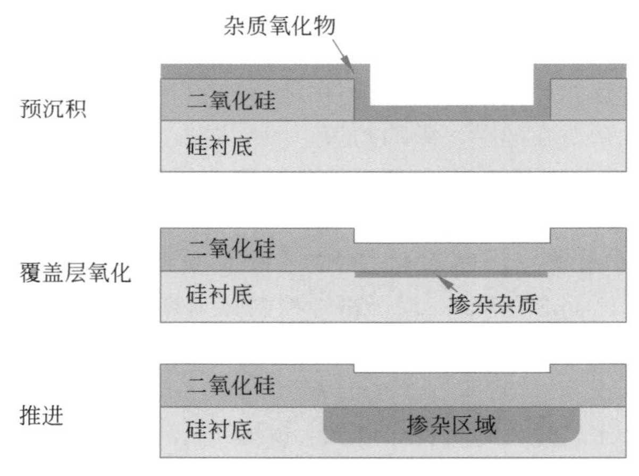

图9.16　扩散掺杂工艺中的预沉积、覆盖层氧化和推进过程示意图

9.3.3　掺杂的测量

四探针法是监测掺杂工艺最常用的测量方法之一。硅的电阻率与掺杂浓度有关，因此，测量硅表面的方块电阻可以提供掺杂浓度的信息。导线的电阻可以表示为

$$R=\rho\frac{L}{A}$$

式中，R是电阻，ρ是导体的电阻率，L是导线的长度，A是导线横截面的面积。如果导线是具有矩形横截面的条带，则横截面的面积可以写为宽度W和厚度t的乘积。导线电阻可表示为

$$R=\rho\frac{L}{Wt}$$

对于正方形薄片，长度等于宽度，即 $L=W$，它们可以相互抵消。因此，方形导电薄片的电阻(定义为方块电阻)可以表示为

$$R_{\mathrm{s}}=\frac{\rho}{t}$$

掺杂硅的电阻率 ρ 主要由杂质浓度决定，厚度 t 主要由掺杂结深决定。因此，方块电阻的测量可以提供有关掺杂浓度和结深的信息。

如图 9.17 所示，四探针法通过在两个探针之间施加一定的电流并测量另两个探针之间的电压差，可以计算出方块电阻。由于四探针法直接接触晶圆并会在晶圆表面产生缺陷，因此它仅用于测试晶圆的工艺开发、鉴定和控制。在测量过程中，探针必须以足够的力接触硅表面，以使探针穿透薄的(10～20Å)天然氧化物层(掺杂区域)，从而与硅表面形成良好接触。

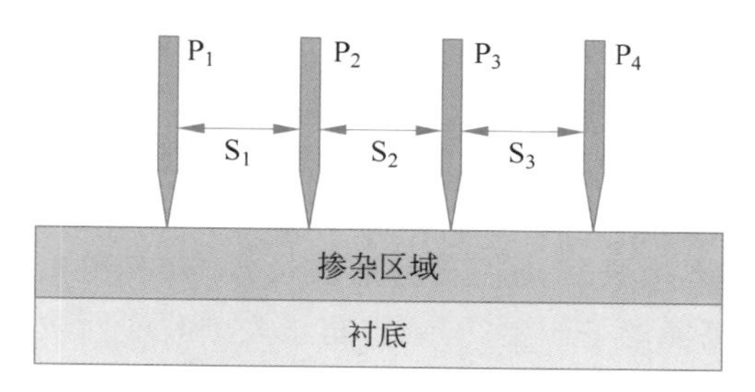

图 9.17　四探针法测量方块电阻

9.4 离子注入掺杂工艺

9.4.1 介绍

离子注入工艺是将杂质原子通过高能离子束注入半导体衬底中的一种添加过程，是当今半导体工业中占主导地位的掺杂方法。

在 20 世纪 70 年代中期以前，掺杂通常采用扩散工艺。目前，在先进的集成电路芯片制造厂中，很少使用扩散掺杂工艺，高温炉主要用于氧化和退火工艺。1954 年，晶体管的三位发明者之一威廉·肖克利在贝尔实验室首次提出了用离子注入技术来实现掺杂半导体的想法。离子注入机的设计直接应用了加速器结构和同位素分离技术。20 世纪 70 年代中期离子注入技术的引入彻底改变了集成电路的制造工艺。图 9.18 展示了采用离子注入技术的自对准源/漏掺杂工艺，解决了栅极对准的难题。在这种工艺下，生长栅氧化层后，便沉积多晶硅并光刻和蚀刻出多晶硅栅极。去除光刻胶后，采用大束流离子注入掺杂工艺形成源/漏区，由于多晶硅栅结构和场氧化层可以阻挡离子，所以源/漏区始终与多晶硅栅对准。由于高能掺杂离子轰击会损伤硅衬底的单晶结构，因此需要高温(>1000℃)退火过程来修复晶格损伤并激活杂质原子。

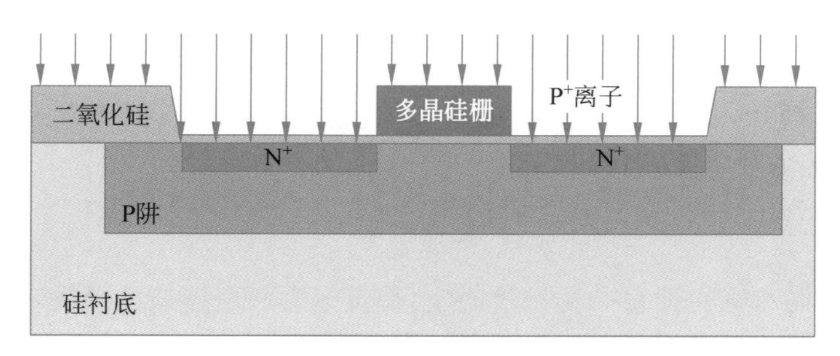

图 9.18 采用离子注入技术实现自对准源/漏掺杂工艺

9.4.2 离子注入的优点

与扩散工艺相比,离子注入能够更好地控制掺杂过程。例如,离子注入可以独立地控制掺杂浓度和结深。掺杂浓度可以通过离子束流和注入时间来控制,结深可以通过离子能量来控制。离子注入工艺的掺杂浓度范围很广。扩散过程是一个高温过程,并且需要二氧化硅硬掩模。在扩散之前,需要生长一层厚的氧化层,然后进行图形化和蚀刻以确定需要掺杂的区域。离子注入过程在室温下完成,一层光刻胶就可以阻挡高能杂质离子。光刻胶的厚度由注入离子的种类和离子能量决定。因此,与扩散工艺相比,离子注入成本较低,因为它不需要生长氧化物和刻蚀。当然,离子注入机的晶片夹持器需要配置一个冷却系统以消除高能离子产生的热量,防止光刻胶变性或碳化。

离子注入机的质量分析器能准确地选择需要注入的离子种类,并产生非常纯净的离子束,离子注入过程总是在高真空、清洁环境中进行,因此离子注入产生元素污染的可能性比较小。离子注入是一个各向异性的过程,掺杂离子主要沿垂直方向注入硅中。掺杂区域非常清晰地反映了光刻胶掩模定义的区域。扩散是一个各向同性的过程;掺杂剂总是在二氧化硅硬掩模下面横向扩散。对于较小的特征尺寸,利用扩散工艺形成掺杂结是非常困难的。图 9.19 展示了扩散和离子注入掺杂工艺的比较。

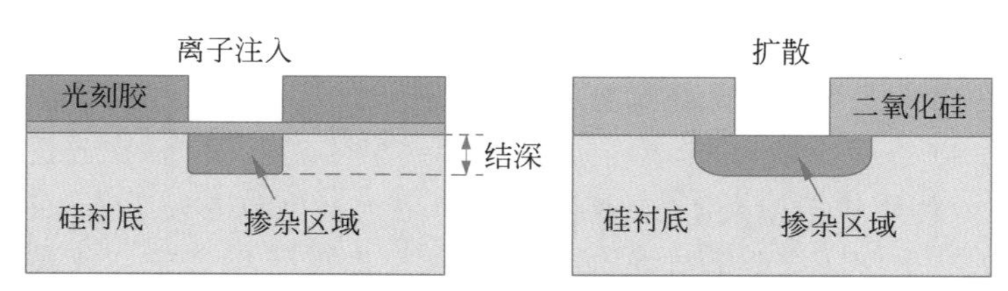

图 9.19 扩散和离子注入掺杂工艺的比较

9.4.3 离子注入基础

1. 离子的阻止机制

当离子轰击并入射硅衬底时,它们会与晶格原子发生碰撞。然后离子逐渐失去能量,最终停在硅衬底中,有两种阻止机制。当入射离子与晶格原子的原子核发生碰撞时,注入离子受到了明显的散射作用,并将能量传递给晶格原子,这是核阻止机制过程。在这种硬碰撞中,晶格原子吸收了足够的能量,并使其脱离晶格结合能,导致晶体结构的无序或破坏晶体结构。另一种阻止机制是入射离子与晶格原子的电子碰撞,与电子碰撞后入射离子的路径几乎不变,能量转移非常小,晶体结构损伤可以忽略不计,这种软碰撞称为电子阻止机制。阻止本领(stopping power)即离子在衬底内每单位距离的能量损失,可以表示为

$$S_{\text{total}} = S_n + S_e$$

其中,S_n 是核阻止本领,S_e 是电子阻止本领。图 9.20 展示了离子注入的不同阻止机制。离子注入过程的离子能量范围从超浅结(USJ)的超低能(0.1keV),到深阱注入的高能(1MeV)。核阻止是低能量和高原子序数离子注入过程的主要阻止机制;在高能量、低原子序数的离子注入中,电子阻止机制更为重要。

2. 离子的投影射程

当一个高能离子入射到衬底中后,它通过与衬底中的电子和原子核的碰撞而逐渐失去能量,最终停在衬底内部。图 9.21 显示了离子在衬底内的轨迹和离子的投影射程。

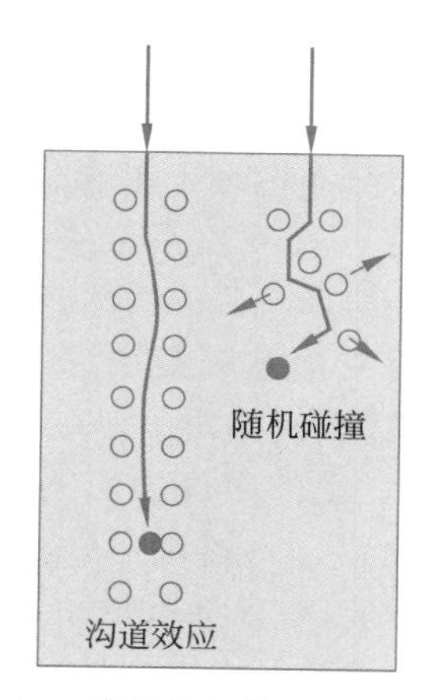

图 9.20 离子注入的不同阻止机制

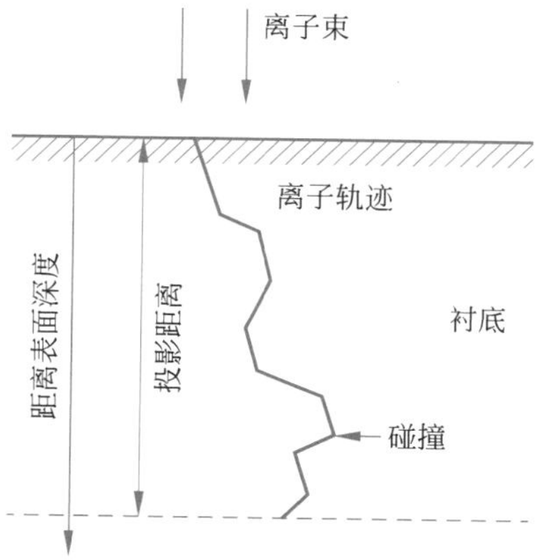

图 9.21 离子在衬底内的轨迹和离子的投影射程

一般来说,离子能量越高,离子穿透到衬底的深度就越深。然而,即使具有相同的注入能量,离子也不会全部停在衬底的同一深度,因为每个离子都会与不同的原子产生不同的碰撞,导致每个离子停在不同的地方。离子的投影射程总是遵循一种分布规律,如图 9.22 所示。高能离子束能深入到衬底中,因此具有更长的离子投影射程。较小、较轻的离子具有较小的碰撞截面;因此,在相同的离子能量下,较大、较重的离子可以穿透到衬底的更深处。图 9.23 显示了硅衬底中硼、磷、砷和锑离子在不同能量下的投影射程。离子的射程是离子注入的一个重要参数,因为它揭示了特定掺杂结深所需的离子能量,并决定了离子注入过程所需的注入阻挡层厚度。

3. 沟道效应

离子在非晶态材料中的投影射程服从高斯分布(也称为正态分布)。在单晶硅中,晶格原子有序排列,在某些角度可以看到许多通道。如图 9.20 所示,如果离子以相同的角

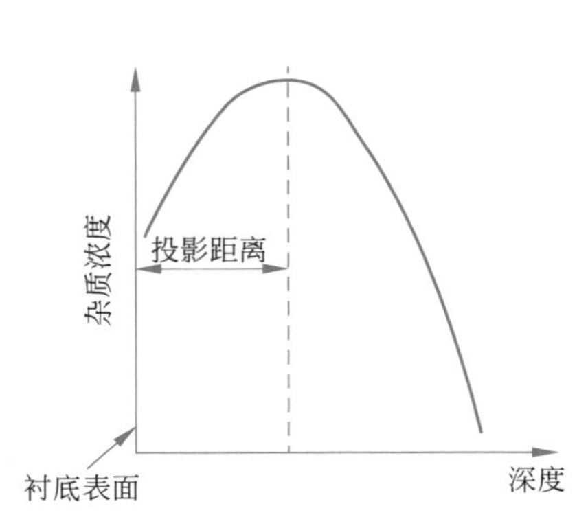

图 9.22 离子投影射程的分布

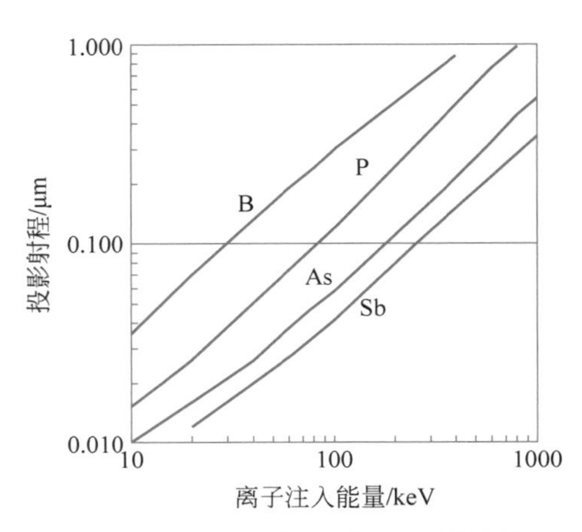

图 9.23 不同能量的硼、磷、砷和锑离子在硅衬底中的投影射程

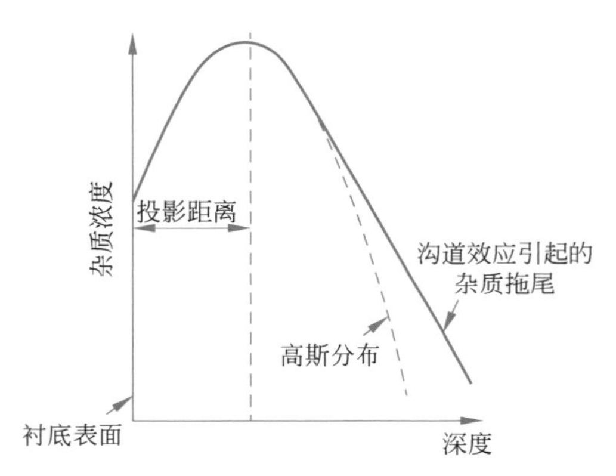

图 9.24 沟道效应对离子投影射程分布的影响

度注入单晶硅中，那么它可以沿着通道运行很长的距离。这种效应称为沟道效应。沟道效应会使注入离子在单晶衬底中的注入深度非常深，并导致杂质的正态分布曲线上出现“尾巴”，如图 9.24 所示。这是一种我们不希望出现的掺杂形貌，因为它可能会影响器件的性能。

减小沟道效应的一种方法是在进行离子注入时倾斜晶圆，通常倾斜角度 $\theta=7°$。通过倾斜晶圆，离子将以一定的角度撞击晶圆，这可以防止离子穿入通道。入射离子在进入硅衬底后立即发生核碰撞，有效地降低了隧道效应。大多数离子注入工艺都使用这种技术，离子注入机使用的大多数晶片夹持器都具有调整晶片倾斜角度的能力。

另一种广泛用于应对沟道效应的方法是在离子注入前生长一层薄薄的二氧化硅屏蔽层。热生长的二氧化硅是一种非晶材料，注入离子在进入单晶硅衬底之前会与屏蔽层中的硅原子和氧原子发生碰撞和散射。由于碰撞散射，离子与硅晶体的倾角会在更宽的范围内分布，从而减少了离子进入通道的概率。上述的屏蔽氧化物还可以防止硅衬底被掩模光刻胶接触和污染。在某些情况下，屏蔽氧化物和晶圆倾斜都被用来减弱离子注入过程中的沟道效应。屏蔽层存在的问题是，该层中的一些原子可以从高能离子中获得足够的能量，从而将自身注入硅中。对于二氧化硅屏蔽层，氧原子有可能被注入硅衬底中，在靠近氧化硅界面的衬底中形成一个富氧区域，该富氧区域会降低载流子迁移率并引入深能级陷阱。因此，在一些注入工艺中，不能使用屏蔽氧化物。在某些情况下，需要在离子注入后生长牺牲氧化层并去除来去除富氧硅区域。在生长牺牲氧化层的过程中，注入引起的晶体损伤可以被退火修复，氧化层生长到硅衬底中可消耗富氧区。牺牲氧化层的去除有助于去除表面缺陷和富氧区。然而，这种技术对于 USJ 注入是不可行的。

高束流的硅或锗离子注入会严重破坏单晶的晶格结构，并在晶圆表面附近形成非晶层。通过使用Si或Ge预非晶化注入工艺，可以完全消除沟道效应，因为在非晶衬底中，由离子注入形成的掺杂遵循高斯分布，这是可预测、可重复和可控的。这种预非晶化注入的解决方法额外增加了离子注入的步骤，从而提高了生产成本。此外，随着特征尺寸的缩小，退火的热预算也随之减少。对于先进的集成电路纳米工艺节点，热预算的限制可能使晶圆无法得到完全退火和恢复由预非晶化注入引起的晶格损伤，而可能导致较高的结泄漏电流。

4. 损伤和退火

在离子注入过程中，离子通过与晶格原子碰撞而逐渐失去能量，并在该过程中将能量转移到这些原子上。如果所转移的能量足够高(通常约为25eV)，则会使这些原子从晶格结合能中挣脱。这些挣脱的原子在衬底内部移动时也会与其他晶格原子发生碰撞，并可能将它们从晶格中碰撞出来。这些过程持续发生，直到所有挣脱的原子都没有足够的能量再碰撞出新的原子。一个高能离子可以使成千上万的晶格原子发生位移。高能离子注入造成的晶格损伤如图9.25所示。损伤效应与离子的种类、剂量、能量和质量有关。损伤随注入离子的剂量和能量的增加而增加。如果注入剂量足够大，那么在离子注入范围内，衬底表面附近的晶体结构将被完全破坏，变成非晶态。

为了达到器件使用要求，必须使用退火工艺修复晶格损伤，以恢复单晶结构并激活杂质。只有当杂质原子处于替位式杂质时，它们才能有效地提供电子或空穴。在高温退火过程中，原子的随机热运动加强，它们会自发移动到单晶点阵位置，因为在点阵位置具有最低的自由能。由于下方未受损的衬底是单晶硅，因此受损非晶层中的硅和掺杂原子将落入晶格中重建单晶结构。图9.26展示了热退火工艺中的晶体结构恢复和杂质激活的过程。

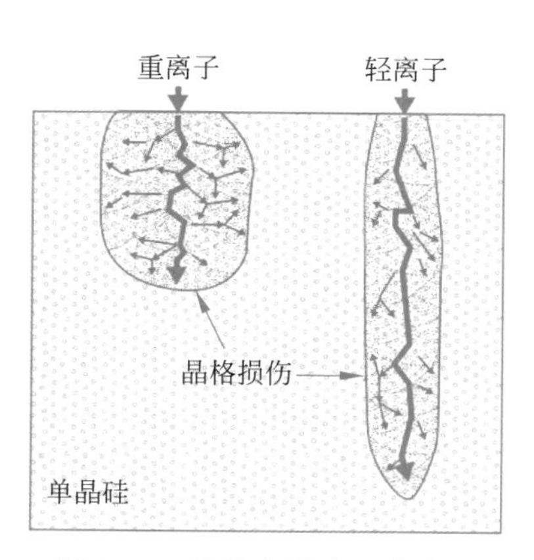

图9.25 高能离子注入造成的晶格损伤

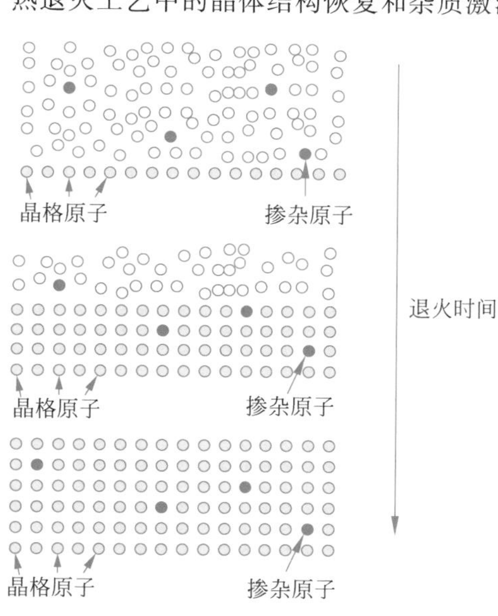

图9.26 热退火工艺中的晶体结构恢复和杂质激活的过程

9.4.4 离子注入系统

离子注入机是一个非常大的设备，是集成电路芯片制造厂中最大的加工系统之一。它包括束线系统和气体、真空、电气、控制等辅助系统。其中，最重要的是束线系统，如图 9.27 所示。

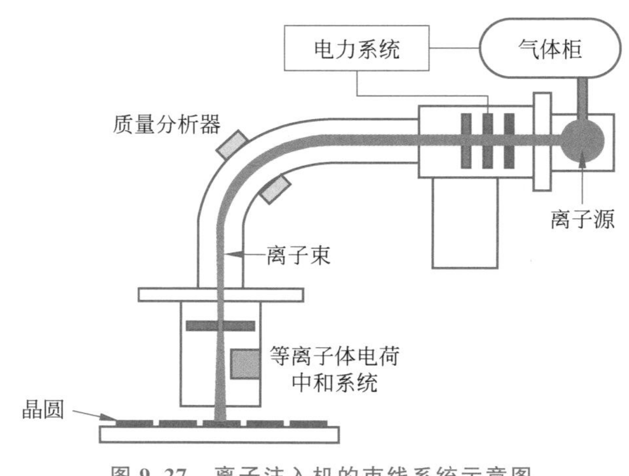

图 9.27 离子注入机的束线系统示意图

1. 气体系统

离子注入机使用许多危险的气体和蒸汽来产生掺杂离子。例如，易燃和有毒气体，如砷化氢、磷化氢和二硼烷；腐蚀性气体，如三氟化硼；以及有害固体材料的蒸汽，如硼和磷。为了降低这些有害气体泄漏的风险，离子注入机里有一个特殊的气体柜用来储存这些化学物质。

2. 电力系统

为了产生高能离子，需要高压直流电源来加速离子。通常情况下，离子注入机配备高达数百千伏的直流电源系统。产生离子的离子源通常是热灯丝或射频等离子体系统，一个热灯丝系统需要大电流和几百伏特的偏置电源，而一个射频离子源需要大约一千瓦的射频电源。电源系统需要精确校准，而且电源的电压和电流必须非常稳定。

3. 真空系统

离子束必须在高真空环境下工作，以尽量减少离子运动路径上高能离子和空气的碰撞。碰撞会导致离子散射和损失，并会产生由于离子和中性原子之间的电荷交换而导致的有害物质，从而导致元素污染。离子束的环境压力应足够低，使离子的平均自由程远大于从离子源到晶圆表面的长度。低温泵、涡轮泵和干式泵的组合用于在离子束系统中实现 10^{-7} Torr 的高真空环境。

由于离子注入过程中使用了危险气体，注入机真空系统的排气必须与其他过程的排气系统分开。废气需要经过燃烧箱和洗涤器处理过后才能排放。在燃烧箱中，易燃易爆气体在高温火焰中与氧气反应。在洗涤器中，腐蚀性气体和燃烧粉尘被溶解在水中。

4. 控制系统

为了达到设计要求，离子注入过程需要精确控制离子束能量、电流和离子种类。因此该工艺还需要机械控制部件，例如，用于晶圆装卸的机器臂和控制晶圆移动以实现均匀注入的机械结构。

5. 束线系统

束线系统是离子注入机的最重要组成部分，由离子源、离子抽取系统、质量分析器、后加速系统、电荷中和系统和末端分析仪等组成。

1）离子源

杂质离子通过在离子源中电离气态的杂质原子（或分子）或气态的杂质化合物产生。热灯丝离子源是最常用的离子源之一。在这种离子源中，大电流流过钨灯丝，红热的灯丝表面将产生热电子发射效应，放出电子。热电子在电弧电源电压的作用下加速，产生足够的能量使杂质气体的分子和原子电离。其他类型的离子源，如射频和微波离子源也已开发和应用于离子注入工艺。

2）离子抽取系统

带有负偏压的抽取电极将离子从离子源中抽出，并将其加速到足够高的能量（约50keV）。离子必须有足够高的能量供分析仪磁场选择出正确的离子种类。抽取电极上有一个狭缝，加速的杂质离子通过狭缝被抽取出来，形成离子束。

3）质量分析器

在磁场中，运动的带电粒子由于受到磁场力而使运动轨迹发生偏转，磁场力总是垂直于带电粒子的运动方向。在磁场强度和离子能量不变的情况下，带电粒子的回旋半径仅与其质量/电荷比（m/q）有关。在几乎所有的离子注入机中，质量分析仪都被用来精确地选择所需的离子种类，并剔除不需要的离子种类。在离子进入质量分析仪之前，它们的能量由离子源和抽取电极之间的电位差来确定，电位差通常设定在50kV左右，提取后的单电荷离子能量约为50keV。在已知离子荷质比和离子能量的情况下，可以计算出离子通过狭缝时所需的磁场强度，通过调节磁线圈中的电流，质量分析仪可以精确地选择所需的杂质离子。

4）后加速系统

在质量分析器选择出正确的离子种类后，离子进入后加速系统，在这一区域可以控制离子束流和离子的最终能量。离子束流由一对可调叶片控制，离子能量由加速电极电位控制。离子束的焦点和形状也在本区域中由限定孔和电极控制。在一些离子注入机中，在离子加速后，会用电极将离子束弯曲一个小角度，如10°，这有助于分离高能中性粒子。中性粒子的运动轨迹不会受电极产生的电场影响；当离子束的轨迹弯曲并向晶圆移动时，中性粒子会一直向前移动。一些离子注入系统甚至会将离子束弯曲两次，呈S形轨迹，以获得更高的离子能量纯度。

5）电荷中和系统

当离子注入硅衬底时，会携带正电荷。如果正电荷积累在晶圆上，则会引起晶圆荷电效应；带正电荷的晶圆表面往往会排斥正离子导致离子束放大，造成离子注入不均匀，如图 9.28 所示。当晶圆表面电荷浓度过高时,电荷感应电场足以击穿薄栅氧化层,并显著影响集成电路芯片制造的成品率。当正电荷积累到一定水平时,它们将以电弧的形式放电,并会在晶圆表面形成缺陷。为了解决晶圆荷电问题,需要大量带负电荷的电子来中和晶圆表面的正离子。晶圆电荷中和有几种方法:等离子体和电子枪都是用来提供电子以中和正离子和减弱晶圆荷电效应的。

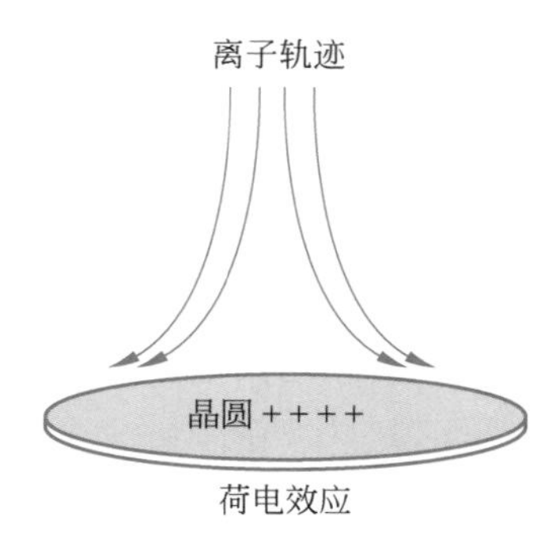

图 9.28 晶圆荷电效应引起离子注入不均匀的示意图

9.4.5 离子注入的安全问题

所有离子注入机都会使用有毒、易燃、易爆或具有腐蚀性的有害固体和气体,并且通常需要施加非常高的电压以产生所需的工艺结果。因此离子注入的安全问题十分重要,主要包括如下几方面。

1. 化学危害

离子注入工艺常使用固体和气体掺杂源。锑、砷和磷是常见的固体源,砷化氢、磷化氢和三氟化硼是常用的气体源。

锑(Sb)是一种易碎的银白色金属元素,在注入过程中常用作掺杂剂。锑有毒,直接接触固体锑会刺激皮肤和眼睛。锑尘毒性极高,直接接触会对皮肤、眼睛和肺部造成严重伤害。它也能引起心脏、肝脏和肾脏的损伤。

砷(As)有毒,直接接触固体砷会刺激皮肤和眼睛,也会导致皮肤变色。砷尘也有毒,直接接触会伤害皮肤和肺部。它也会引起鼻子和肝脏的损伤,甚至可能引起肺癌和皮肤癌。

红磷(P)作为 N 型掺杂剂是注入过程中常用的固体材料,它也常出现在火柴盒侧面。它是易燃的,可以通过摩擦点燃。直接接触红磷会刺激皮肤、眼睛和肺部。

砷化氢(AsH_3)是一种常用的砷源气体,是半导体工业中毒性最强的气体之一。当 AsH_3 浓度为 0.5～4ppm 时,可检测到类似大蒜的气味;当浓度为 3ppm 时,可立即对生命和健康造成危险(IDLH)。这就是为什么大蒜的味道是 IC 工厂里最可怕的气味。低浓度 AsH_3 会刺激鼻子和眼睛。在 500ppm 的 AsH_3 下暴露几分钟将会致命。砷化氢也是易燃的,当它在空气中的浓度为 4%～10%时,就会爆炸。

磷化氢(PH_3)是常用的磷源气体。它是易燃的,当它在空气中的浓度高于 1.6%时就会爆炸。磷化氢是一种有毒气体，具有腐烂的鱼腥味，可在0.01～5ppm下检测到；IDLH限值为50ppm。低浓度接触会刺激眼睛、鼻子和肺部。暴露在10ppm下会导致头痛、呼吸困难、咳嗽和胸闷、食欲不振、胃痛、呕吐和腹泻。

三氟化硼(BF_3)是常用的硼源气体。它具有腐蚀性，因为它与水接触时会形成氢氟酸。接触它会导致严重的皮肤、眼睛、鼻子、喉咙和肺部伤害；它还会导致肺部积液。

2. 电气危险

接触高压和电流会导致电击、皮肤烧伤、肌肉和神经损伤、心力衰竭和死亡。大约1mA的电流通过心脏都是致命的。空气的击穿电压约为8kV/cm，对于离子注入机的250kV加速电极，击穿距离约为31cm；如果有尖端，击穿距离会更短。因此，离子注入机需要安全联锁装置，以防止离子注入机在没有完全屏蔽的情况下电源电压上升。此外，由于高压会产生大量静电电荷，如果人接触设备时没有完全释放电荷，可能会造成危险的电击，因此设备需要良好的接地，并在人接触设备之前对所有部件进行电荷释放。

3. 辐射危害

当高能离子束击中晶圆、狭缝、束流遮挡器或离子束线上的任何东西时，离子的能量损失将以X射线辐射的形式释放出来。因此离子注入机必须做好辐射屏蔽，且需要安全联锁装置。

9.5 热退火工艺

热退火是一种重要的热处理工艺，在这种工艺中晶圆被加热以达到所需的物理或化学变化，同时要保证在晶圆表面添加或移除的材料最少。

9.5.1 离子注入后的热退火工艺

在离子注入过程中，高能杂质离子对硅片表面附近的硅晶体结构会造成普遍的损伤。为了达到器件要求，必须在热退火过程中修复晶格损伤，即恢复单晶结构并激活掺杂的杂质。只有当杂质原子以替位式杂质的形式存在时，它们才能有效地提供电子或空穴作为传导电流的主要载流子。在高温过程中，原子在热能的驱动下快速移动，它们会在单晶晶格中找到自由能最低的位置并保持在这个位置上，通过这个过程可恢复单晶结构，如图9.26所示。

在20世纪90年代以前，高温炉被广泛用于离子注入后的热退火。高温炉热退火工艺是一种批量生产的过程，在850～1000℃的温度下，在氮气和氧气环境中运行约30分钟。使用少量的氧可以防止暴露在晶圆表面上的硅与氮气反应形成氮化硅。在闲置期间，高温炉始终保持在650～850℃的高温下，必须非常缓慢地将晶圆推入和拉出高温炉，以避免晶圆由于热应力发生翘曲。位于炉管两端的晶圆由于进出速度慢，退火时间会不同；这会导致晶圆间(Wafer-To-Wafer，WTW)热退火的不均匀性。

高温炉热退火的另一个问题是热预算，即热退火过程中的掺杂杂质的扩散问题。热退火过程需要很长时间，并且会导致掺杂杂质过多的扩散，这对于小特征尺寸的晶体管来说是难以接受的。因此，快速热退火工艺（Rapid Thermal Annealing，RTA）工艺是先进集成电路芯片制造厂中大多数注入后退火的首选工艺。RTA 系统可以在很短的时间内（通常在 10s 内）将晶圆温度从室温升高到 1100℃左右。在约 1100℃时，单晶结构可在约 10s 内恢复，从而使得杂质扩散最小。同时，RTA 可以精确控制晶圆温度和晶圆间（WIW）的温度均匀性。因此，只有一些非关键的注入后热退火工艺，如阱注入后的热退火和杂质推进，仍然使用高温炉退火工艺。

9.5.2 快速热退火工艺

快速热退火工艺通常用于单晶片加工，可以以 75～200℃/s 的速率升温，是离子注入后热退火（>1000℃）的理想方法。

通常，RTA 设备的腔室由一个石英腔体和许多石英部件构成。加热元件是一个卤钨灯，它可以产生红外线（IR）辐射形式的强烈热量。晶圆温度由红外高温计精确测量。图 9.29 展示了一种 RTA 系统的腔室结构示意图。顶部和底部的灯呈垂直排列，以使晶圆在红外辐射下均匀加热。晶圆温度由高温计监控，反馈由灯功率控制。

另一种 RTA 系统将加热灯放置在蜂窝状结构的灯箱中，在退火过程中，晶圆旋转以提高加热均匀性，几个高温计监测晶片上的温度并反馈信号，以控制不同加热区的灯的加热功率，可实现非常精确、非常均匀的晶片加热。

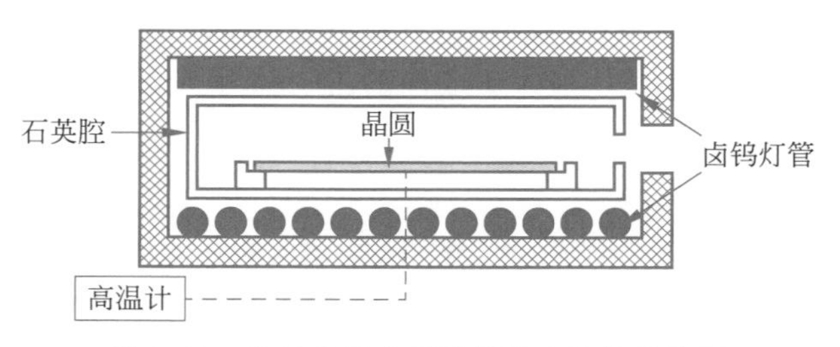

图 9.29 快速热退火系统的腔室结构示意图

RTA 最常见的应用是离子注入后的热退火过程。离子注入后，硅表面附近的晶体结构受到高能离子轰击而产生严重破坏，需要高温退火来处理损伤，恢复单晶结构，并激活掺杂质。在高温退火过程中，掺杂原子会在热能的驱动下快速扩散。在热退火过程中尽量减少掺杂扩散是非常重要的。随着器件尺寸缩小到纳米级，掺杂原子扩散的空间就小得多。因此，精确控制热预算至关重要。RTA 系统可以快速提高和冷却晶圆温度，通常整个过程不超过一分钟。温度爬升得越快，掺杂原子的扩散越少。对于亚 0.1μm 器件应用，需要 250℃/s 的升温速率，以实现结退火同时最小化掺杂扩散。图 9.30 显示了快速退火过程中的温度变化。

随着集成电路特征尺寸的不断缩小（小于 20nm），结深变得非常浅，使得离子注入后的退火工艺非常具有挑战性。退火离子注入的损伤需要高温，而热预算要求将退火时间限制在毫秒范围内。尖峰退火和激光退火等工艺技术不断发展。

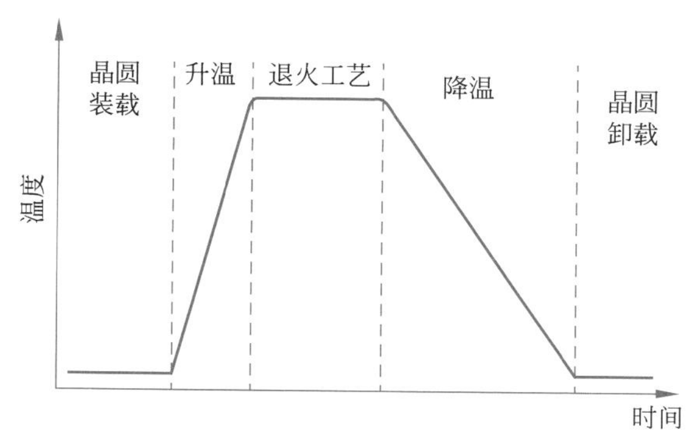

图 9.30 快速退火过程中的温度变化

尖峰退火(spike annealing)是一个具有超短峰值温度时间(通常远小于 1s)的 RTA 过程。它使用高峰值温度来最大化修复注入损伤和激活掺杂杂质,使用非常高的温度上升速率来最小化杂质扩散。图 9.31 展示了尖峰退火过程中的温度变化。从温度曲线很容易看出为什么这个过程被称为尖峰退火。很明显,尖峰退火可以显著降低热预算,对于纳米技术节点中的器件来说变得更加重要,因为这些器件所需的结深度更小,并且退火过程中的掺杂扩散必须最小化。

激光退火(laser annealing)系统是利用来自激光的能量将晶圆表面快速加热到接近融化的温度。由于硅的高导热性,晶圆表面可以很快冷却下来,用时约 0.1ms。离子注入之后,采用激光退火工艺可以在最小化掺杂扩散的同时激活杂质。激光退火可与尖峰退火工艺一起使用,以获得更好的工艺处理结果。

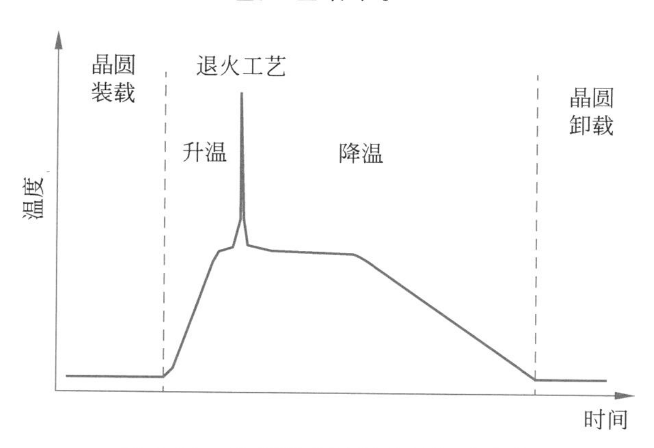

图 9.31 尖峰退火过程中的温度变化

第10章 热氧化和扩散工艺实验

10.1 工艺原理

10.1.1 热氧化工艺原理

氧化物制备容易并且与硅衬底有性能优良的界面,氧化膜对于硅基半导体工艺很重要,其应用有以下几方面:

(1) 作为杂质选择扩散的掩蔽膜;

(2) 作为器件表面的保护和钝化膜;

(3) 栅氧或存储器单元结构中的介质材料;

(4) 保护器件免划伤和隔离污染;

(5) 金属导电层间的介质层。

热氧化方式是应用最为广泛的二氧化硅制备方法,具有工艺简单、操作方便、氧化膜质量好、膜的稳定性和可靠性高等特点。

硅的热氧化是指在1000℃以上的高温下,硅与氧发生反应,生成二氧化硅。热氧化可分为干氧氧化、水汽氧化、湿氧氧化、掺氯氧化和氢氧合成氧化等。

本实验中使用的是干氧氧化,在高温下,通入的氧气与硅表面接触,氧分子和硅原子发生反应,生成二氧化硅起始层,其反应式为

$$\mathrm{Si}(\text{固}) + \mathrm{O_2}(\text{气}) \longrightarrow \mathrm{SiO_2}(\text{固})$$

当表面的二氧化硅层形成后,起始氧化层会阻碍氧分子与硅片表面直接接触,在之后的氧化过程中,氧分子只有以扩散的方式,穿过已形成的二氧化硅层,向硅片里面运动,到达 SiO_2-Si 界面,才能与 Si 原子进行氧化反应,生成新的二氧化硅层,使二氧化硅膜继续增厚。

二氧化硅膜的生长速率主要受两种因素影响:

(1) 氧分子在二氧化硅中的扩散速率;

(2) 氧分子到达 SiO_2-Si 界面处氧分子与 Si 原子的反应速率。

在同一温度下,二氧化硅的厚度随着时间的增加而增加。在同一时间下,温度越高,氧分子在二氧化硅中的扩散越快,二氧化硅越厚。

与其他热氧化方式相比,干氧氧化的氧化速率慢,但形成的氧化层结构最致密,成膜质量最好。

10.1.2 扩散工艺原理

扩散掺杂工艺是半导体生产的重要步骤。扩散是一种材料通过另一种材料的运动,它的发生需要两个必要的条件:一种材料的浓度必须高于另外一种材料的浓度;系统内部必须有足够的能量使高浓度的材料进入或通过另一种材料。

热扩散工艺形成结需要两步:第一步是沉积,第二步是推进氧化。这两步都需要在高温扩散炉管中进行,这些设备与氧化工艺相同。

对杂质扩散工艺的要求是:准确控制浓度和深度;在整个半导体片内扩散均匀;片

间和批次间有均一性。扩散浓度通常由源的情况决定，当源足量时则由温度决定，因为杂质的固溶度决定杂质在半导体表面的浓度。扩散深度$\sqrt{Dt}$取决于扩散系数D和扩散时间t。因为$D=D_0 e^{-\frac{E}{kT}}$，对于一定杂质在特定固体中激活能E和D_0是一定的，所以D与T是指数上升关系。为了精确控制深度，精确控制温度(<±0.5℃)十分重要，同时必须严格控制扩散时间。一个圆片内的扩散均匀性在很大程度上取决于表面的严格处理；而片与片以及批与批间的均一性，除恒温度区性能稳定，气流形式合适和源稳定外，还要求保持扩散环境的洁净(包括炉管和洁净室等)。杂质扩散不仅是在扩散这一道工艺中进行，在掺入杂质后的任何一道加温处理的工序中都会继续进行。因此，关于扩散结深和分布参数，还要计入后道工序的效应(除扩散外还要考虑分凝等)。

本实验采用固体扩散源扩散，陶瓷片在高温下分解释放P_2O_5，随后沉积在硅片上，从而实现磷掺杂，即

$$2P_2O_5 + 5Si \longrightarrow 4P + 5SiO_2$$

这种陶瓷片状磷扩散源与通常采用的液态磷源$POCl_3$，与PH_3相比，$POCl_3$具有扩散均匀性和重复性好、操作简便、无毒等优点。

实验中，实现选择性掺杂的过程如下：掺杂前先在P型硅片表面生长一层二氧化硅膜作为掩护层，二氧化硅膜具有阻挡杂质向硅片衬底中扩散的能力，然后对掩护层进行光刻和刻蚀，去掉硅片上掺杂区的掩护层，不掺杂区的掩护层保留下来，如此得到选择扩散窗口。放入高温扩散炉中进行磷掺杂，在开有扩散窗口的区域，杂质可以扩散到硅片中，被掩护层保护的区域，没有杂质能够进入，从而实现选择性扩散，见图10.1。

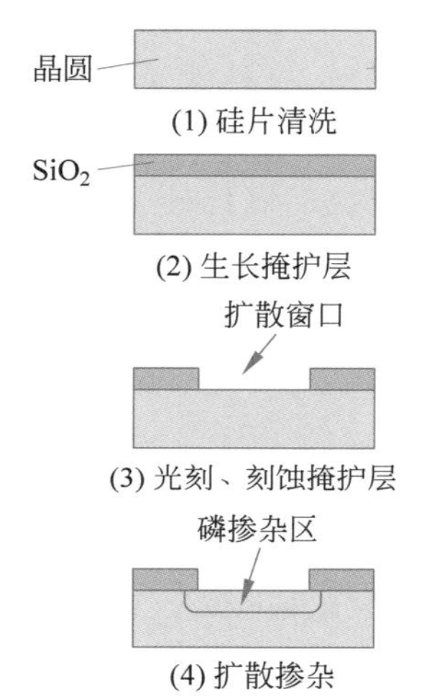

图10.1 实现选择性掺杂过程

10.2 热氧化工艺

10.2.1 实验准备

实验准备工作如下：

(1) 实验中使用的青岛精诚华旗微电子设备有限公司的DiffB(P)-150高温氧化扩散炉，可用于氧化和扩散工艺实验。

(2) 水：设备需要一组循环水，水温在25℃以下，水压为0.1～0.3MPa，进出口位于机台左上方，接口为3/8卡套接头，先开回水再开进水。

(3) 气：设备需要压缩空气CDA、氮气和氧气，进出口位于机台右上方，接口为1/4卡套接头，氧气和氮气压力推荐0.2～0.3MPa，CDA压力范围为0.4～0.6MPa，推荐为0.5MPa，开机时先确认CDA的输出压力为0.5MPa且稳定。

(4) 排风：设备上方有两路排风，开机前确认尾排处于工作状态。

(5) 电：设备供电为三相五线制，开机前首先观察设备有无异常，然后打开电控柜里

设备对应的电源开关，最后按下电脑的电源按钮。

(6) 准备需要氧化的硅片，硅片清洗所需的溶液和器具。

(7) 准备绝热手套、口罩等防护用品。

10.2.2 热氧化工艺流程

(1) 清洗圆硅片，把表面的粒子、有机无机污染物、自然氧化层去除。

(2) 把圆硅片整齐插在石英舟上(见图 10.2)，把石英舟推入氧化炉内的石英管，关好炉口门。

(3) 在计算机软件中设置升温步骤，按下加热按钮，启动加热升温程序。

(4) 在升温过程中，通入氮气作为保护气体，排除炉管内的空气。

(5) 达到需要的氧化温度时，关闭氮气，通入氧气，开始氧化过程。

(6) 氧化过程结束后，关闭加热按钮，关闭氧气，重新通入氮气，通过风冷和水冷冷却炉管。

(7) 炉管温度低于 200℃时，可打开炉口门，取出石英舟。

(8) 观察圆硅片的颜色，在薄膜测厚仪上测量二氧化硅膜的厚度。

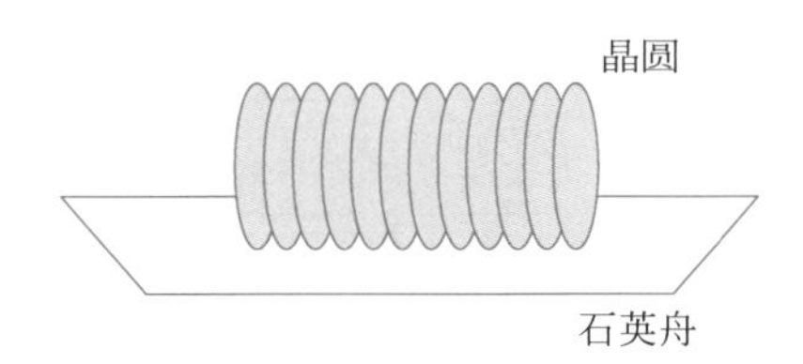

图 10.2 圆硅片在石英舟上放置示意图

10.2.3 实验记录与测试

(1) 热氧化工艺参数记录(见表 10.1 和图 10.3)。

表 10.1 热氧化工艺升温参数表

热氧化工艺升温参数					
阶段	SP1	SP2	SP3	SP4	SP5
温度/℃	25～600	600	600～1100	1100	1100～200
时间	$T1$	$T2$	$T3$	$T4$	$T5$
T/min	45	15	55	180	120

(2) 比色法测量二氧化硅膜的厚度。

测定二氧化硅膜的厚度方法有比色法、干涉法、椭圆偏振法等。本次实验采用比色法和干涉法，其设备简单、测量方便。

比色法是利用不同厚度的氧化膜，在白光下，会出现不同颜色的干涉色彩现象进行的膜厚测量，如表 10.2 所示。

方法很简单，在白光下垂直于膜面观察热氧化生长的二氧化硅膜的颜色，通过对照

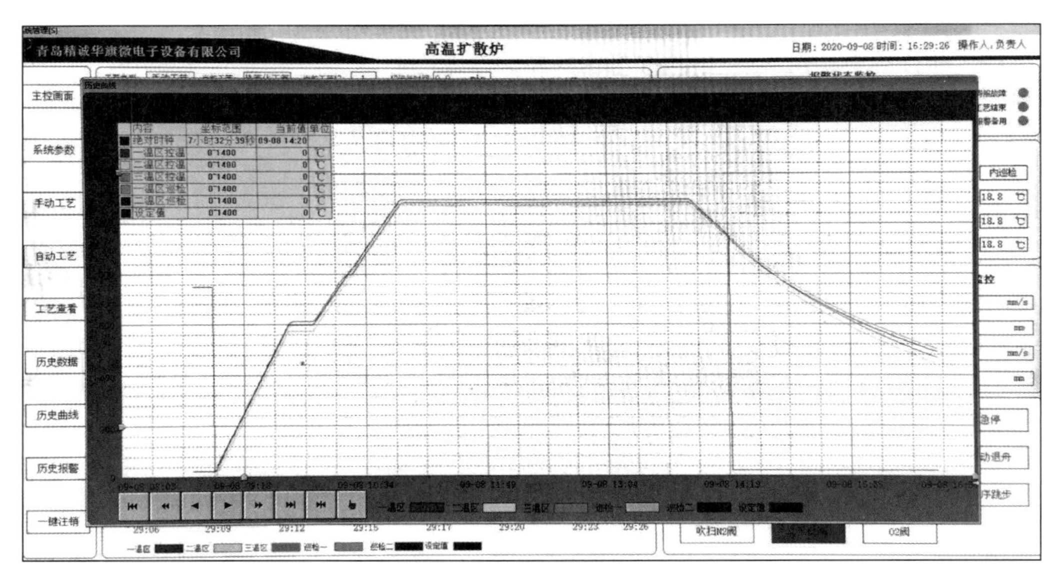

图 10.3　热氧化工艺升温曲线图

标准比色表，就能粗略地估算出二氧化硅膜的厚度。

表 10.2　表面氧化层厚度与颜色的关系表

氧化膜厚度(Å)	氧化膜颜色	氧化膜厚度(Å)	氧化膜颜色
500	茶色	3700	绿-黄
700	棕色	3900	黄
1000	暗紫罗兰到红-紫罗蓝色	4100	淡橙黄色
1200	品蓝	4200	康乃馨粉红
1500	淡蓝到金属蓝	4400	紫罗兰-红
1700	金属色到非常浅黄-绿	4600	红-紫罗兰
2000	淡金黄或黄	4700	紫罗兰
2200	具有浅橙黄色的金黄	4800	蓝-紫罗兰
2500	橙黄色到瓜色	4900	蓝色
2700	红-紫罗兰	5000	蓝-绿
3000	蓝到紫罗兰-蓝	5200	绿(明亮的)
3100	蓝色	5400	黄-绿
3200	蓝到蓝-绿	5600	绿-黄
3400	淡绿	5700	黄到微黄色
3500	绿到黄-绿	5800	淡橙黄或黄色
3600	黄-绿	6000	康乃馨粉红

(3) 干涉法测量二氧化硅膜的厚度。

薄膜测厚仪是通过双光干涉的方法，SiO_2 表面的反射光和 SiO_2-Si 界面反射光两束光，具有光程差，相互干涉，通过仪器软件计算，得到较为准确的二氧化硅膜的厚度，与比色法估算的厚度进行比较后，填入表 10.3。

表 10.3 比色法与薄膜测厚仪得到的 SiO_2 膜厚度比较

SiO_2 膜	S1	S2	S3	S4	S5
白光下色彩					
比色法厚度					
测量厚度					

(4) 将不同氧化时间、氧化温度 SiO_2 膜的厚度，填入表 10.4 和表 10.5 画出膜厚变化图。

表 10.4 膜厚随时间的变化(氧化温度为 1000℃)

氧化时间/h	1	2	3	4
SiO_2 膜厚				

表 10.5 膜厚随氧化温度的变化(氧化时间为 3h)

氧化温度/℃	900	1000	1100	1200
SiO_2 膜厚				

10.3 扩散工艺

10.3.1 实验准备

(1) 实验前对扩散源片进行预处理，实验中使用的是 PH950 扩散源，不必进行湿式化学清洗，只要在氮气气氛中，900℃进行退火 8 小时。

(2) 准备已经得到选择扩散窗口的圆硅片。

(3) 其他水电气的准备与上面热氧化工艺相同。

(4) 使用的设备也相同，只是扩散工艺的设备要专管专用，避免交叉污染。

10.3.2 实验过程

(1) 把开着选择窗口的圆硅片和源片整齐地插在石英舟上，圆硅片和源片的距离根据不同的掺杂需要设定，放置方式见图 10.4。

(2) 把石英舟推入炉内的石英管，关好炉门。

(3) 在计算机软件中设置升温步骤，按下加热按钮，启动加热升温程序。

(4) 在升温过程中，通入氮气作为保护气体，排除炉管内的空气。

(5) 达到需要的扩散温度时，扩散过程全程在氮气气氛下进行。

(6) 扩散过程结束后，关闭加热按钮，在氮气气氛中，通过风冷和水冷冷却炉管。

(7) 炉管温度低于 200℃时，可打开炉门，取出石英舟。

(8) 取出圆硅片后，使用稀释的氢氟酸溶液浸泡 30s，去除表面多余的未反应掺杂磷玻璃。

(9) 在四探针测试仪上,测量掺杂区域的电阻率。

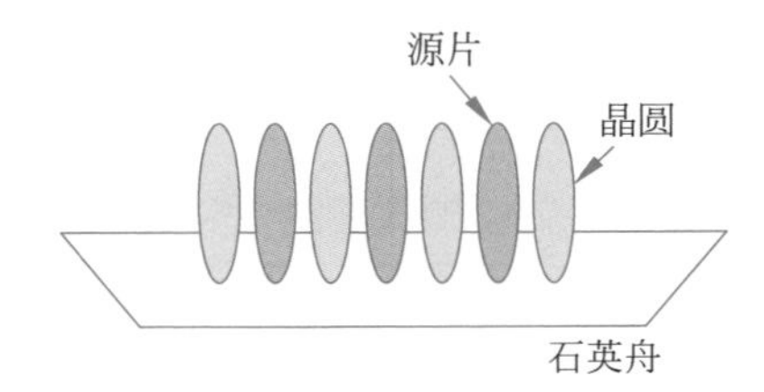

图 10.4 圆硅片和源片在石英舟上放置示意图

10.3.3 实验记录与测试

1. 扩散工艺参数记录

热氧化工艺升温参数表如表 10.6 所示。

表 10.6 热氧化工艺升温参数表

扩散工艺升温参数					
阶段	SP1	SP2	SP3	SP4	SP5
温度/℃	25～600	600	600～950	950	950～200
时间	$T1$	$T2$	$T3$	$T4$	$T5$
T/min	45	15	35	60	120

扩散工艺升温曲线如图 10.5 所示。

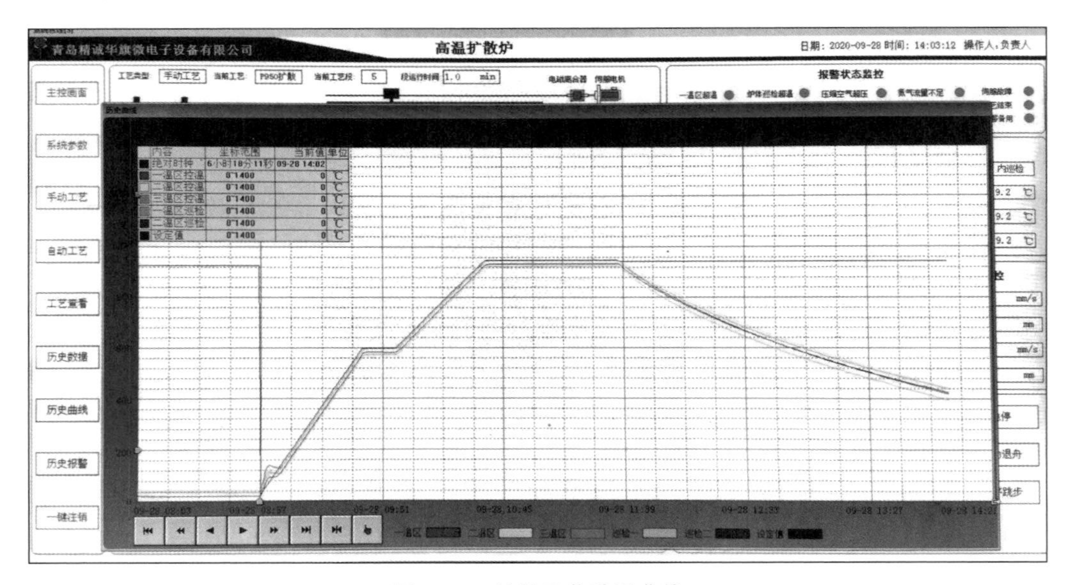

图 10.5 扩散工艺升温曲线

2. 四探针测试仪测量扩散区的电阻率记录

四探针测试仪电阻率记录填入表 10.7 中。

表 10.7 四探针测试仪电阻率记录

样品	S1	S2	S3	S4
扩散时间/h	0.5	1	1.5	2
测量点 1				
测量点 2				
测量点 3				
测量点 4				
测量点 5				

10.4 实验报告与数据分析

(1) 写出热氧化工艺操作流程，记录所有的实验参数，画出升温曲线。

(2) 用膜厚仪测量二氧化硅膜的厚度(要求测量 5 点以上)。

(3) 影响二氧化硅氧化速率的因素有哪些?

(4) 使用 Deal-Grove 模型估算实验条件下的理论氧化膜厚，与实验值做比较分析(可选)。

(5) 写出磷扩散工艺操作流程，记录所有的实验参数，画出升温曲线。

(6) 分析扩散时间与电阻率的关系。

(7) 通过电阻测量，了解扩散时间、扩散浓度和硅片表面电阻率的关系。

10.5 注意事项

(1) 氧化扩散炉为高温设备，注意烫伤，任何针对炉管的操作必须佩戴高温隔热手套。

(2) 石英管，石英舟和石英推杆须远离污染，配合对应炉管使用，专物专用，以免交叉污染。

(3) 圆硅片进高温炉前，必须把有机物去除，特别是要记得去光刻胶，以免污染炉管。

(4) 未通水通气或气压水压不稳定情况下，请勿运行设备。

(5) 设备每次重新上电，请按照提示进行"原点搜索"，确定原点后再进行其他操作。

(6) 装载手动工艺或自动工艺之后，请单击"工艺查看"核对一遍，确认无误后运行工艺。

(7) 设备运行自动工艺时，建议单击"一键锁屏"图标，退出当前用户，防止误操作。

(8) 在发生任何故障需要检修时，务必将气源、电源等断开，严禁一切形式的带电操作。

(9) 设备发生异常动作时，请立即按下急停按钮，急停后除非重新上电，否则设备无法运行。

(10) 质量流量计使用前，最好先接通电源预热 10min，预热后，检查流量计的零点，若发现零点漂移，可以按压流量计外罩上 ZERO 按钮一段时间，自动校零，调零时流量管路不能通气，阀门保持关闭状态。

(11) 清洗石英器件时一定要戴绝缘手套，轻拿轻放，防止石英器件碰碎。

(12) 气瓶为高压设备，必须在指导老师确认的压力合适范围下操作。

(13) 扩散过程的副产物气体会产生有害酸滴，必须保证排风和净化塔在稳定工作。

10.6 思考题

(1) 氧化工艺对硅表面有什么要求?

(2) 我们的氧化炉有几段加热区? 目的是什么?

(3) 在本实验工艺中为什么要以石英作为炉管和硅片承载舟的材料?

(4) 在本实验工艺中，通氮气的主要作用是什么?

(5) 本实验工艺中的炉管为水平摆放? 当前还有竖立摆放的炉管，后者有何优点?

(6) 我们通过加热水产生水蒸气供给湿氧的生长，另外一种是通过氢气和氧气的燃烧产生水蒸气，后者的主要考虑是什么?

(7) 磷扩散工艺在集成电路中有哪些应用?

(8) 列出扩散工艺中所使用的 3 种源。

(9) 扩散与离子注入形成的杂质浓度分布剖面有何不同? 为每种勾画出示意图。

(10) 结的深度是在沉积后更深还是在推进氧化后更深?

扩展阅读：仪器操作与说明

DiffB(P)-150 高温氧化扩散炉操作规范如下。

设备结构：主机柜、传动机构(悬臂)，气路气源系统(气源柜)、计算机控制系统等组成，如图 10.6 所示。

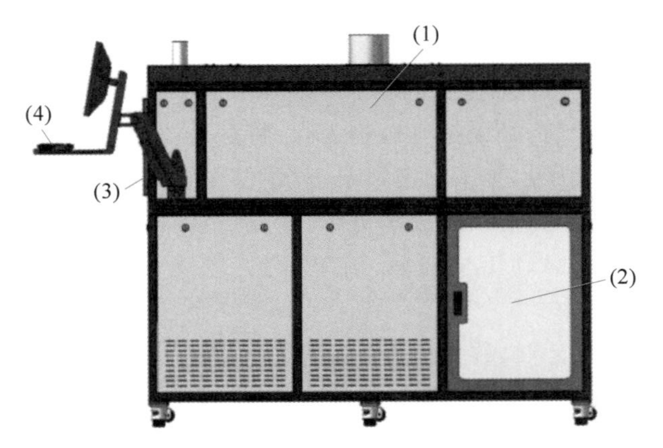

图 10.6 DiffB(P)-150 高温氧化扩散炉结构图

(1) 主机柜：机壳、加热体、石英管等。

(2) 气源柜：气路系统包括 N_2 和 O_2 两路流量计控制的工艺气和 1 路浮子流量计控制的吹扫 N_2。

(3) 传动机构：伺服电机、滚珠丝杠、SIC 浆、炉门和隔热板等组成。

(4) 计算机控制系统。

DiffB(P)-150 扩散炉技术指标如表 10.8 所示。

表 10.8 DiffB(P)-150 扩散炉技术指标

项　目	相关数据
炉体内径	ϕ210mm
石英管内径	ϕ180mm
工作台温度范围	200～1300℃
恒温区长度及精度	800℃≤工作温度≤1250℃，≥300mm±0.5℃ 工作温度≤800℃，≥300mm±1℃
极限升温时间	从室温升到 1200℃不大于 60min
温度斜变能力	最大可控升温速度：15℃/min 最大降温速度：5℃/min
最大升温功率	18kW(4 寸)
最大保温功率	8kVA/管
送料装置	采用 SiC 杆加石英浆自动送片
进舟和退舟速度	50～1000mm/min 连续可调
工艺气体	O_2、N_2
工作台净化等级	在万级厂房达到 100 级
气路管道漏率	$<2\times10^{-9}m^3Pa/s$

下面介绍 DiffB(P)-150 高温氧化扩散炉的操作流程。

1. 系统登录

设备开机，登录进入软件界面，如图 10.7 所示。

整个主控画面主要包括六大部分。

(1) 菜单选择区：选择不同类型的界面和相关操作。

(2) 系统原理区：显示系统原理，显示电磁阀和流量计等设备状态。

(3) 系统状态区：显示当前报警信息，对应指示灯变红。

(4) 数据监控区：实时显示工艺温度变化、气体流量大小和电机运行参数。

(5) 实时曲线区：实时形象地显示温度状态曲线。

(6) 按钮操作区：对系统进行操作(需要登录，否则无效)。

2. 原点搜索

设备每次上电后，重新搜索原点，首先确认炉门位于规定位置，然后单击"原点搜索"，伺服会自行搜索原点并进入待机状态，这时可以对伺服电机进行相关操作。

3. 点动进舟、点动退舟

单击进舟或退舟按钮一下，伺服点动前进(或后退)1mm，若长按按钮，伺服将以 5mm/s 速度一直前进(或后退)，直至松开按钮或者到达进退限位。

设备首次上电，观察设备无异常后，再接通控制系统的电源空开，然后打开上位机电源，登录工业组态软件，以下对工控机控制系统进行详细说明：

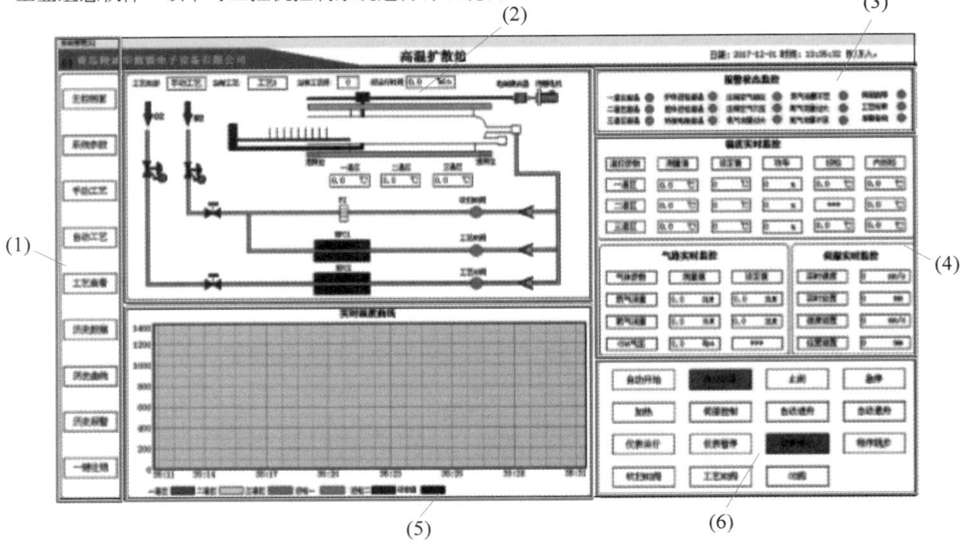

图 10.7　DiffB(P)-150 高温氧化扩散炉操作界面

4. 手动工艺

可以对升温曲线进行编辑。通过伺服电机完成装料以后，单击菜单中的“手动工艺”按钮，弹出如图 10.8 所示窗口。

配方1

序号	工艺名	SP1	T1	SP2	T2	SP3	T3	SP4	T4	SP5	T5	SP6	T6
1	100测试	10	40	100	3000	100	-121	0	0	0	0	0	0
2	工艺2	1	2	3	4	5	6	7	8	9	-121	0	0
*3	工艺3	100	200	300	400	500	600	700	800	900	1000	1100	-121
4	工艺4	0	0	0	0	0	0	0	0	0	0	0	0
5	工艺5	0	0	0	0	0	0	0	0	0	0	0	0
6	工艺6	0	0	0	0	0	0	0	0	0	0	0	0
7	工艺7	0	0	0	0	0	0	0	0	0	0	0	0
8	工艺8	0	0	0	0	0	0	0	0	0	0	0	0
9	工艺9	0	0	0	0	0	0	0	0	0	0	0	0
10	工艺10	0	0	0	0	0	0	0	0	0	0	0	0
11	工艺11	0	0	0	0	0	0	0	0	0	0	0	0
12	工艺12	0	0	0	0	0	0	0	0	0	0	0	0
13	工艺13	0	0	0	0	0	0	0	0	0	0	0	0
14	工艺14	0	0	0	0	0	0	0	0	0	0	0	0
15	工艺15	0	0	0	0	0	0	0	0	0	0	0	0
16	工艺16	0	0	0	0	0	0	0	0	0	0	0	0
17	工艺17	0	0	0	0	0	0	0	0	0	0	0	0
18	工艺18	0	0	0	0	0	0	0	0	0	0	0	0
19	工艺19	0	0	0	0	0	0	0	0	0	0	0	0
20	工艺20	0	0	0	0	0	0	0	0	0	0	0	0

当前装载记录：3

F1-添加　F2-删除　F3-拷贝　F4-上移　F5-下移　F6-装载　F7-存盘　F8-退出

图 10.8　手动操作参数设置界面

5. 工艺查看

单击“工艺查看”按钮，可以对当前升温曲线进行核对。

6. 工艺运行

工艺查看无误后，可以单击“加热”按钮，再单击“仪表运行”即可运行当前工艺。在手动模式下，电磁阀开关、流量设置和其他动作都需要手动进行操作，手动设置好流量后等待工艺结束即可，自动工艺操作请参考说明书。

按钮操作区为系统主要控制区，各按钮可实现手自动工艺开始和结束、加热控制、程序控制和伺服控制等，见图10.9。

图10.9 操作界面按钮操作区

7. 工艺结束

工艺结束后会自动报警30s，等待冷却到取料温度后，单击“自动退舟”按钮，取出晶片后单击“自动进舟”，等待进舟结束后，即可进行断电处理。

8. 断电

首先退出当前软件，其次关闭当前计算机，再关闭电控柜总电源，最后关闭循环水、压缩空气和工艺气体开关。

第六篇

工艺集成

第11章 工艺集成与集成电路制造

单个微纳电子器件的制造工艺相对简单,运用上述的单项工艺的组合和重复,即可制造出微纳电子器件的单体。但是无论是集成电路还是其他功能芯片,都既需要单体器件独立工作,又需要无数个微纳电子器件组合和连通才能实现功能,因而在制造单体器件的同时,还需要考虑器件之间的相互影响与联系,譬如,漏电流、信号互联、功耗和散热等,由此衍生出一系列的工艺集成技术,包括绝缘隔离、金属引线、界面接触等,以满足多阵列微纳器件的制造工艺的需求。本章主要介绍3种主要的器件结构的集成工艺,分别是器件隔离、金属互连和多层金属布线、界面欧姆接触。

11.1 器件隔离

器件隔离工艺是大规模集成电路制造的需求。为了在有限面积的晶圆表面制造更多的器件,器件的面积要减小,器件与器件之间的间距也要减小。但是半导体器件都由PN结构成,当两个PN结的间距过小时,其特性会相互干扰。因而,两个器件之间必须隔开足够的安全距离。但是随着器件等比例缩小的趋势,器件间距也要等比例缩小,安全间距不再满足,则必须采用特定的器件隔离工艺,使器件能够独立工作。根据不同时代的器件线宽和器件密度需求,从最早的PN结隔离工艺,发展到绝缘体隔离,开发出LOCOS隔离、STI隔离、DTI隔离和SOI隔离技术。

11.1.1 PN结隔离

无论是双极性晶体管还是场效应晶体管,都是由PN结组成的。双极性晶体管由N型衬底上两个叠在一起的P^+掺基极和N^+掺发射极构成,如图11.1(a)所示,显然,两个相邻的双极性晶体管的P^+掺杂基极必须保持一定距离,以防止两个基极之间的横向穿通。CMOS由NMOS和PMOS组成,如图11.1(b)所示,NMOS的P型衬底上掺杂N^+源极和漏极构成,PMOS先在P型衬底上掺杂N阱,再在N阱区域掺杂P^+源极和漏极构成。显然,NMOS的N^+掺杂漏极与相邻的PMOS的N阱衬底之间必须保持一定距离,以防止NMOS漏极与相邻N阱的横向穿通。

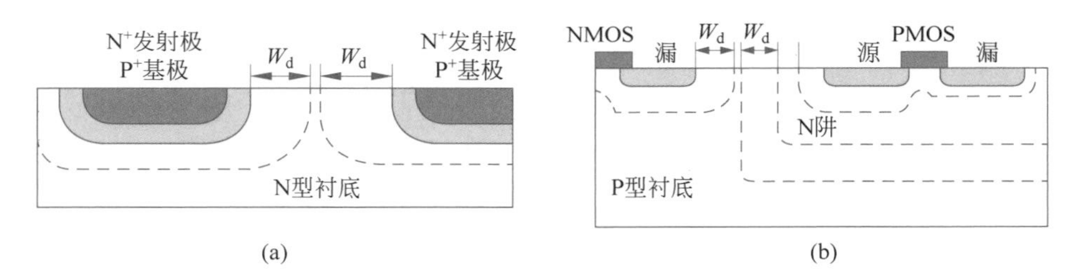

图11.1 共集电极的双极晶体管的PN结隔离(a)和场效应晶体管的PN结隔离与沟道效应(b)

因此,器件隔离的基本要素是两个相邻掺杂区域要隔离多少距离才能保证器件独立工作。其衡量方法是:以双极性晶体管为例,两个P^+基极区域与共集电极N型衬底构成的两个PN结的耗尽层必须不碰到一起。因此,最小的隔离距离就是两边耗尽层的宽度之和。由半导体物理知识可知,假设PN结是单边突变结,则其耗尽层宽度是

$$W_D = \sqrt{\frac{2k_s\varepsilon_0}{qN_D}(V_{bi} + V_{CB})}$$

其中，k_s 是硅的相对介电常数，ε_0 是真空介电常数，N_D 是衬底掺杂浓度，典型值是 10^{16}cm^{-3}，V_{bi} 是 PN 结内建电势，典型值是 0.7V，$V_{bi} = \frac{kT}{q}\ln\frac{N_A N_D}{n_i^2}$，$V_{CB}$ 是基极集电极电压，典型值是 5V，将数值代入上式可得

$$W_D = 0.36\sqrt{V_{bi} + V_{CB}} = 0.9\mu\text{m}$$

则最小隔离距离为 $2W_D = 1.8\mu\text{m}$。再考虑到电压波动和横向扩散的问题，隔离距离要远大于 1.8μm。当电压升高到 10V 时，隔离距离增大到 2.4μm。横向扩散要求再增加 1/3 隔离距离，即合理的隔离距离要增加到 3.6μm。显然，当器件有源区尺寸与隔离距离尺寸接近时，隔离距离占据的面积将远大于器件有源面积，这极大地影响了器件密度。

即使在安全的隔离距离的情况下，器件仍然会受到寄生晶体管效应的影响。如图 11.2 所示，当一条金属线刚好经过隔离区域的上方时，假设在金属线上施加的电压足够大，SiO_2 绝缘层足够薄，则可能在隔离区域激发一个 NMOS 晶体管，由两个原晶体管的 N 型电极与 P 型衬底构成。电场将使寄生晶体管的 P 型沟道导通，进而导致原晶体管之间的短路，也称为闩锁效应。

为了避免寄生晶体管效应对器件可靠性的影响，解决办法是提高寄生晶体管的阈值电压，使其虽然存在但无法启动。晶体管的阈值电压的公式是

$$V_T = \phi_{ms} + 2\phi_f + \frac{k_s t_{ox}}{k_{ox}}\sqrt{\frac{4qN_A}{k_s\varepsilon_0}\varphi_f}$$

$$\phi_f = \frac{kT}{q}\ln\left[\frac{N_A}{n_i}\right]$$

其中，ϕ_{ms} 是金属半导体功函数差，ϕ_f 是费米势，k_s 和 k_{ox} 是 Si 和 SiO_2 的介电常数，N_A 是衬底掺杂浓度，t_{ox} 是 SiO_2 绝缘层厚度。为了提高阈值电压，考虑到各个参数的调整难度，常采用的策略是增加 SiO_2 绝缘层厚度和提高衬底掺杂浓度。通常采用的 SiO_2 绝缘层厚度是栅极氧化层厚度的 7～10 倍，采用的掺杂浓度是衬底原掺杂浓度的 10 倍，则寄生晶体管的阈值电压可增大至远超过 20V。考虑到器件的工作电压一般为 5V，则远大于两倍工作电压的阈值电压可以保证寄生晶体管不会开启。

从制备工艺考虑，为了提高衬底掺杂浓度，常在 P 型衬底器件隔离区域做一个重掺杂 P^+ 型区域，称为阻挡环，如图 11.2 所示。通过在器件四周增加阻挡环结构，可以有效提高寄生晶体管的阈值电压，并减少器件的隔离距离。这是一种简单而有效的隔离工艺，在后续开发的氧化物隔离工艺中仍然被广泛采用。

PN 结隔离工艺简单可靠，在早期的低成本 TTL 集成电路中被广泛应用。但是其隔离间距太大，严重影响了器件密度，只能适用于低密度集成电路。随着线宽的不断减小，器件间距也等比例缩小，PN 结隔离因无法满足需求而被弃用。

当设计的器件间距远小于 PN 结隔离的安全间距时，需要考虑新的隔离方法。电子器件的隔离主要是防止载流子的流通。容易想到，如果在两个器件之间筑起一堵绝缘介

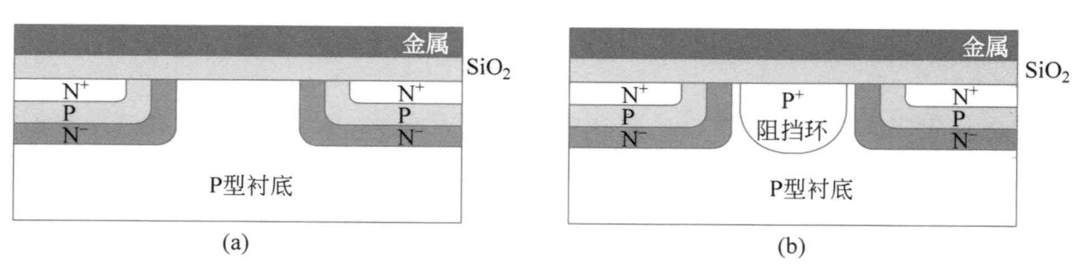

图 11.2 重掺杂的阻挡环可提高隔离能力

质的“高墙”,则可阻挡载流子在器件之间流动。基于此思路,开发了若干代绝缘体隔离工艺,一直沿用至今。

11.1.2 LOCOS 隔离

LOCOS(LOCal Oxidation Silicon)即局域氧化隔离技术,是最早开发出的绝缘体隔离工艺,可用于 0.5μm 以上的制造工艺。LOCOS 隔离结构的特点是在两个器件之间通过热氧化方法生长一个厚氧化层,嵌入衬底层以达到隔离两边器件的目的。

具体的工艺如图 11.3 所示,首先,在硅片表面热氧化薄 SiO_2 垫氧层,再采用 LPCVD 法沉积一层 Si_3N_4,垫氧层的作用是提高 Si_3N_4 与衬底的附着力,Si_3N_4 层的作用是使下面的衬底不受热氧化影响。其次,定义隔离的区域进行光刻曝光显影,刻蚀 Si_3N_4 形成不受保护的衬底开口区域。其中有 Si_3N_4 层保护的是器件有源区,无 Si_3N_4 保护的开口区域为器件隔离区。接着,沿用重掺杂衬底阻挡环工艺,进行离子注入以提高隔离区域的寄生晶体管阈值电压。然后,去除光刻胶,进行湿法热氧化,在开口处生长厚 SiO_2 氧化层,其中约一半的 SiO_2 氧化层嵌入衬底形成氧化隔离墙,另外,部分氧化层横向扩散到 Si_3N_4 保护层的下方,形成尖角状结构,俗称鸟嘴。最后,刻蚀掉 Si_3N_4 保护层和垫氧层,制成 LOCOS 结构。

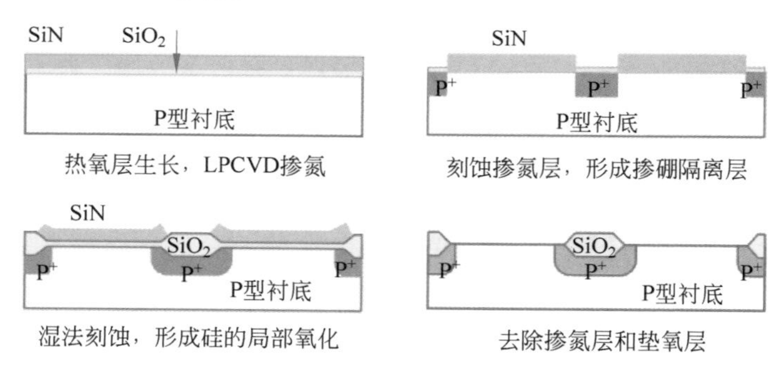

图 11.3 LOCOS 局域氧化隔离工艺流程

LOCOS 工艺步骤简单,在早期集成电路制造的隔离工艺中被广泛采用。但是该工艺也存在两个严重问题:第一,鸟嘴效应;第二,白带效应。

第一,如上所述,鸟嘴的出现原因是热氧化是各向同性工艺,氧化过程中氧气横向扩散到 Si_3N_4 层下方 Si 衬底,从 Si_3N_4 边缘到内部逐渐生成变薄的 SiO_2 层,形如鸟嘴,如

图 11.4(a)所示，通常纵向生长 0.5～0.6μm 的氧化层，则横向生长的鸟嘴区长度也有 0.5μm，其占据了部分有源区面积，不利于器件密度的提高。做个简单的推算，当栅极宽度为 1μm 时，有源区宽度按 1∶4 配置则需要 4μm，两边的鸟嘴长度各 0.5μm，会占据有源区 25%的宽度，按面积折算，鸟嘴面积会占据约 43%的有源区面积。当栅极宽度减小到 0.35μm，则有源区宽度为 1.4μm，此时鸟嘴长度约占据有源区宽度的 71%，按面积折算则比例高达 91%，这完全无法达到器件集成密度的要求。另外，生成的 SiO_2 厚度是所消耗的 Si 厚度的两倍，氧化层结构会凸出硅片表面，鸟嘴区域会将上层的 Si_3N_4 顶起来，导致硅片表面不平整，不利于后续光刻工艺的进行。另外，阻挡环的 P^+ 重掺杂质在热氧化过程中会扩散，部分杂质原子会随着鸟嘴结构扩散进入有源区，这将提高器件的阈值电压并减小驱动电流。这些都是鸟嘴效应带来的问题。

第二，白带效应是指，在湿法氧化过程中的 H_2O 与 Si_3N_4 反应，在 Si_3N_4 与 SiO_2 接触界面边缘生成 NH_3，NH_3 扩散到 Si-SiO_2 界面并在那里与 SiO_2 反应生成 SiON(氮氧化硅)，如图 11.4(b)所示，这些氮化物围绕在有源区边缘，颜色呈白色，如同一圈白带，故称白带效应。这一缺陷导致有源区内后续生长的栅氧化层的击穿电压下降。

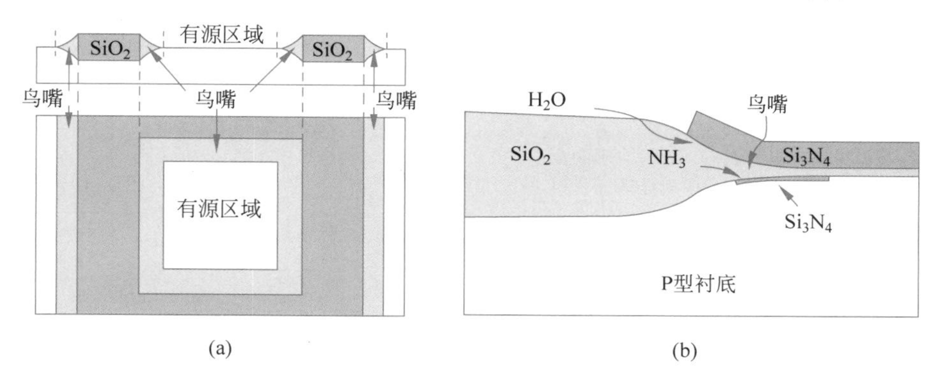

图 11.4 LOCOS 工艺中的鸟嘴结构(a)和鸟嘴带来的白带效应(b)

为了延续 LOCOS 隔离工艺，主要的改进思路是减小鸟嘴长度，由此开发了多种改进型 LOCOS 工艺。其中一种是多晶硅缓冲 LOCOS(Poly Buffered LOCOS，PBL)，如图 11.5 所示，其唯一的改进是在 Si_3N_4 和垫氧层之间加入一层约 50nm 厚的多晶硅，利用多晶硅来替代部分热氧化硅作为缓冲层，多晶硅能够有效消耗横向扩散的氧分子，从而减小对硅衬底的侵蚀，可以使鸟嘴长度减小一半。另外一种是侧墙掩蔽隔离(Side Wall Masked Isolation，SWAMI)，如图 11.6 所示，该工艺沉积 Si_3N_4 和垫氧层，并刻蚀开口后，进一步刻蚀部分硅衬底，刻蚀深约为生长氧化层厚度的一半，采用各向异性湿法刻蚀工艺，形成如图 11.6 所示的倾斜 60°侧墙，然后在侧墙上再沉积 Si_3N_4 层，保护侧墙下方的硅衬底。最后再做阻挡环和厚氧化层。由于侧墙延长了开口边缘离有源区的距离，横向扩散的氧分子沿侧墙扩散到有源区的路径明显延长了，因而鸟嘴会被终止在侧墙的内侧，不再侵蚀有源区，同时厚氧化层凸起的厚度刚好抵消了刻蚀的浅槽深度，使表面平坦度有明显提高。该工艺解决了 LOCOS 鸟嘴问题，但是带来的问题是工艺复杂性大幅提高。

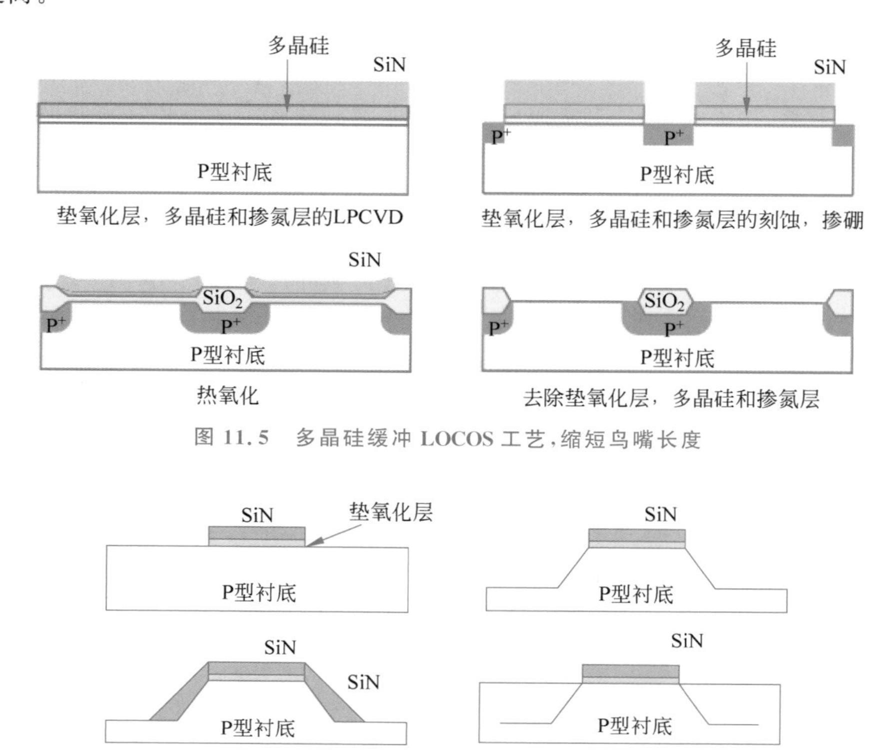

图 11.5　多晶硅缓冲 LOCOS 工艺，缩短鸟嘴长度

图 11.6　侧墙掩蔽隔离 SWAMI 工艺，缩短鸟嘴长度

11.1.3　STI 浅沟道隔离

随着线宽的进一步减小，适用于更小线宽的隔离工艺也应运而生。沟道隔离是现阶段主流的隔离工艺，其思路是将隔离区的硅衬底刻蚀掉，再往里面回填绝缘介质，构筑绝缘高墙。首先开发出的沟道隔离工艺称为浅沟道隔离(Shallow Trench Isolation，STI)。其工艺流程如图 11.7 所示，首先还是先沉积垫氧层和 Si_3N_4 层，接着光刻定义隔离区域，刻蚀 Si_3N_4 层、垫氧层和 Si 衬底层，形成浅沟道(0.25～0.6μm)，离子注入形成阻挡环，然后采用热氧化在沟道表层形成薄氧化层(10～20nm)，用于修复沟道刻蚀损伤，且热氧化形成的 SiO_2 绝缘特性更佳，接着采用 HDP-CVD 沉积 SiO_2 将沟道完全填充起来，最后采用 CMP 将高出表面的 SiO_2 抛光去除，再采用湿法刻蚀将 Si_3N_4 层和垫氧层一并去除，最终获得填充了绝缘介质的沟道和平坦的衬底表面。其中，两个关键的工艺是 HDPCVD 和 CMP。HDPCVD 在填充的同时伴随刻蚀，可以有效避免沟道顶部开口不被堵塞，保证了沟道被完整填充不会出现空洞。CMP 工艺使凹凸不平的表面变成全局平坦化，避免了额外采用光刻和刻蚀去除多余氧化硅的工艺步骤。正是这两个工艺的出现和成熟，才使 STI 隔离工艺克服了早期的工艺瓶颈而进入实际应用，广泛应用在 0.25μm 及以下的工艺中。

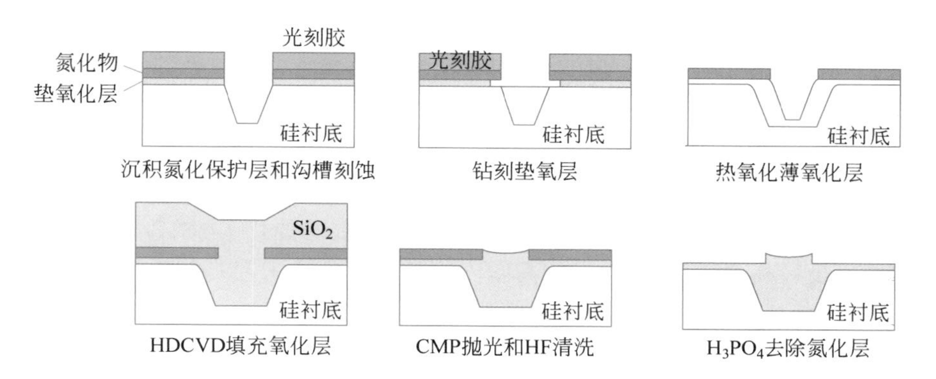

图 11.7 浅沟道隔离 STI 工艺

11.1.4 DTI 深沟道隔离

STI 工艺的沟道深度较浅，仍需要较宽的沟道宽度来隔离。随着线宽进一步缩小，沟道宽度也等比例缩小，则隔离能力下降。为了维持隔离能力，沟道深度需要增加，以延长载流子导通需要经过的路径，因而产生了深沟道隔离(Deep Trench Isolation，DTI)工艺。其工艺流程如图 11.8 所示。第一步，沉积垫氧层和 Si_3N_4 层，光刻定义隔离区域，刻蚀 Si_3N_4 层、垫氧层和 Si 衬底层，形成较深的沟道，典型的深沟道尺寸是：宽度 65～500nm，深度 2～5μm，极窄的沟道宽度有利于提高器件密度。刻蚀深槽的典型工艺是硅的各向异性刻蚀，采用 ICP 或 ECR 进行，对工艺要求极高，要求刻蚀后深槽侧壁保持光滑，沟槽与水平夹角大于 85°。第二步，离子注入形成阻挡环，深槽的离子注入要求注入离子流的准直性高，以保证离子能注入深槽底部。第三步，热氧化形成深槽表面的薄氧化层，薄氧化层的质量决定了 STI 的绝缘隔离性能。第四步，采用 HDPCVD 沉积多晶硅或 SiO_2，往深槽中回填填充物。由于深槽表面已有 SiO_2 层，所以填充物不一定是绝缘介质，也可以是多晶硅等。由于槽深很大，CVD 工艺要完全填充满深槽难度极大，因而采用

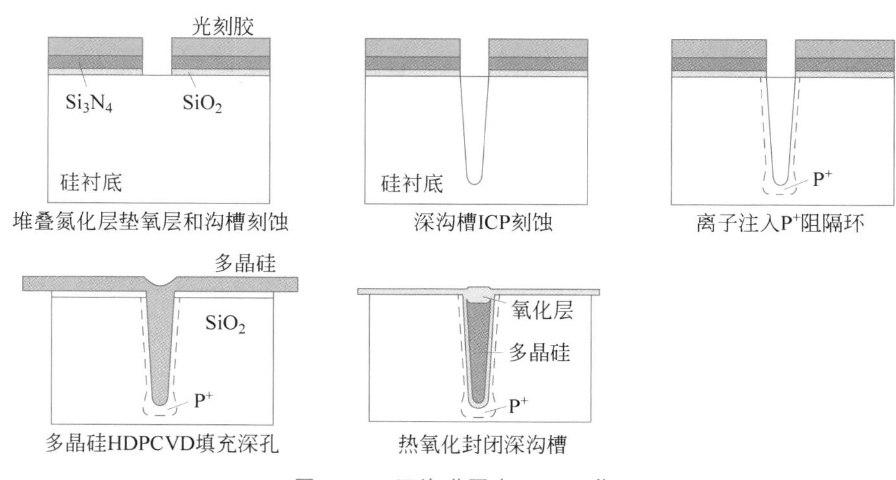

图 11.8 深沟道隔离 DTI 工艺

的填充材料主要取决于其沉积深槽的容易程度，多晶硅是较容易实现深槽填充的物质，因而常被采用。第五步，采用 CMP 对表面沉积多余的多晶硅层抛光并实现平坦化，并湿法刻蚀 Si_3N_4 和垫氧层。最后，第二次热氧化把深槽顶部的多晶硅氧化成 SiO_2，形成密闭 SiO_2 包裹多晶硅的深槽结构。

DTI 工艺的难点是深槽的刻蚀和填充。深槽的刻蚀过程会出现浅层开口大、深层开口变小的形态，主要是因为等离子体难以进入深槽底部的原因，要求等离子体的入射方向要保持垂直度极高，高偏压高真空的高密度等离子体刻蚀工艺是实现深槽刻蚀的保证。深槽的填充主要应避免空洞的出现，因为槽宽极小，所以沉积过程开口极容易被堵塞，深槽中间也容易出现空洞，这会导致可靠性的问题。HDPCVD 工艺是实现深槽填充的保证。

11.1.5 SOI 绝缘体上硅隔离

除了横向的隔离，器件还需要考虑纵向的隔离，避免沟道与衬底之间形成的漏电流通道。器件隔离的终极理想状态是整个器件被完全包裹在绝缘壳层中，这时载流子不再存在任何穿通的通道，不会有漏电流，也不再有寄生晶体管，可达到完美的隔离。为此需要在硅器件层与硅衬底之间形成一层氧化绝缘层，常称该结构为绝缘体上硅（Silicon On Insulator，SOI），如图 11.9 所示。

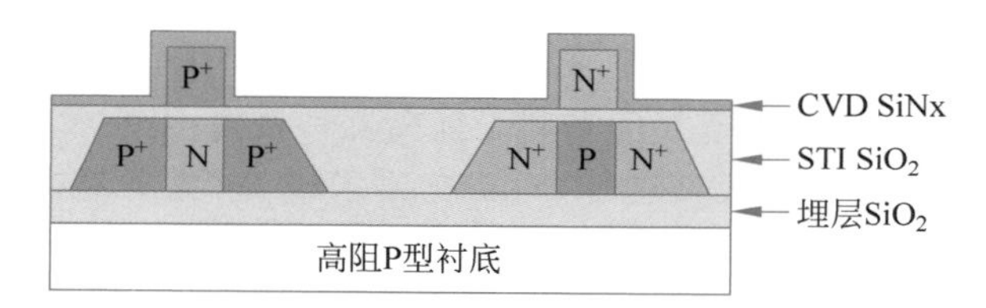

图 11.9　绝缘体上硅 SOI 结构及其构成的 CMOS 器件结构

实现 SOI 结构有若干方法，现阶段有两种主流方法。

第一种，氧离子注入隔离 SOI 工艺（Separation by Implantation of Oxygen，SIMOX-SOI）。利用离子注入工艺的沟道效应（请参考 9.4 节的详细介绍），通过高能量、大剂量的氧离子注入工艺，将氧原子注入硅片里层并与硅原子反应生成 SiO_2 氧化层，把硅片分为 Top Si-SiO_2-Bottom Si 三层，顶层薄硅用于器件层，中间层是 SiO_2 绝缘层，底层仍然维持厚硅衬底。工艺流程主要包括两大步骤（见图 11.10）：第一步，氧离子注入，剂量约 $1.8\times10^{18}cm^{-2}$；第二步，高温快速热退火，温度 1300℃，氧硅反应生成 SiO_2，并修复顶层受损的硅晶格。采用 SIMOX 技术制备的 SOI 材料的主要缺陷是位错，位错密度越低，则 SOI 质量越好。目前采用注氧隔离 SIMOX 技术，已能提供直径 200mm、位错密度小于 10^3cm^{-2} 的商用 SOI 衬底，是现阶段最主流的 SOI 技术。

图 11.10　氧离子注入隔离 SIMOX-SOI 工艺

第二种,键合工艺(Bonding SOI)。键合工艺包括阳极键合,热压键合和聚合物黏结键合等技术。下面以阳极键合为例说明工艺流程(见图 11.11)。首先,将一片硅片热氧化,表面形成 SiO_2 薄层。然后,将另一片硅片紧压于第一片硅片的 SiO_2 层上,上下硅圆各连接高压电源正负极,利用高压在氧化层界面形成的高电场,假设界面耗尽层厚度 1μm,施加 −500V 电压,则场强达到 $E=500\text{V}/\mu\text{m}$,其产生的界面静电力 F 正比于电场力的平方(E^2),约等于 24 倍大气压力,该静电力足以使接触界面的硅原子与 SiO_2 分子重新熔接成新的化学键。同时再施加高温(400~500℃),使紧密接触的硅/ SiO_2 界面更充分发生化学反应,形成牢固的 Si-O-Si 化学键。最终形成 Si-SiO_2-Si 的 SOI 硅片,其键合界面比硅本身还要牢固。最后,将一边的硅片进行背面减薄,通过抛光和研磨工艺将 500μm 厚度的硅片减薄至 2~3μm,以作为器件层。

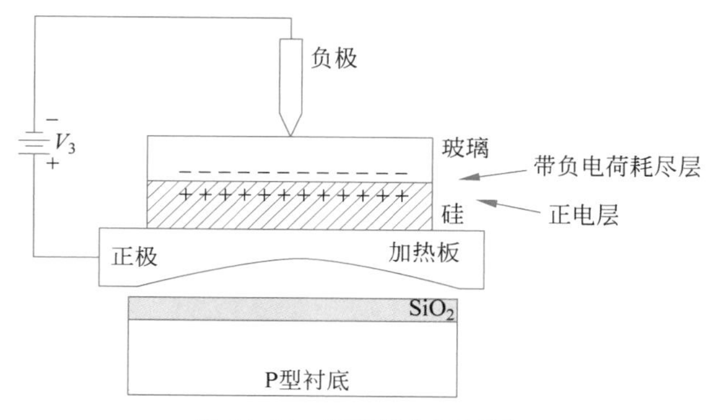

图 11.11 阳极键合原理图

硅片减薄一直是制约阳极键合 SOI 工艺应用的难点,主要问题是成本高、成品率低。有一种氢注入剥离键合技术可以有效降低硅片减薄的成本,其工艺流程如图 11.12 所示,首先,采用 H^+ 氢离子注入在硅片里层形成的气泡层,即在硅里层产生很多缺陷。然

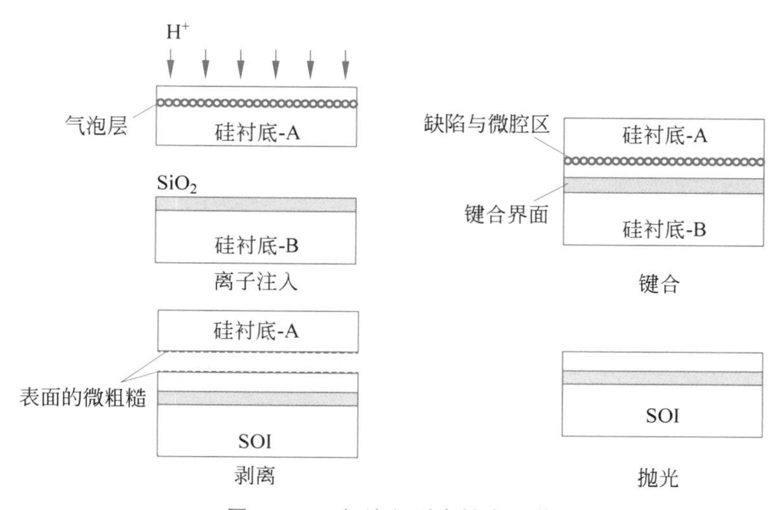

图 11.12 氢注入剥离键合工艺

后，将注氢硅片与另外一片表面有热氧化 SiO_2 的硅片进行键合。接着，通过适当的热处理使注氢硅片从气泡层完整裂开，形成 SOI 结构。最后，对 SOI 片表面进行化学机械抛光。目前，氢注入剥离键合 SOI 技术也已经实现产业应用。

11.2 金属互连和多层金属布线

金属互连指的是连接各个独立器件的导线层，其功能与宏观的印制线路板一致。在集成电路中器件层位于硅衬底上，要求连接器件的金属导线必须在硅衬底上方制备，一般采用金属镀膜结合光刻工艺制备。随着器件密度不断提高，单层金属布线已无法满足器件要求，需要两层以上的金属布线层，呈现立体的金属布线形态，如图 11.13 所示，常称为多层金属布线。以 AMD Atholon 64 CPU 为例，其金属布线层达到 9 层，现阶段先进制程可以实现 16 层金属布线层。金属布线层主要由金属导线和线间/层间绝缘介质组成。

金属互连层对金属的基本要求是：第一，具有良好的导电性，有利于提高电路速度，降低发热功耗；第二，容易与 N 型、P 型硅形成低阻欧姆接触，减小接触界面的电阻和功耗；第三，高电流密度工作下的稳定性高，抗电迁移性能好；第四，与硅和二氧化硅等有良好的黏附性，避免脱落剥离等工艺问题；第五，镀膜工艺简单，指标达标，包括易于沉积和刻蚀，台阶覆盖率好，便于键合。

金属互连层对绝缘介质的基本要求是：第一，绝缘性能好，耐击穿场强高；第二，介电常数小，以降低电路时间常数，减小互连延时；第三，介质层致密度高，与金属的附着力高，避免脱落。第四，工艺可控，制备温度低，避免对金属造成损伤。

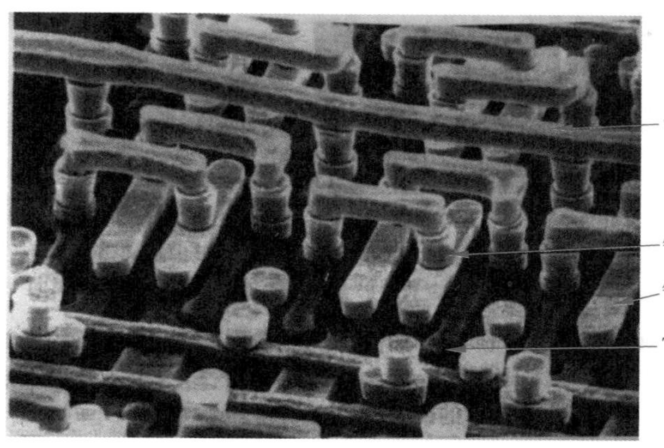

图 11.13　多层金属布线

(Mann, RW. et al. Silicides and local interconnections for highperformance VLSI applications, IBM J Res. Dev, 39, 403, 1995)

11.2.1 金属互连

根据金属互连的要求，一般采用导电性高的材料作为金属互连层。常用的金属材料中，金银铜铝是导电性最好的金属材料，其电阻率如表11.1所示。银的电阻率最低，但是价格昂贵，且银在空气中容易氧化而提高电阻率。金很稳定，但是价格昂贵。铜和铝价格便宜，存量丰富，且电阻率都很低，因此是实现金属互连的最优选择。在早期工艺中，铜导线的镀膜和刻蚀工艺都不成熟，导致无法实现生产应用。因而都采用具有成熟镀膜和刻蚀工艺的铝作为金属互连材料。在0.18μm线宽工艺之前都采用铝作为金属层。随着线宽的等比例缩小，导致金属导线的电阻和相应的电路时间延迟不断增大，为了维持器件性能，才研发出制备铜金属互连的一整套工艺，0.18μm以下工艺改用铜作为互连金属，并沿用至今。

表11.1 常见金属的电阻率

金属	体电阻率/(μΩ·cm)
Ag	1.63
Cu	1.67
Au	2.35
Al	2.67
W	5.65

1. 铝金属互连

铝的电阻率是2.67μΩ·cm，与硅能形成欧姆接触，与SiO_2有较好的附着力，可采用蒸发法、磁控溅射法沉积，可采用湿法、干法刻蚀工艺刻蚀。铝基本满足了金属互连线的全部要求，是早期也是现阶段较大线宽集成电路常用的金属互连材料。但是铝导线并不完美，除了电阻率不是最低值之外，还存在几方面的问题。

第一，铝的电迁移(Electromigration)效应。电迁移效应是指电子经过金属导线时，电子与金属晶格产生碰撞并产生动量交换，一部分变为热能耗散，另一部分变为晶格原子的动量，当动量足够大时足以使晶格金属原子产生位移。当电流密度较大(10^6 A/cm^2)且温度高于150℃时，金属原子随电子流动方向的迁移现象趋于明显。其导致的现象是：金属导线靠近阴极或低电平的一端，由于金属原子的定向迁移而出现凹陷；相反，导线靠近阳极或高电平的一端，大量金属原子迁移导致局域堆积而出现凸起小丘或晶须，如图11.14所示。极端的情况是空洞导致导线断路，而凸起导致相邻导线短路。

金属原子在导线中的移动是扩散过程，其扩散过程主要沿晶粒晶界进行。为了降低原子在晶粒间界的扩散，主要有两个改进的途径：

(1) 提高单晶程度，减小晶粒大小。常规采用物理气相沉积方法制备的铝薄膜都是多晶结构，小晶粒无序堆叠挤压形成连续薄膜。晶粒越小则晶界越多，扩散路径越多，分散了晶界处的平均电子密度。晶化程度越高，则电子沿晶向传递时遇到的晶格散射越少，动量转移越少，原子接收到的迁移能量也减少。实验证明，电子束蒸发的铝薄膜，当其晶粒的优选晶向是<111>时，其电迁移效应是溅射法制备的无序铝薄膜的$\frac{1}{3}\sim\frac{1}{2}$。

(2) 提高晶粒的扩散系数。常采用的方法是在铝中加入少量其他金属，形成合金，譬

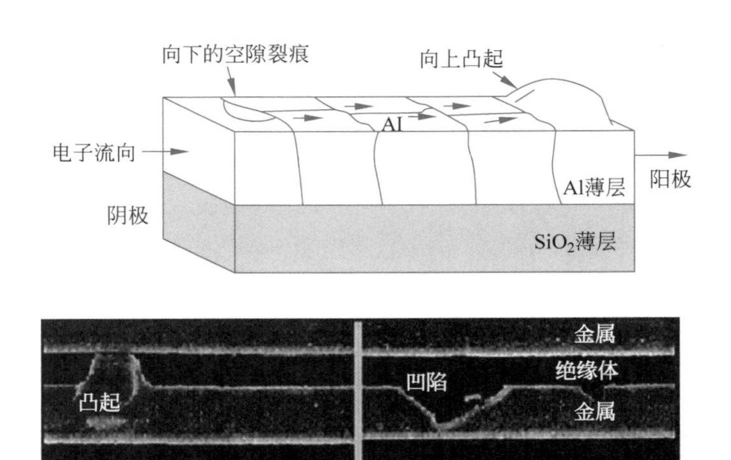

图 11.14　电迁移效应导致的薄膜失效现象

如加入 1.2%～2%的硅形成铝硅合金，加入 2%～4%的铜形成铝铜合金。加进去的铜原子基于分凝效应会包围在铝晶粒外面，即存在于晶粒间界处。电子经过晶界时主要与铜原子产生动量转移，铜的扩散系数较小，电迁移效应较弱。因而减弱了铝导线的电迁移效应。但是该方法存在一个较大的缺点，即铜难以兼容铝的干法刻蚀工艺，常有铜残余。

第二，热应力引起的空洞效应（见图 11.15）。铝与周围绝缘层的热膨胀系数不一致，则经过热工艺后金属与覆盖的介质层之间的热膨胀程度不匹配，会在界面处出现小缝隙或楔形空洞。对于铝，在 300℃时可导致 1%线性膨胀或 3%体积膨胀，这种线性延长相当于 1GPa 以上的应力。部分晶粒会沿着空洞或缝隙渗透扩散到绝缘层中，导致短路或断路的问题。其解决方法与电迁移效应一样，采用铝铜合金降低热膨胀系数差异，减小扩散系数可显著降低空洞效应。

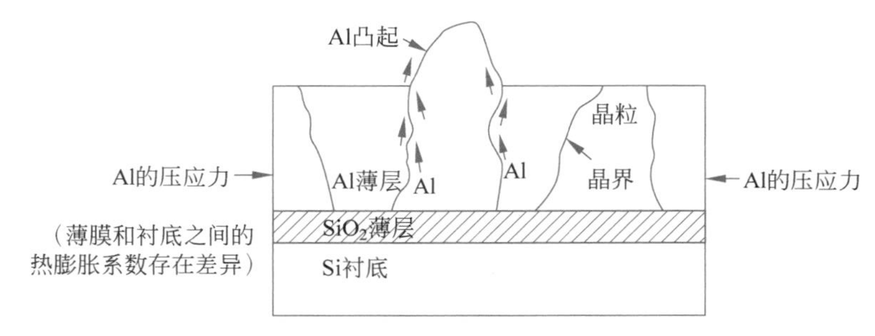

图 11.15　热应力引起的空洞效应

第三，铝硅互溶效应。由于硅在铝中有较大的固溶度和较快的扩散速率，譬如，525℃时硅在铝中的溶解度达到 1%。当温度升高时，接触界面的硅溶解到铝层中，沿着铝的晶粒界面扩散到铝薄膜深处，而在硅界面出现硅被溶解后剩下的众多空洞。铝反过来占领空洞，也即深入到硅层的深部，形如打进硅中的钉子，也称为铝钉效应。当铝钉长度超过硅的PN结长度时，会使PN结失效，这个现象常见于浅结器件。解决铝硅互溶效应常用两种方法。

(1) 采用铝硅合金。在铝薄膜中加入1.2%～2%的硅成分，使铝膜中的硅浓度超过其固溶度，则界面处的硅无法再溶解进铝膜，就不会出现硅铝互溶的问题。该工艺的缺点是铝硅合金的导电性略逊于纯铝。

(2) 在界面增加阻挡层金属，阻隔铝硅的直接接触。阻挡层金属必须与硅和铝都不会互溶，但与两者的黏附力良好，本身导电性要好。常用的阻挡层金属是TiW、TiN、TaN等。阻挡层金属广泛应用于各个导线互连工艺。

第四，引线爬台阶问题。在氧化层台阶的侧壁，特别在接触窗口周围的台阶侧壁，采用蒸发法沉积的铝膜侧壁比平面薄很多，在电路工作时侧壁电阻更大，发热也更明显，很容易造成互连线的断裂失效。其解决办法主要是：首先，加厚铝层，再用CMP抛去多余的铝表面层。其次，优化布线版图设计，尽量减少铝层爬坡梯度过大，采用渐进式台阶过渡。

2. 铜金属互连

铜的电阻率是1.67$\mu\Omega\cdot$cm，其导电性仅次于银，但是稳定性和成本远低于银，是理想的金属导线材料。在宏观的PCB上铜就是最主要的金属导线材料，但是在微纳器件集成电路上，直至0.18μm工艺之前，铜一直没有被应用到生产线中，其主要原因是制备工艺存在不足，另一原因是制造商对引进新材料和新工艺存在主观抵触。新材料、新工艺意味着存在不可预知的问题和生产风险，还涉及与整体器件工艺的兼容性问题，因而不到迫不得已的地步，制造商不会冒险。

与铝比较，铜在若干方面都具有性能优势。首先，铜的导电性优于铝，其电阻率只有铝的60%，这意味着同等横截面积的导线通过相同电流，铜产生的功耗只有铝的60%，发热量减小40%；另外，导致电路延迟也大幅减小。这对于纳米尺度线宽的集成电路器件而言是极大的改进。

其次，铜的电迁移效应和应力迁移效应较弱。铜原子序数29远大于铝13，意味其原子质量更大，在大电流密度下抵抗电迁移效应的能力更强，其抗电迁移性比铝高出两个数量级。这使得铜金属互连的可靠性更高，也能够承受更大的电流密度。

基于上述两大优点，铜导线可以满足应用于更小线宽的工艺，允许更细的金属导线和更高密度的金属互连。但是，铜金属互连也存在一些问题。

第一，铜在硅中的扩散系数较大。铜在硅中属于填隙型杂质，可以在高温下的硅晶格中快速扩散，进入硅的内部，改变硅的杂质分布，一旦扩散进有源区将导致PN结性能改变甚至漏电失效。而铜硅界面会出现空洞和铜硅互溶的问题。其解决方案是增加阻挡层金属，譬如Ta、TaN、WN等。

第二，铜与硅、二氧化硅的黏附力差。由于铜的热膨胀系数远大于硅和二氧化硅，热处理后的铜与硅衬底容易脱离。其解决方案是增加黏附层金属，采用热膨胀系数介于铜和硅/二氧化硅之间的金属作为缓冲层，常用Ta、TaN作为黏附层金属。可见，Ta、TaN

层同时兼备阻挡和黏附双重作用。

第三，也是最大的问题，铜的图案化干法刻蚀工艺不成熟。常规含氯含氟的干法刻蚀工艺中会生成不具备挥发性的副产物 $CuCl_2$ 和 CuF_2，也一直未能找到更有效刻蚀铜的刻蚀气体。这导致铜互连导线的制造工艺一直存在瓶颈而无法应用。直至人们发现，铝导线已经无法满足线宽等比例缩小导致的发热和互连延迟问题时，铜金属互连工艺的改进和应用才正式提上了日程。

11.2.2 多层金属布线及工艺

随着线宽等比例缩小和器件密度不断提高，金属互连线的数量也等比例增加。在单一金属层已经无法容纳所有的互连导线，因而开发出了多层金属布线工艺。多层金属布线互连技术可以使器件集成密度大为增加，使得单位器件面积上可用的互连线面积按层数的倍数增加，同时降低互连线过长导致的电路时间延迟。从亚微米(0.8μm)工艺开始，多层金属布线技术就应用到集成电路芯片制造流程。早期采用的多层布线结构基于铝导线，两个重要技术的开发(CVD 钨填充通孔技术和 CMP 氧化硅表面平坦化技术)，保证了多层金属布线工艺的实现。小于 0.18μm 工艺的多层布线结构开始采用铜导线，引进电镀铜的双大马士革工艺，并引入低 *K* 绝缘介质技术，满足了小线宽的铜多层金属布线工艺需求。

金属布线层的基本结构如图 11.16 所示，包括金属导线层和金属通孔层，其他空间全部用绝缘介质填充。基于此单层结构，多层堆叠形成多层金属布线，其中，导线层的作用是单层内的导线布线，通孔层的作用是连通上下导线层。基于布线的基本规则，底层布线一般用于电源线、地线和器件电极引线，线宽较小，顶层布线一般用于信号传输线，线宽较大。

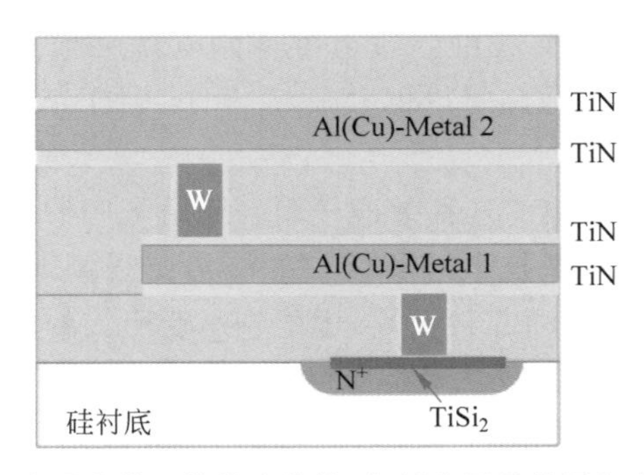

图 11.16　金属布线层的基本结构，包括金属导线层和金属通孔层

1. 铝互连线制造工艺

铝互连线的制造工艺主要由钨通孔工艺和铝导线工艺组成。为何通孔层不能一并使用铝作为材料？其原因主要是工艺技术限制。铝薄膜一般由物理气相沉积(PVD)工艺制备，常采用热蒸发和电子束蒸发。由第 7 章的介绍可知，PVD 工艺的台阶覆盖能力较低，在深孔结构中常出现顶部沉积速率快，侧壁和底部沉积速率慢而导致的空洞问题。

而通孔结构本身就是孔径很小且深宽比很大的深孔结构，采用PVD很难制成没有空洞的通孔金属层。CVD工艺的台阶覆盖能力较好，但是大部分金属难以用CVD工艺制备，除了钨。钨恰好可以用CVD工艺制备，高深宽比填充能力好，且钨的电阻率也不高（$5.65\mu\Omega\cdot cm$），因此通孔材料常选用钨金属。

铝钨金属布线的工艺主要分为两部分：通孔工艺和导线工艺，如图11.17所示。其中，通孔工艺的具体流程是：

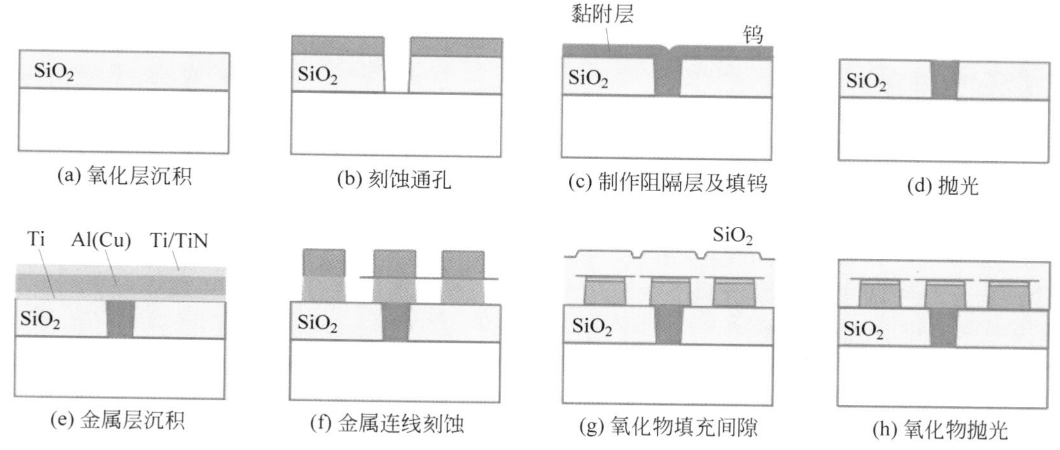

(a) 氧化层沉积 (b) 刻蚀通孔 (c) 制作阻隔层及填钨 (d) 抛光
(e) 金属层沉积 (f) 金属连线刻蚀 (g) 氧化物填充间隙 (h) 氧化物抛光

图11.17 铝互连线的制造工艺，其中(a)～(d)通孔工艺，(e)～(h)导线工艺

（1）CVD沉积SiO_2，作为通孔层的绝缘介质，绝缘层厚度等于通孔深度；

（2）光刻定义通孔位置，并各向异性干法刻蚀出通孔，通孔垂直度和孔径是关键参数，其决定通孔的电阻；

（3）PVD沉积Ti/TiN黏附层/阻挡层，CVD沉积W，填充通孔；

（4）CMP平坦化表面，抛光去除多余的W、Ti/TiN。

接着继续铝导线工艺：

（1）PVD沉积Ti黏附层，提高Al与SiO_2附着力；PVD沉积铝导线薄膜，常掺入1%～2%的铜，制成Al-Cu合金薄膜；再PVD沉积顶部Ti阻挡层和TiN抗反射涂层；

（2）光刻定义导线图案，干法刻蚀铝导线，形成导线图案；

（3）CVD沉积SiO_2，完全覆盖铝导线层；

（4）CMP平坦化，抛光去除SiO_2。

其中两个重要的技术是钨CVD和CMP。钨CVD填充分两个步骤：首先利用WF_6与SiH_4在400℃沉积一层均匀的钨成核层在通孔内壁，再利用WF_6与H_2在400℃在成核层表面继续沉积钨，最终填充满整个通孔。钨成核层的作用是使氢气分解成原子氢，再由原子氢去还原WF_6，使钨薄膜可以连续沉积。如果缺乏钨成核层，则氢气无法在钨表面分解为原子氢，催化能力较低，对WF_6的还原能力弱，镀出的钨膜均匀性较差，难以满足通孔沉积要求。当然可以通过提高生长温度来增强氢气的活性，但是高温会熔化铝薄膜（铝的熔点为660℃），工艺不兼容。

CMP 工艺的重要性体现在在镀膜后实现的表面平坦化。早期 CMP 工艺未开发前，绝缘介质层覆盖铝导线后的表面不平坦无法通过热处理完全消除，导线层表面形貌起伏随层数的增加而急剧升高，严重影响后续光刻工艺的成功率，多于双层的金属布线工艺不可行。另外，沉积通孔层后表面多余的金属层虽可通过湿法刻蚀掉，但同时会部分刻蚀通孔层，影响通孔金属层质量。CMP 工艺可以完全解决这两个问题，全局平坦化使得多层金属布线变为可能。每次镀膜工艺后都伴随着 CMP 工艺，使每一层互连金属层和绝缘介质层都可以平坦化后再进行下一层的制备。现阶段的多层金属布线最高已经可以达到 16 层，CMP 工艺在其中起到不可或缺的作用。

2. 铜互连线制造工艺

铜互连线是进入 0.18μm 工艺才发展并应用的技术，是目前 5nm 工艺仍在使用的互连技术。铜互连线的制造方法采用双大马士革(Dual Damascene)镶嵌工艺。该工艺的思路是先在绝缘介质层中刻蚀出沟槽和通孔，再将铜沉积进沟槽和通孔，最后用 CMP 抛光表面多余的铜，从而有效避免了铜的刻蚀工艺。

双大马士革工艺可以由两次单大马士革工艺重复而成。其工艺流程是：如图 11.18 所示，首先制备通孔层。

(1) PECVD 沉积 SiC 刻蚀停止层。

(2) SOD(Spin On Dielectric)沉积 SiO_2 介质层。

(3) 光刻定义通孔图案，干法刻蚀 SiO_2 通孔和 SiC 停止层，直至刻穿 SiC 停止层。通孔形状形成。

(4) PVD 沉积 Ta/TaN 黏附层/阻挡层。

(5) PVD 沉积铜种子层。

(6) 电镀沉积铜，至通孔被完全填充。

(7) CMP 抛光表面多余的铜直至完全露出 SiO_2 介质层。

其次，制备沟槽导线层。步骤与上述完全一致。相当于做了两次单大马士革工艺，

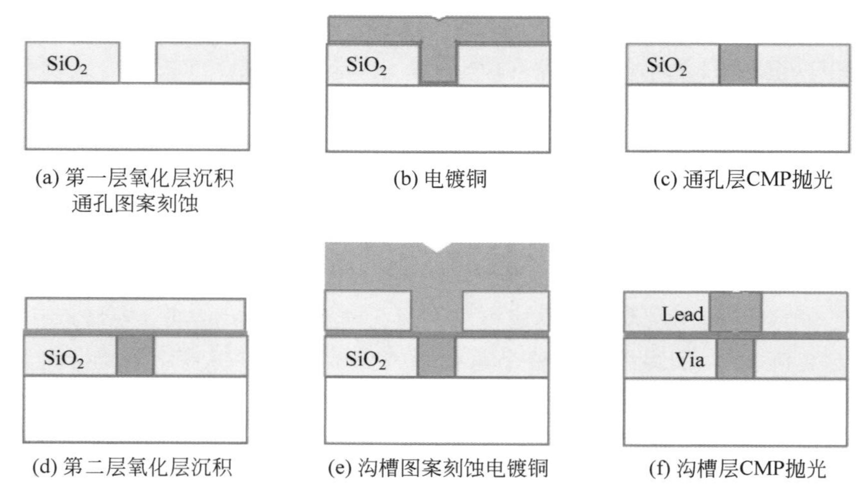

图 11.18 铜互连线的单大马士革制造工艺

分别制备通孔层和沟槽导线层。

显然，这个工艺流程步骤太多，除了通孔和沟槽的图案不同之外，其他工艺都是一样的。为了提高工艺效率，开发了双大马士革工艺，其思路是先将通孔和沟槽图案分别刻蚀完毕后，再一次性进行电镀沉积。双大马士革工艺主要有两种流程：第一种是先刻沟槽再刻通孔；第二种是先刻通孔再刻沟槽。

第一种流程如图 11.19 所示。

(1) PECVD 沉积 SiC 刻蚀停止层，SOD 沉积 SiO_2 介质层，再次通过 PECVD 沉积 SiC 刻蚀停止层，再次通过 SOD 沉积 SiO_2 介质层，形成双介质层，中间用 SiC 刻蚀停止层隔开。

(2) 光刻定义沟槽图案，干法刻蚀 SiO_2 沟槽，停止于第一层 SiC。沟槽形状形成。

(3) 光刻定义通孔图案，此时沟道层被光刻胶填充仅露出通孔位置，干法刻蚀 SiO_2 通孔至刻穿第二层 SiC 停止层。通孔形状形成。

(4) PVD 沉积 Ta/TaN 黏附层/阻挡层。

(5) PVD 沉积铜种子层。

(6) 电镀沉积铜，至完全填充沟槽和通孔。

(7) CMP 抛光表面多余的铜直至完全露出 SiO_2 介质层。

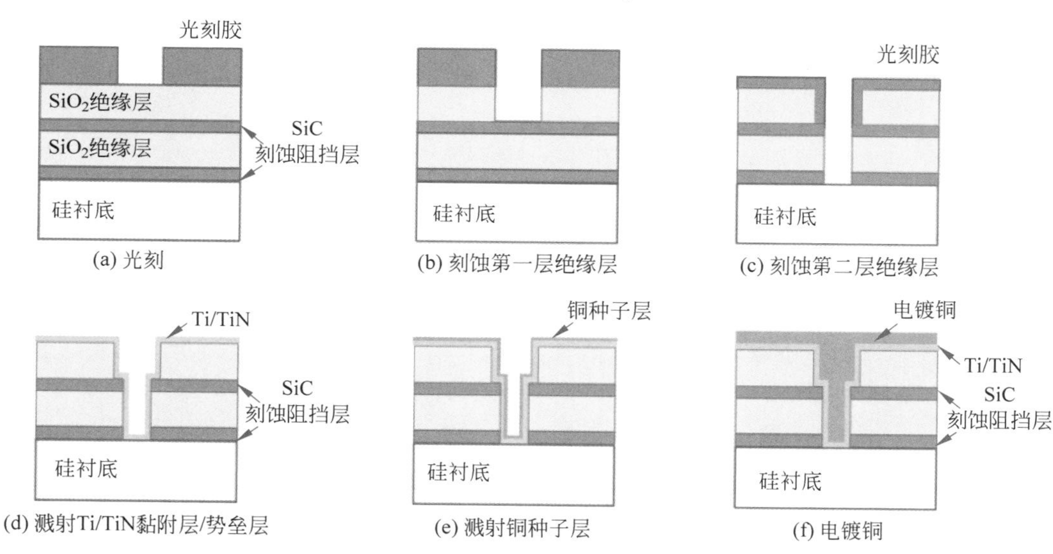

图 11.19 铜双大马士革制造工艺之一：先刻沟槽，再刻通孔

第二种是先刻沟槽再刻通孔工艺，如图 11.20 所示。

(1) 与第一种方法一致，先 SOD 形成 SiO_2 双介质层，中间用 SiC 刻蚀停止层隔开。

(2) 光刻定义通孔图案，干法深刻蚀通孔，直接刻穿 SiO_2 双介质层和 SiC 层。通孔形状形成。

(3) 光刻定义第一层沟槽图案，此时第二层通孔层被光刻胶填充保护，干法刻蚀第一层 SiO_2 介质层并停止于第一层 SiC 停止层。沟道形状形成。之后电镀铜的工艺与第一种方法一致。

(4) PVD 沉积 Ta/TaN 黏附层/阻挡层。

(5) PVD 沉积铜种子层。

(6) 电镀沉积铜完全填充沟槽和通孔。

(7) CMP 抛光表面多余的铜直至完全露出 SiO_2 介质层。

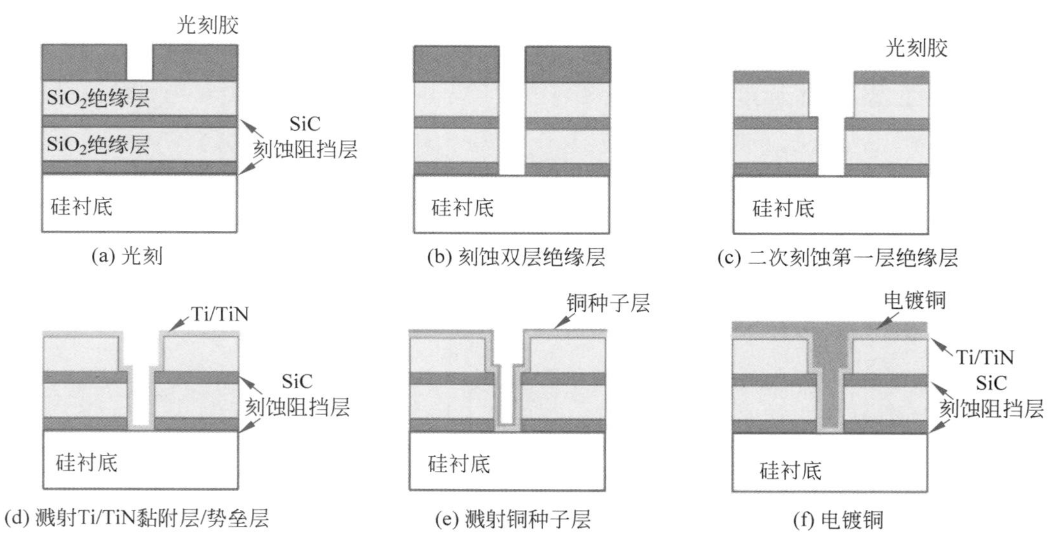

图 11.20　铜双大马士革制造工艺之二：先刻通孔，再刻沟槽

可见，两种流程的差别在于刻蚀沟槽和通孔的工艺先后顺序改变，其他步骤基本是一致的。两种流程各有特点，先刻沟槽的方法的难点在于第二次光刻定义通孔形状，光刻胶需要覆盖第一层介质层，曝光深度较大，这对光刻的方向性提出了较高要求；先刻通孔的方法难点在于刻蚀通孔，刻蚀深度等于两层 SiO_2 介质层加上两层 SiC 停止层，要保证底层的通孔层完全刻穿并保持通孔的垂直性，这对干法刻蚀的深孔刻蚀能力提出了较高要求。

双大马士革工艺中的关键技术是电镀铜和 CMP 工艺。电镀铜的工艺主要突破了铜的图案化薄膜沉积工艺限制，规避了铜的刻蚀工艺。首先，提高了铜薄膜与 SiO_2 的附着力问题；其次，解决了深孔填充问题。最后，制造成本降低。CMP 工艺进一步解决了多余铜薄膜去除的问题，同时提高了全局平坦化的程度。这两个技术的成熟和引进，解决了铜导线制造的关键问题。

此外，旋涂介质层技术(Spin On Dielectrics，SOD)也被引进用于铜导线的制造工艺中。SOD 工艺采用类似旋涂光刻胶的方法将介质(如 SiO_2)直接沉积在衬底之上。工艺主要包括两个步骤，如图 11.21 所示。首先，将溶于溶剂的介电材料浆料以旋涂的方式涂布在晶片上；其次，热处理固化，去除溶剂等非介质成分，将介质层转化成纯粹致密的 SiO_2。由于采用的旋涂介质材料的性质类似可流动的液体聚合物[如全氢聚硅氮烷(PHPS)的无机旋涂式电介质材料]，其可以在衬底表面流动，可有效覆盖高低起伏表面，而且容易完全填充进微细的间隙，因而旋涂的介质层具有优异的平坦程度。旋涂介质材料中的溶剂等成分可以通过后续热处理蒸发，剩下的介质成分在热处理过程中重新固化和结晶生成纯粹致密的 SiO_2 薄膜，其性能可媲美高性能 CVD 介质层。当然，蒸发溶剂后介质层厚度会明显变薄，在填充孔洞处会出现凹陷的问题，这就需要后续进行二次填充，既可以再次进行 SOD，也可以进行 CVD，以实现孔洞的完全填充。当然，在大马士革工艺中不存在介质孔洞填充的问题，所以此处不做深入讨论。

SOD 工艺的特点是：第一，常温制备，避免了 CVD 工艺的高温过程；第二，具有完美的间隙填充性能，避免 CVD 工艺的深孔填充能力限制；第三，其制造成本低廉，且产量高。因而，SOD 目前已经成为一种普遍的介质层制备技术，在 10nm 工艺甚至更先进的技术节点上仍可胜任。

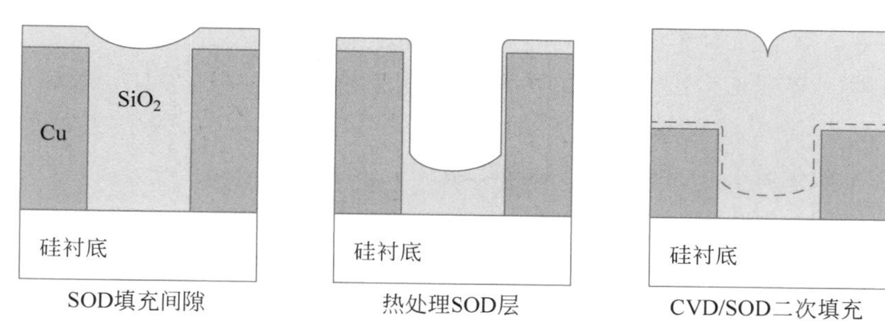

图 11.21　旋涂介质层工艺（Spin On Dielectrics，SOD）

11.2.3　互连延迟问题与解决方法

器件线宽技术节点不断变小，器件各部分尺寸如结深度、栅极绝缘层厚度、有源层宽度等特征指标都需要等比例缩小（见表 11.2），带来的好处是晶体管性能提升和集成程度提高。但是，对于互连导线而言，线宽的等比例缩小虽然可以提高布线密度，但是带来的坏处也很多。首先，金属导线变得更细，电阻会增加；其次，介质层厚度变薄，层间电容会增加；二者叠加，电路 RC 常数增大，从而导致严重的布线信号延迟问题。电路的延迟主要有两方面：互连线延迟和晶体管门延迟。在 $>1\mu m$ 技术时代，晶体管门延迟是主要延迟因素，但是随着互连线宽不断减小，布线长度不断增加，在 $0.2\mu m$ 技术时代，二者延迟时间趋于同一量级，到了 $<100nm$ 技术时代，互连延迟明显大于晶体管门延迟。因而，互连延迟变成严重限制集成电路性能的关键问题，降低互连延迟的工艺技术改进势在必行。

表 11.2　器件各部分线宽对应技术节点等比例缩小

CMOS 技术节点	0.35μm	0.25μm	0.18μm	0.13μm
最小金属线宽 W/μm	0.4	0.3	0.22	0.15
最小金属线间距 L_s/μm	0.6	0.45	0.33	0.25
金属线厚度 H/μm	0.7	0.6	0.4	0.4
介质层厚度 d/μm	1	0.84	0.7	0.6

互连延迟时间的物理量是 τ，其大小正比于每个节点的电容值和电阻值，常称为 RC 常数。$\tau=\dfrac{VC}{I}=RC$ 可以用一个简单的模型推算互连布线等比例缩小后导致的互连延迟变化。如图 11.22 所示，假定金属导线长度为 L，宽度为 W，厚度为 H，两条金属线间距为 L_s，介质层厚度为 d，金属电阻率为 ρ，介质层介质常数为 ε，则

$$R=\rho\frac{L}{HW}$$

$$C_{ILD}=\varepsilon\varepsilon_0\frac{WL}{d}$$

$$C_{IMD}=\varepsilon\varepsilon_0\frac{HL}{L_s}$$

其中，C_{ILD} 是金属层间电容，C_{IMD} 是金属线间电容。显然，对于电阻而言，线宽 W 和线厚度 H 的减小，导线长度 L 的增加，会导致电阻急剧增大。对于层间和线间电容而言，宽度 W、间距 L_s 和介质层厚度 d 的等比例减小并不会明显影响电容，但是导线长度的增加仍会增大布线电容。因此，τ 值也会随之增加。

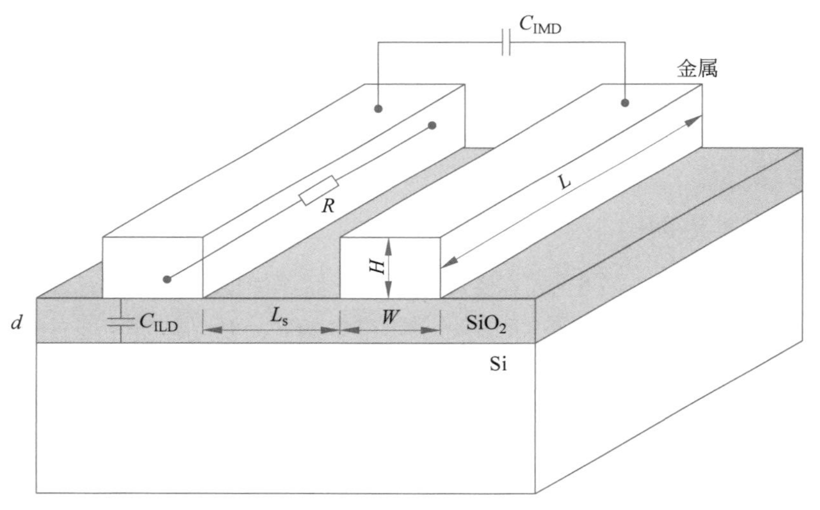

图 11.22　金属互连线模型

可见，等比例缩小和金属多层布线增加而导致的互连延迟问题的本质是导线电阻变大，电容变大。因而，解决方法也应从这两方面着手。在线宽、线厚度和线间距等尺寸无法改变的情况下，只能在电阻率、介电常数等材料参数上做文章，即采用电阻率更低的金属导线、介电常数更低的绝缘介质取代现有的金属和绝缘材料。现阶段的成熟方案是：布线金属采用铜（$\rho=1.67\mu\Omega\cdot cm$）取代了铝（$\rho=2.67\mu\Omega\cdot cm$），绝缘介质采用低 K 介电材料（$1<\varepsilon<4$）取代了二氧化硅介质（$\varepsilon=3.9$）。

研究结果表明（见图 11.23），基于 0.1μm 线宽工艺，采用 Cu＋低 K 组合比 Al＋SiO_2 组合制成金属引线的互连延迟少用了约 4 倍的时间，器件整体延迟缩短接近 3 倍时间。这为等比例缩小线宽情况下器件性能的维持和提升提供了强有力的支撑。

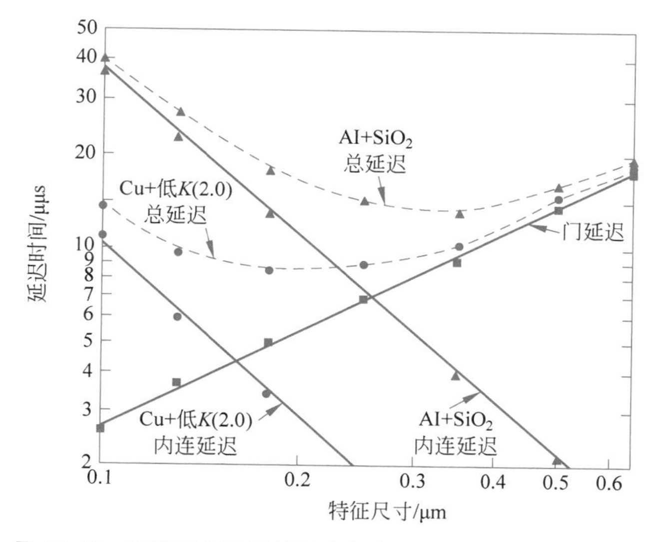

图 11.23 互连延迟问题的解决方案：采用 Cu+低 *K* 介质层

11.2.4 低 *K* 绝缘介质层

铜取代铝的工艺和原理前面已有详细介绍，如下主要介绍低 *K* 绝缘介质层的演化。常将介电常数低于二氧化硅（SiO_2）的一类绝缘材料统称为低 *K* 绝缘介质（相对介电常数 ε 也常用 *K* 表示）。

从物理原理上讲，当一个外加电场加到一个单一的介电层上时，价电子云会偏离原子核和核电子，从而产生了一个可以改变电场的偶极子。相对介电常数就是由这个偶极子造成的电场大小的度量。价电子被束缚得越紧，相对介电常数就越小。真空具有最小的相对介电常数，其值是 1。

SiO_2 是工艺最成熟和应用最广泛的绝缘材料，其介电常数是 3.9，并非最佳的绝缘介质层材料。因此，需通过对 SiO_2 改性或改换其他绝缘材料以进一步降低相对介电常数。

1. 改性 SiO_2

这是最简单也是兼容现有工艺最好的方法。通过提高参与硅键合的电子的局域性，可以让 SiO_2 的价电子束缚得更紧，从而降低 SiO_2 的相对介电常数。工艺上常采用在 CVD 制备 SiO_2 工艺中掺入少量氟（F）来实现。F 与 Si 形成的共价键更短，从而有效束缚了价电子。通过加入 F 可以使 SiO_2 的相对介电常数降低到 3.4。但是加入 F 过多会导致 SiO_2 硬度降低，因而不能无限制地降低 SiO_2 的相对介电常数。

也可采用 CH_3 向 SiO_2 中掺入 C 和 H，获得 SiOC：H，使得 SiO_2 的相对介电常数降至 2.5～3.5，取决于 C 和 H 的掺入量和比例。这是在 CVD 工艺中实现的掺杂。

2. 其他绝缘材料

为了进一步降低相对介电常数，还开发了多种可用于介质层的低 *K* 绝缘材料，相对介电常数为1.9～3.3。DLC(Diamond Like Carbon)是类金刚石碳，其相对介电常数为2.7～3.3，掺F的DLC相对介电常数可进一步降至2.0。常采用CVD工艺制备，其缺点是附着力不佳，必须采用黏附层来提高与上下层薄膜的黏合。PAE(Poly Arylene Ether)是芳香烃结构材料，相对介电常数为2.5，掺F后相对介电常数为2.8。具有耐高温、低除气和力学稳定性特性，常用于双层大马士革互连结构的介电层。BCB是丁二烯硅烷和二苯系聚合物的混合物，介电常数为2.7，具有间隙填充好、黏附性好和平坦度高的优点。除此之外，还有掺F聚酰亚胺、硅氧烷和硅三氧化二烷等绝缘材料。上述材料中，除了DLC外都可以采用旋涂工艺制备，使得工艺可在常温下进行，极大地提高了工艺兼容性。

3. 多孔材料

多孔材料也称气凝胶或干凝胶，其通过降低材料密度来降低介电常数。可以用有效介质近似公式来估算其介电常数

$$\varepsilon_{多孔}=x\times\varepsilon+(1-x)\times 1$$

其中，ε是相对介电常数，x是材料填充系数。譬如，填充系数为0.3的SiO_2的介电常数约为1.9。可采用可控蒸发、纳米相分离或干燥方法制备多孔薄膜。譬如，使用绝缘颗粒与液态载体配成浆料，经旋涂和固化形成薄膜，再加热退火挥发其中的溶剂，形成多孔结构，常称为气凝胶。譬如多孔石英气凝胶，其孔隙率可达到95%($x=0.05$)，具有高热稳定性、低膨胀率、刻蚀选择比大等特点，其介电常数可低至1.1。但是多孔材料存在的问题是结构稳定性较差，与CMP、刻蚀、光刻和热处理等工艺的兼容性不佳，常需要对后续工艺进行改良以适应多孔介质层的特性，譬如，在CMP工艺中，为了减少对多孔介质层的磨损，开发新的聚合物研磨液以取代常规的氧化硅和氧化铝研磨液，以实现对较软材料的抛光。

4. 真空

真空(或空气)是最佳的介电材料，其相对介电常数为1。假设将层间、线间介质全部刻蚀掉，则可获得完全无包裹绝缘介质的多层金属布线，可以获得最佳的介电性能。但是显然这样的结构是不稳定的，机械强度太低、导热能力太差。在现有工艺中，线间介质可采用真空间隙工艺实现，如图11.24所示，利用镀膜和刻蚀工艺的结合，特意构筑出金属导线间的孔洞间隙，形成最佳的介质结构。

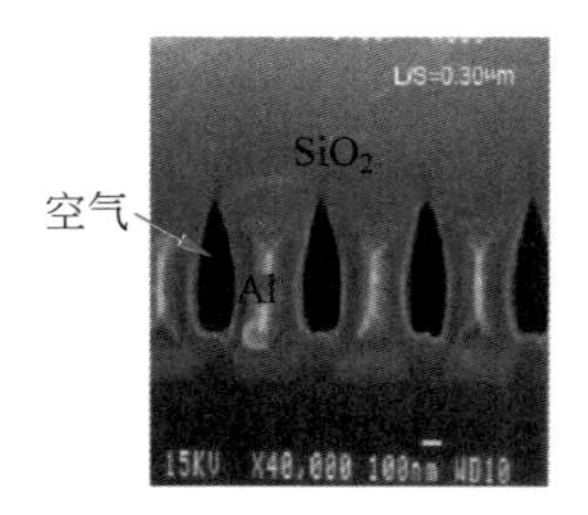

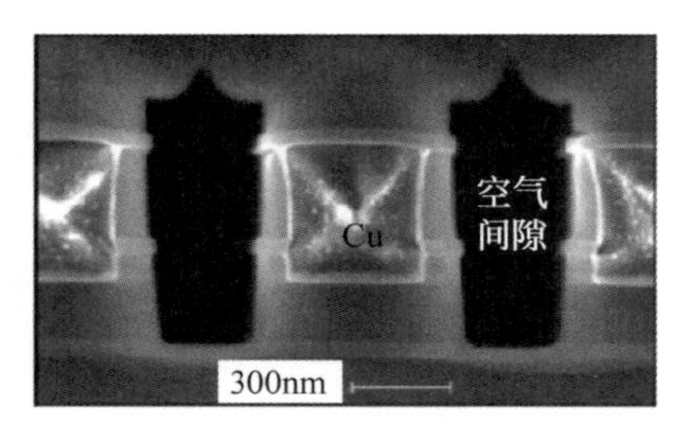

图11.24 真空间隙的介质结构

多种材料的相对介电常数如表11.3所示。

表 11.3　多种材料的相对介电常数

	材　料	相对介电常数 K
氧衍生物	氟掺杂氧化物(CVD)	3.3～3.9
	碳掺杂氧化物(SOG,CVD)	2.8～3.5
	氢掺杂氧化物(SOG)	2.5～3.3
有机物	聚酰亚胺(spin-on)	3.0～4.0
	芳香族聚合物(spin-on)	2.6～3.2
	真空沉积的聚对二甲苯	2.3～2.7
	氟掺杂的非晶碳	2.3～2.8
	特氟龙/聚四氟乙烯(spin-on)	1.9～2.1
多孔氧化物	干凝胶	1.8～2.5
	空气	1

11.3 欧姆接触和金属硅化物

11.3.1 欧姆接触

金属层与硅基器件、金属层与金属层之间的连接界面存在物理接触和电接触，既要保证牢固的物理附着力，又要保证良好的界面导电性能。本节主要讨论电接触。要求任何接触界面的电接触必须是欧姆接触。欧姆接触是指具有线性和对称的电流电压关系，且界面接触电阻非常低(接近于金属导线电阻)。接触电阻占器件电阻的比例必须非常小，以减小器件热功耗。金属与金属之间一般为欧姆接触。金属与半导体之间的接触则分为欧姆接触和肖特基接触，实现欧姆接触需要满足一定的条件。

由半导体物理知识可知，金属与半导体之间的功函数差异及半导体类型是决定其接触的主要原因。如图 11.25 所示，以 N 型半导体为例，当金属功函数<N 型半导体功函数，界面势垒呈下弯趋势，金属费米能级与 N 型半导体导带底连接，则形成欧姆接触；当金属功函数>N 型半导体功函数，界面势垒呈上弯趋势，金属费米能级与 N 型半导体导带底之间出现势垒，电子无法自由从金属流向 N 型半导体，则形成肖特基接触。P 型半导体则刚好相反。当金属功函数>P 型半导体功函数，形成欧姆接触；当金属功函数<P 型半导体功函数，则形成肖特基接触。

因此，要实现金属与半导体的欧姆接触，必须选择合适的金属和半导体类型。但是，在实际器件设计和制备过程中，选用金属导线与半导体材料时需要考虑较多更重要的特性，一般很难满足欧姆接触的功函数差异需求，此时的金属与半导体接触将形成肖特基接触。肖特基接触相当于理想的二极管，具有正向导通、反向阻断的整流特性，不利于导线与器件的连接。为此，应考虑把肖特基接触转变为欧姆接触。

在肖特基接触情况下，流经肖特基结的电流由热电子发射决定，即能量足够高的载流子可以越过势垒高度进入半导体内，这部分载流子的数量决定了电流大小，如下式所示

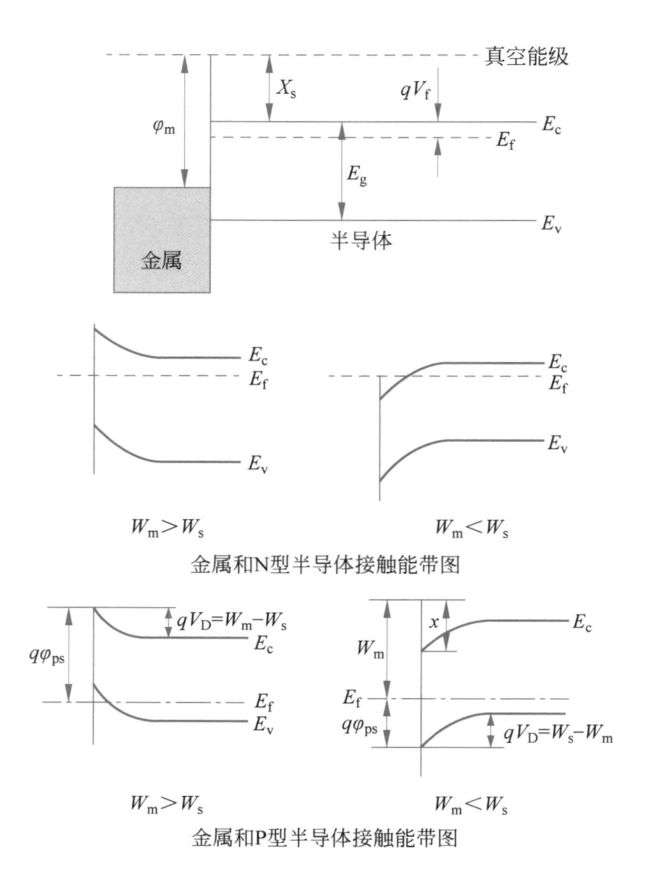

图 11.25　金属与半导体的接触能带图

$$I = I_0\left(\exp\frac{qV}{nkT} - 1\right)$$

$$I_0 = RT^2 A\exp\left(-\frac{\Phi_b}{kT}\right)$$

其中，Φ_b 是有效势垒高度，即金属功函数与半导体电子亲和势差，A 是面积，n 是理想因子，R 是理查逊常数。可见，电流与势垒高度呈指数反比关系。

单位面积接触电阻的定义是电压除以单位面积电流，代入上式，得

$$R = k/qRT\exp(\Phi_b/kT)$$

同样，接触电阻与势垒高度呈指数正比关系。为了减少接触电阻，必须降低势垒高度。势垒高度由功函数差决定，而半导体功函数与衬底掺杂浓度的对数成正比，如下式所示

$$\Phi = \frac{kT}{q}\ln\frac{N_A}{n_i}$$

因此，可以通过提高衬底掺杂浓度以降低势垒，从而降低接触电阻。

同时，势垒宽度也跟衬底掺杂浓度密切相关，如下式所示

$$W=\left\{2\varepsilon_s\varepsilon_0\left[\frac{\Phi_b}{qN_D}\right]\right\}^{\frac{1}{2}}$$

当衬底掺杂浓度很大时，势垒宽度变得足够窄，则载流子基于量子隧穿效应可直接隧穿势垒，不再受势垒高度限制，实现隧穿欧姆接触。则接触电阻公式可近似为

$$R=A_0\exp[C_2\Phi_b/\sqrt{N_D}]$$

式中，A_0、C_2 为常数。可见，为了实现低接触电阻，提高衬底掺杂浓度是最有效的手段。

由图 11.26 可见，要将肖特基接触转变为欧姆接触，主要有两种方法：降低势垒高度和缩短势垒宽度。

（1）低势垒欧姆接触。既可以通过提高衬底掺杂浓度来降低势垒高度，也可以通过改变金属或半导体材料来调节势垒高度。譬如，铂（Pt）与 P 型硅形成的势垒高度是 0.2eV，一般情况下，只要势垒高度低于 0.3eV，可近似看作欧姆接触。金属硅化物 $TiSi_2$、$CoSi_2$ 与硅形成的势垒高度较低，也可形成欧姆接触。

（2）高掺杂欧姆接触。通过进一步提高掺杂浓度（$>10^{19}\text{cm}^{-3}$）来降低势垒宽度，实现隧穿欧姆接触。因此，在器件工艺中常在硅基表面与金属接触的开孔处制作重掺杂浅结，以降低接触电阻。

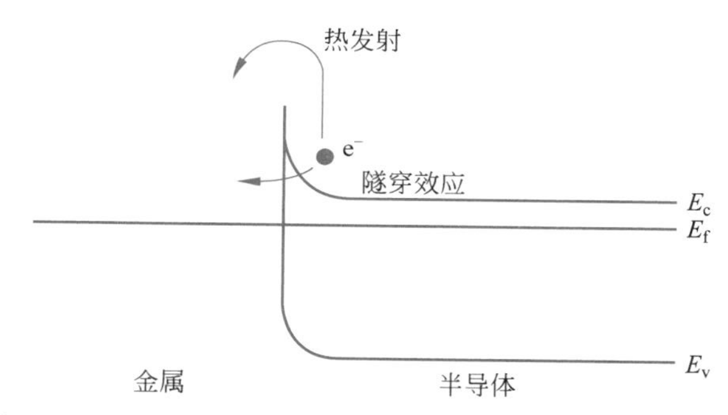

图 11.26　肖特基接触转变为欧姆接触的两种方法：降低势垒高度、缩短势垒宽度

但是，在实际工艺中，金属与半导体接触界面无法保持绝对干净，界面会反应生成具有新电学性质的复合物污染层，并重新构成一个新的电学表面态，常会增加势垒宽度。这将导致接触电阻难以有效降低。

另外，金属与硅界面反应会因元素互溶而产生若干问题。下面以铝硅接触为例说明。铝导线蒸镀到硅表面后，为了提高接触界面质量，需进行退火处理（450℃）。铝表面的薄氧化层（Al_2O_3）可在高温下被穿透，铝扩散到硅界面，形成良好的欧姆接触。但是硅在铝中具有的溶解度极限为 0.5%（在 450℃下），导致一部分硅原子从界面处融进铝金属导线，从而在硅界面露出孔洞。铝反过来填充孔洞，进入硅内部，导致硅基的结深度改变，严重者甚至导致 PN 结穿透而失效，特别是对于超浅结（$<0.2\mu m$）。

11.3.2 金属硅化物

为了实现良好的接触界面并构造欧姆接触，开发了金属硅化物接触层。其工艺是在

硅表面先沉积一层薄金属层，然后高温退火使其与硅发生反应，形成金属硅化物的薄接触层，最后将多余的未反应的金属层刻蚀掉，露出金属硅化物接触层作为后续金属导线连接窗口。譬如，Ti 与 Si 反应生成 $TiSi_2$。对于作为欧姆接触层的金属硅化物的要求是：

(1) 低电阻率。

(2) 容易与硅反应，并与硅形成欧姆接触。

(3) 工艺兼容性好，易于生成、刻蚀、氧化。

绝大部分的过渡金属硅化物的导电机制类似于金属，都具有良好的导电性，导电率比多晶硅提高一个数量级或更多。其导电率分布范围较大，主要受薄膜沉积条件（硅与金属原子比例、晶粒尺寸）、杂质含量、退火温度和时间等条件影响，需要通过工艺调控以实现最佳的导电性能。

常用的金属硅化物有 PtSi、$PdSi_2$、$CoSi_2$、NiSi、$TiSi_2$ 等。在 0.35μm 和 0.25μm 节点工艺中，工业界最初采用 $TiSi_2$ 作为标准的硅化物。但是当节点线宽进一步减小时，$TiSi_2$ 的沉积与退火受到窄线条效应的限制，窄线条的硅化物晶粒呈一维生长模式，需要更高的退火温度进行处理，进而导致结块和电阻增加。在 0.18μm 节点工艺采用 $CoSi_2$ 取代 $TiSi_2$。而当线条宽度小于 40nm 时，$CoSi_2$ 在硅上的薄层电阻迅速提高，无法满足需求。因而，在 90nm 和 65nm 节点工艺，又采用了 $NiSi_2$ 取代 $CoSi_2$。如图 11.27 所示，NiSi 的宽度降至 30nm 以下，其方块电阻率仍维持在很低的水平，并且 NiSi 对硅的消耗量相比 $CoSi_2$ 降低 35%，退火温度也更低，因此是小线宽条件下更优的硅化物。

金属硅化物与金属导电机制类似，其接触可认为是欧姆接触，而金属硅化物与硅的接触产生的势垒一般会小于金属与硅产生的势垒，因而是实现欧姆接触的较好方法。关于金属硅化物与硅形成肖特基势垒高度的计算比较复杂，需要考虑半导体表面态和界面态、镜像力效应和硅化物与硅界面层等因素，且物理图像仍不是十分清楚，有待进一步研究。

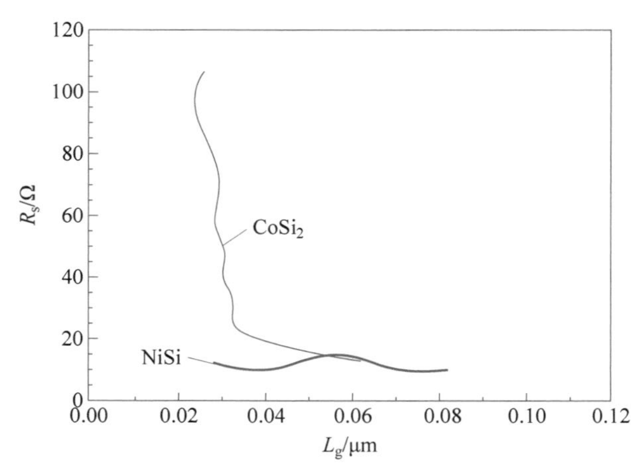

图 11.27　不同线宽下 NiSi 和 $CoSi_2$ 的方块电阻率 R_s 变化

第12章 器件制造工艺及特性测试

12.1 器件制造工艺原理

12.1.1 电阻

电阻在各种电路中会阻碍电流的通过，起到降压、分压、稳定和调节电流的作用，与电容组合使用，还可以起到滤波的作用。

在集成电路工艺中，电阻可以通过多种方式实现。按照不同的制作方式，电阻可以分为阱电阻、金属电阻、Ploy 电阻等，不同的电阻性能相差很大。

阱电阻即用阱来作电阻主体，在 P 型衬底上，用 n 阱来实现，形成 n 阱扩散电阻。

12.1.2 光电二极管

光电二极管(Photo-Diode)和普通二极管一样，也是由一个 PN 结组成的半导体器件，也具有单方向导电特性。但在电路中它不是整流元件，而是把光信号转换成电信号的光电传感器件。

普通二极管在反向电压作用时处于截止状态，只能流过微弱的反向电流，光电二极管在设计和制作时尽量使 PN 结的面积相对较大，以便接收入射光。光电二极管是在反向电压作用下工作的，没有光照时，反向电流极其微弱，称为暗电流；有光照时，反向电流迅速增大到几十微安，称为光电流。光的强度越大，反向电流也越大。光的变化引起光电二极管电流变化，这就可以把光信号转换成电信号，成为光电传感器件。

12.1.3 MOSFET

MOSFET(Metal-Oxide-Semiconductor Field Effect Transistor)即拥有金属-氧化物-半导体结构的晶体管，在 1960 年由贝尔实验室的 D. Kahng 和 Martin Atalla 首次制造成功，有 P 型 MOS 管和 N 型 MOS 管之分，由 MOS 管构成的集成电路称为 MOS 集成电路，由 NMOS 组成的电路就是 NMOS 集成电路，由 PMOS 管组成的电路就是 PMOS 集成电路，由 NMOS 和 PMOS 两种管子组成的互补 MOS 电路，即 CMOS 电路。NMOS 是指沟道在栅电压控制下 P 型衬底反型变成 N 沟道，载流子是电子；PMOS 是指 N 型 P 沟道，载流子是空穴。CMOS 与二极管相比，优点是制造成本低、使用面积较小、具有高整合度，在大型集成电路(Large-Scale Integrated Circuits，LSI)或是超大型集成电路(Very Large-Scale Integrated Circuits，VLSI)领域，重要性远超过 BJT。当然 Bipolar 的驱动能力比 CMOS 强。目前 BiCMOS 工艺就是结合了 CMOS 和 Bipolar 的优点。

NMOS 工艺就是制作 NMOS 器件的工艺，属常规半导体工艺。有增强型 NMOS 管和耗尽型 NMOS 管之分，它们的结构基本相似，区别在于耗尽型 NMOS 管在 $V_{GS}=0$ 时，漏-源极间已有导电沟道产生，而增强型 NMOS 管要在 $V_{GS}\geqslant 0$ 时才出现导电沟道。增强型 NMOS 的结构如图 12.1 所示。

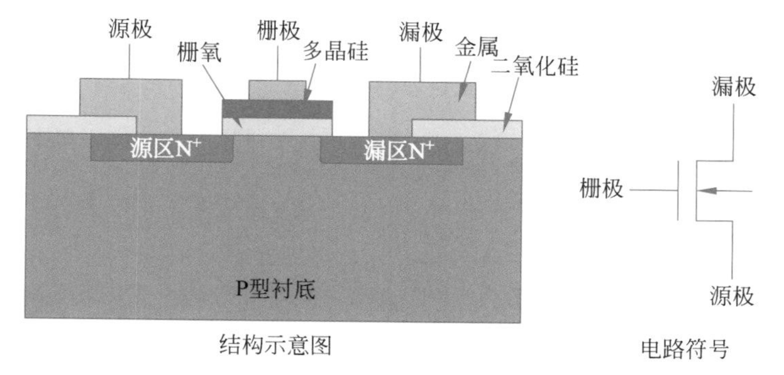

图 12.1 增强型 NMOS 的结构示意图

MOS 结构的关键在于对应栅极的沟道区、对应源极的扩散区和对应漏极的扩散区的形成。在一块掺杂浓度较低的 P 型硅衬底上，制作两个高掺杂浓度的 N^+ 区，并用金属铝引出两个电极，分别作漏极 D 和源极 S。然后在半导体表面覆盖一层很薄的二氧化硅绝缘层，在漏-源极间的绝缘层上再装上一个铝电极，作为栅极 G。在衬底上也引出一个电极 B，就构成了一个 N 沟道增强型 MOS 管。

12.2 器件版图设计

根据器件功能和性能要求以及工艺水平要求来设计光刻用的掩模板图，实现器件设计的最终输出。版图是一组相互套合的图形，各层版图对应不同的工艺步骤，每一层版图用不同的图案来表示。版图与所采用的制备工艺紧密相关，从圆硅片到器件的工艺过程中，需要用到多层掩模板。

版图设计需要根据电路和器件要求的工艺参数，设计出一套适合供制造工艺中使用的光刻掩模板的图形。版图的设计关系到制造工艺的实现，对成品率、电路性能、器件可靠性等影响很大，版图设计错误或设计不合理，会导致电路和器件功能难以实现。

版图的设计软件有很多，常用的有 L-edit、Klayout、CAD 等。

1. 电阻版图

实验中可以测量扩散电阻、金属电阻，扩散电阻的版图示意图如图 12.2 所示。

2. 光电二极管版图

光电二极管的版图示意图如图 12.3 所示。

接触电极之间的间距在变化，接触电极的面积不变。据此计算金属与 N 型硅的接触电阻和 N 型硅的电阻率。首先要确定金属与硅的接触是欧姆接触。

3. NMOS 版图

NMOS 器件的制造工艺需要用到 4 块版图，分别是扩散区版图、栅氧版图、通孔版图和金属版图，版图的图案和说明如表 12.1 所示。

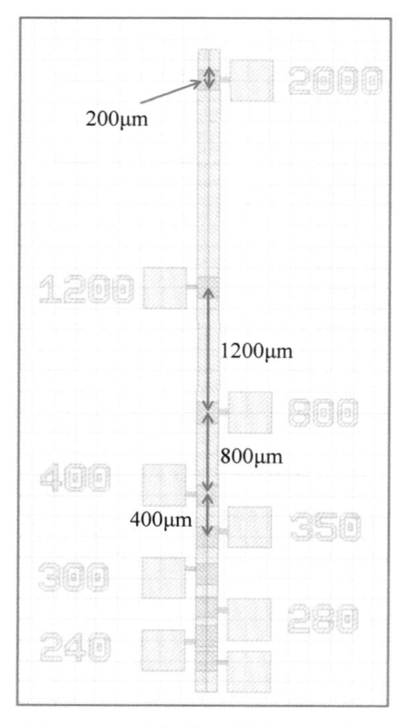

图 12.2　扩散电阻的版图示意图

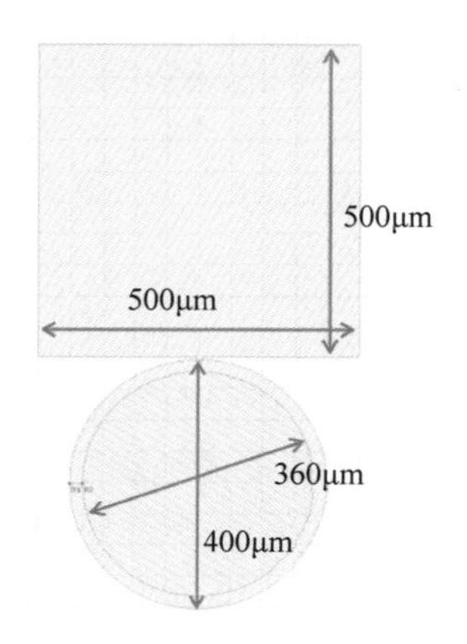

图 12.3　光电二极管的版图示意图

表 12.1　NMOS 器件光掩模板示意图列表

序号	版　　图	说　　明
1		扩散区版图，该版图区域表示使用氧化层作为扩散模板的时候，氧化层的开口区域。两个扩散区中间的狭缝对应 MOS 的沟道长度。实际的长度会因工艺中的热过程而改变，所以实际沟道的长度会比版图上的沟道长度要小。其中，版图只定义了扩散区的横向开孔。而掺杂及随后的热过程则定义了扩散区的深度(也就是结深)，和横向延伸(缩短沟道长度)
2		叠加了栅氧版图。栅氧版图在工艺中通过刻蚀去掉多余的场氧，并重新在栅区生长比场氧更薄、质量更高的栅氧
3		叠加了栅氧版图和通孔版图的。在场氧上通过刻蚀开洞，让扩散区的硅表面暴露出来，供金属层接触

续表

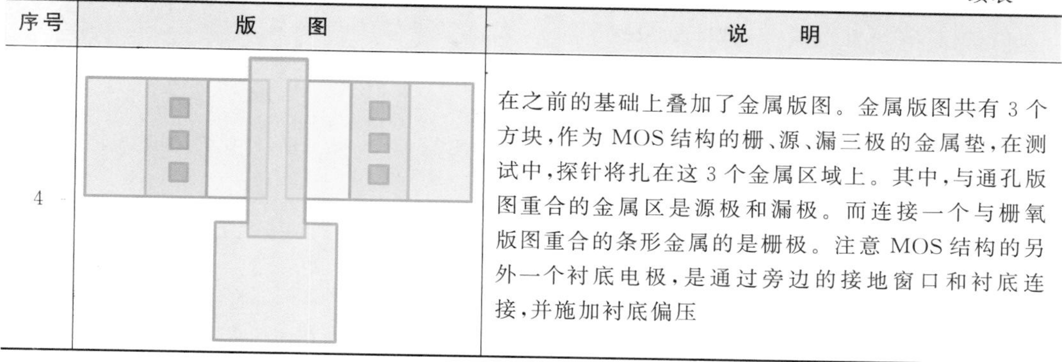

序号	版　图	说　明
4		在之前的基础上叠加了金属版图。金属版图共有3个方块，作为MOS结构的栅、源、漏三极的金属垫，在测试中，探针将扎在这3个金属区域上。其中，与通孔版图重合的金属区是源极和漏极。而连接一个与栅氧版图重合的条形金属的是栅极。注意MOS结构的另外一个衬底电极，是通过旁边的接地窗口和衬底连接，并施加衬底偏压

12.3 器件制备流程

12.3.1 光电二极管

光电二极管的制备流程如表12.2所示。

表12.2 光电二极管的制备流程

工艺步骤	截面图	仪器设备
清洗硅片	P-Si	Wet100半自动酸碱清洗机
热氧化	SiO_2 P-Si	DiffB(P)-150高温氧化扩散炉
第一次光刻	光刻胶 P-Si	URE-2000/30光刻机，匀胶机，加热板，显微镜
刻蚀去胶	P-Si	湿法刻蚀：Wet100半自动酸碱清洗机 干法刻蚀：E100刻蚀机
扩散掺杂	N阱 P-Si	DiffB(P)-150高温氧化扩散炉

续表

工艺步骤	截面图	仪器设备
第二次光刻	光刻胶 N阱 P-Si	URE-2000/30 光刻机，匀胶机，加热板，显微镜
金属溅射、溶脱剥离	Al N阱 P-Si	D100 磁控溅射系统
沉积背电极	N阱 P-Si	D100 磁控溅射系统
退火		快速退火炉

光电二极管制备工艺实验记录如表 12.3 所示。

表 12.3 光电二极管制备工艺实验记录表

序号	工艺	工艺说明	关键参数	测量	检验
1	硅片清洗	衬底 P-Si ρ 为 10～30Ω·cm 用 SC1、SC2 溶液清洗	清洗液的浓度		
2	热氧化	干法氧化 SiO_2 层厚度约 2000Å	氧化温度 氧化时间	氧化层厚度	氧化层的均匀性
3	版图 1 光刻	负胶、烘烤	曝光能量	显影效果	过曝、欠曝
4	版图 1 氧化膜刻蚀	干法刻蚀 BOE 溶液湿法刻蚀	刻蚀速率 刻蚀时间	刻蚀残留	钻刻、穿孔
5	光刻胶去除	去胶液			光刻胶残留
6	磷掺杂	磷源扩散、N 型掺杂	温度，时间		
7	磷玻璃刻蚀	BOE 湿法刻蚀	刻蚀速率 刻蚀时间	方块电阻	
8	版图 2 光刻	负胶、烘烤	曝光能量	显影效果	过曝、欠曝

续表

序　号	工　艺	工艺说明	关键参数	测　量	检　验
9	磁控溅射镀铝	Al 厚度约 1000Å	溅射时间	铝膜厚度	薄膜的均匀性
10	铝剥离	Lift-off 工艺去除 Al			
11	退火	与金属电极形成欧姆接触，470℃，氮气氛，10min	退火时间、温度		

工艺完成后光电二极管显微镜图如图 12.4 所示。

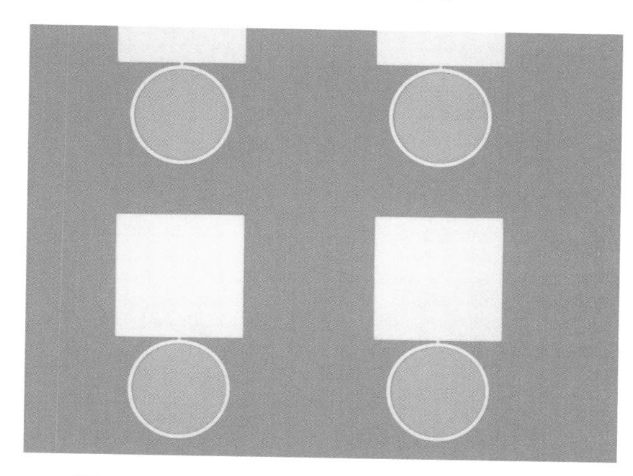

图 12.4　工艺完成后光电二极管显微镜图

12.3.2　NMOS 管制备流程

NMOS 管制备流程如表 12.4 所示。

表 12.4　NMOS 管制备流程

工艺步骤	截面图	工艺说明	仪器设备
清洗硅片	P-Si	衬底 P-Si ρ 为 10～30Ω·cm SC1、SC2，溶液清洗	Wet100 半自动酸碱清洗机
热氧化	SiO_2 P-Si	初始氧化 SiO_2 层厚度约为 2000Å	DiffB(P)-150 高温氧化扩散炉
第一次光刻	光刻胶 P-Si	光刻、刻蚀，形成掺杂区域	URE-2000/30 光刻机，匀胶机，加热板，显微镜

续表

工艺步骤	截面图	工艺说明	仪器设备
刻蚀去胶	 P-Si	光刻、刻蚀，形成掺杂区域	湿法刻蚀：Wet100 半自动酸碱清洗机 干法刻蚀：E100 刻蚀机
扩散掺杂	 N阱 N阱 P-Si	扩散固态磷源	DiffB(P)-150 高温氧化扩散炉
第二次光刻	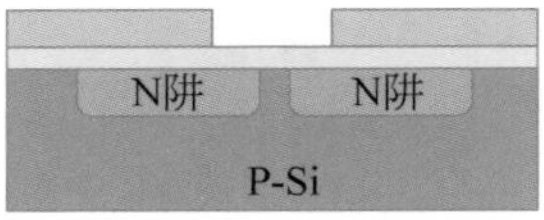 N阱 N阱 P-Si	光刻、刻蚀，形成栅区	URE-2000/30 光刻机，匀胶机，加热板，显微镜
刻蚀去胶	 N阱 N阱 P-Si	光刻、刻蚀，形成栅区	湿法刻蚀：Wet100 半自动酸碱清洗机 干法刻蚀：E100 刻蚀机
栅氧生长	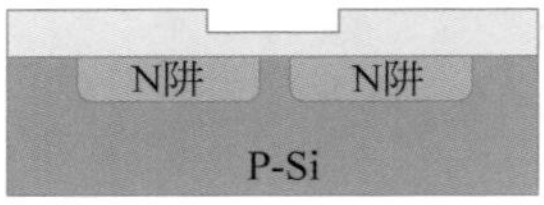 N阱 N阱 P-Si	热氧化形成栅区 栅区 SiO_2 层厚度约 500Å	DiffB(P)-150 高温氧化扩散炉
第三次光刻	 N阱 N阱 P-Si	光刻、刻蚀形成扩散区引线孔	URE-2000/30 光刻机，匀胶机，加热板，显微镜
刻蚀去胶	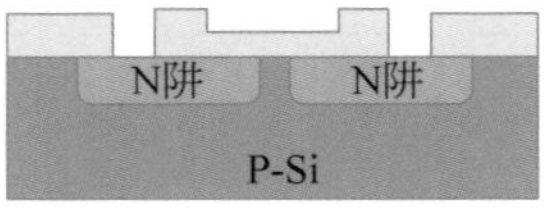 N阱 N阱 P-Si	光刻、刻蚀形成扩散区引线孔	湿法刻蚀：Wet100 半自动酸碱清洗机 干法刻蚀：E100 刻蚀机
第四次光刻	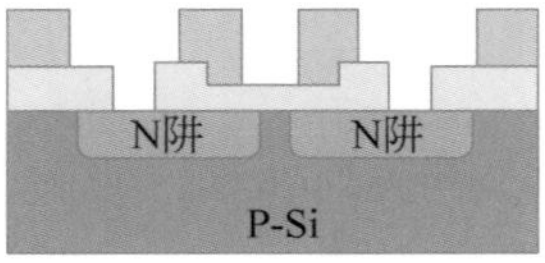 N阱 N阱 P-Si	形成铝电极区域	URE-2000/30 光刻机，匀胶机，加热板，显微镜
金属溅射，溶脱剥离	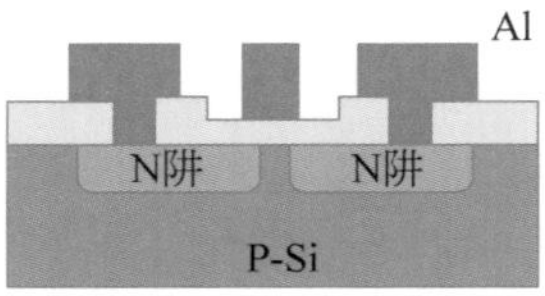 Al N阱 N阱 P-Si	形成铝电极，Al 厚度约 1000Å	D100 磁控溅射系统

续表

工艺步骤	截面图	工艺说明	仪器设备
退火	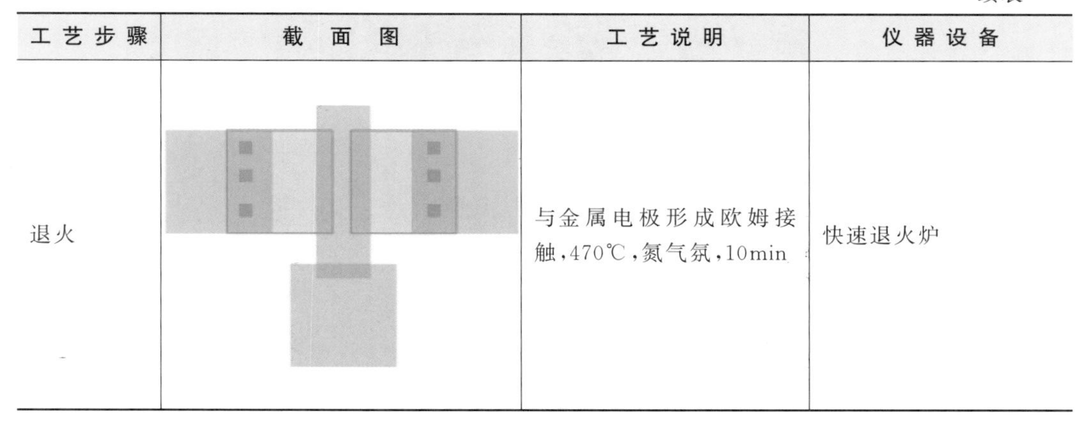	与金属电极形成欧姆接触，470℃，氮气氛，10min	快速退火炉

NMOS 器件制备工艺实验记录如表 12.5 所示。

表 12.5 NMOS 器件制备工艺实验记录表

序号	工艺	关键参数	测量	检验
1	硅片清洗	清洗液的浓度		
2	初始氧化	氧化温度；氧化时间	氧化层厚度	氧化层的均匀性
3	版图 1 光刻	曝光能量	显影效果	过曝、欠曝
4	版图 1 氧化膜刻蚀	刻蚀速率；刻蚀时间	刻蚀残留	钻刻、穿孔
5	光刻胶 1 去除			光刻胶残留
6	磷掺杂预扩散	温度，时间		
7	磷玻璃刻蚀	刻蚀速率；刻蚀时间	方块电阻	
8	磷驱进	温度，时间		
9	版图 3 光刻	曝光能量	显影效果	过曝、欠曝
10	版图 3 氧化膜刻蚀	刻蚀速率；刻蚀时间	刻蚀残留	钻刻、穿孔
11	版图 3 光刻胶去除			光刻胶残留
12	栅氧氧化	氧化温度；氧化时间	氧化层厚度	氧化层的均匀性
13	版图 4 光刻	曝光能量	显影效果	过曝、欠曝
14	版图 4 氧化膜刻蚀	刻蚀速率；刻蚀时间	刻蚀残留	钻刻、穿孔
15	版图 4 光刻胶去除		方块电阻	光刻胶残留
16	版图 5 光刻	曝光能量	显影效果	过曝、欠曝
17	磁控溅射镀铝	溅射时间	铝膜厚度	薄膜的均匀性
18	铝剥离			
19	退火	退火时间、温度		

工艺完成后 NMOS 显微镜图如图 12.5 所示。

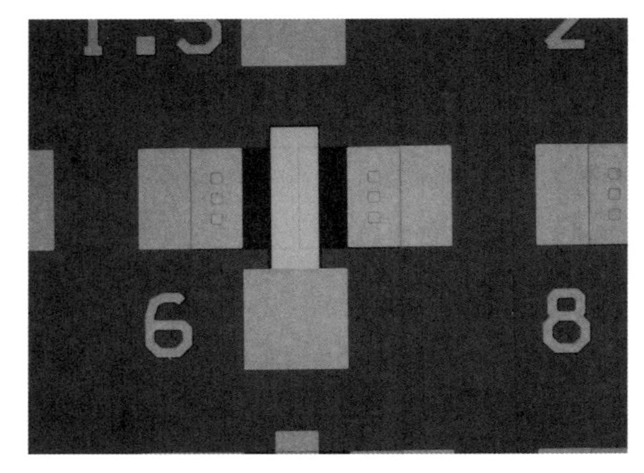

图 12.5　工艺完成后 NMOS 显微镜图

12.4　特性测试

12.4.1　光电特性测量介绍

1. 欧姆接触电阻率测试方法

金属和半导体很难形成理想的欧姆接触，这是因为在金属和半导体的接触面存在附加电阻。接触电阻可以直观地表征欧姆接触性能，目前主要采用传输线模型法(Transmission Line Method，TLM)来测量接触电阻。TLM 测量方法是将接触层下半导体层的厚度忽略，保留其方块电阻值。设 R_{sh} 为有源区方块电阻，L 是相邻两个欧姆接触区之间的距离，W 是欧姆接触区的宽度，则相邻两个欧姆接触区的测量电阻可以表示为

$$R_{tot}=2R_c+R_{sh}L/W$$

其中，R_c 为接触电阻。

传输线模型的测试结构如图 12.6 所示。它是在有源区上由一组不同间距的方块金属组成。将测得的相邻两个欧姆接触区的电阻值对距离作图，拟合出一条直线。由直线的斜率可以计算出有源区的方块电阻 R_{sh}，直线与 Y 轴的交点可以计算出接触电阻值 R_c。

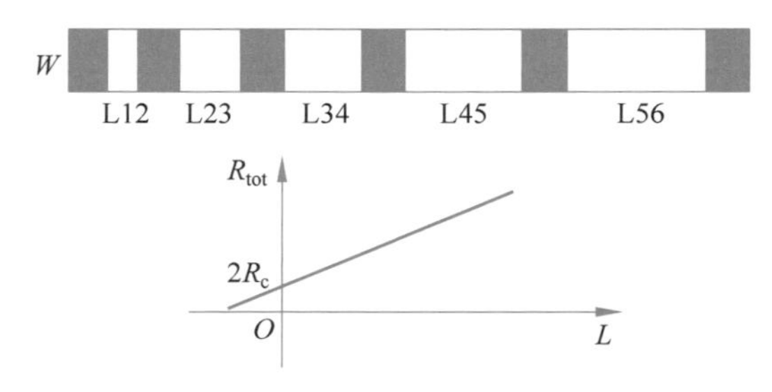

图 12.6　长条形 TLM 测试结构及接触电阻的计算

2. 光电探测器特性测试

光电探测器是在反向电压作用下工作的。没有光照时，反向电流极其微弱，称为暗电流；有光照时，反向电流迅速增大，称为光电流。光的强度越大，反向电流也越大。光的变化引起光电探测器电流变化，这就可以把光信号转换成电信号，成为光电传感器件。其工作原理如图 12.7 所示。

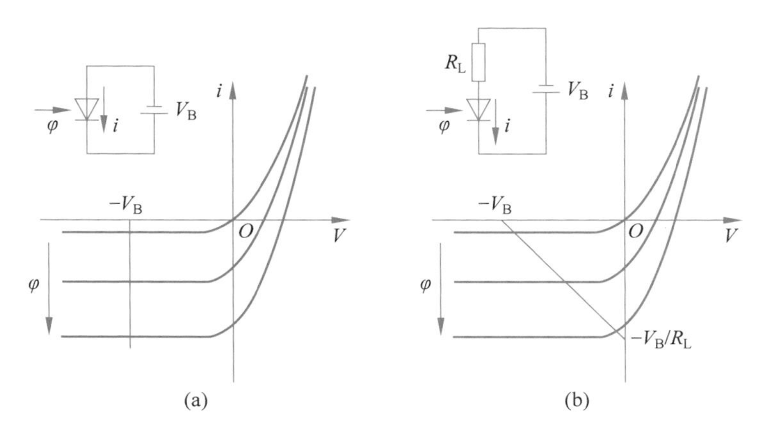

图 12.7 光电探测常用模式，反向偏置下的伏安曲线

为测试光电探测器的性能，需搭建图 12.8 所示测试平台。

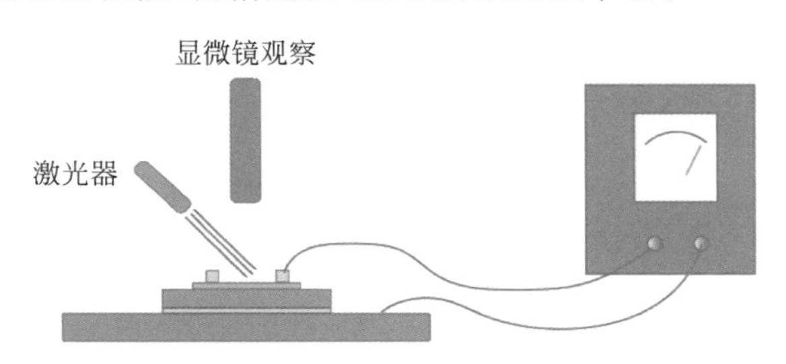

图 12.8 光电探测器测试平台

激光器：用作光源，为探测器提供光照；

探针台：将探测器的电极与电源表接在一起；

显微镜：提供操纵平台，观察样品；

源表：为器件加偏置电压，并测出电流，获得器件的伏安曲线。

操作注意事项：

(1) 激光器输出最高功率约为 500mW，在使用中，需要调试其他设备时，务必关闭激光器。

(2) 在使用中，永远不要直视光纤端面。尤其注意防范近红外激光器，其激光不可见。

(3) 注意佩戴激光护目镜，同时注意不要弯折光纤，以免光纤碎掉。

12.4.2 特性测量实验

实验一　欧姆接触电阻率测试

1. 将源表调整为二线欧姆表模式，暂时关闭输出。
2. 将探针分别扎在接触电阻链(扩散电阻、金属电阻)的两端。
3. 测量电阻链的电阻。
4. 记录电阻链的长度、扩散电阻的长度、扩散电阻的阻值、伏安曲线。
5. 计算及讨论。

(1) 减去接触电阻估算扩散电阻阻值。

(2) 计算扩散电阻的方块电阻。

(3) 伏安曲线的线性度和斜率。

(4) 对比工艺过程中的方块电阻，伏安曲线所反映的器件情况。

电阻结构中有 8 组间距值，分别为 240μm、280μm、300μm、350μm、400μm、800μm、1200μm 和 2000μm，方形 pad 宽度为 200μm。

不同间距的电阻器件(240，300)、(280，350)分别如图 12.9 和图 12.10 所示。

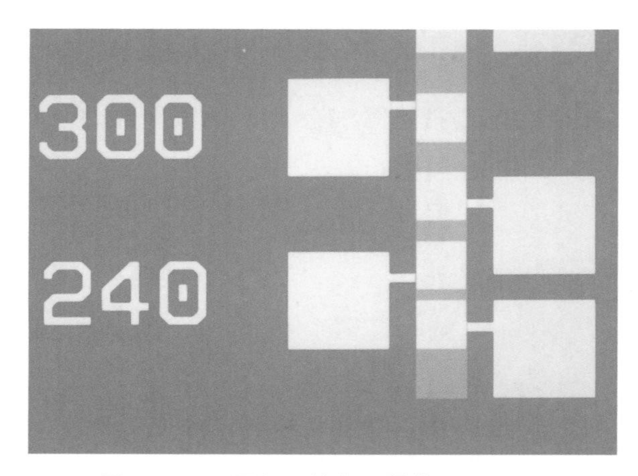

图 12.9　不同间距的电阻器件(240，300)

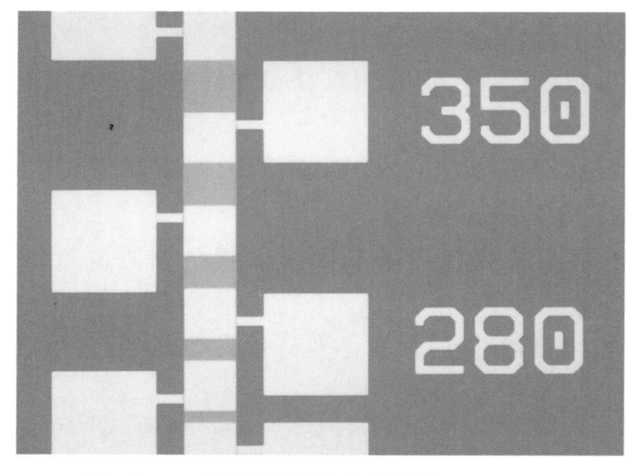

图 12.10　不同间距的电阻器件(280，350)

请利用双探针测量不同间距相邻金属电极间(L12、L23、L34、L45、L56 等)的电阻(见图 12.11),记录至表 12.6 中。

图 12.11 两探针测量电阻器件的伏安曲线

表 12.6 电阻值记录表

间距值/μm	电阻值	间距值/μm	电阻值
240		400	
280		800	
300		1200	
350		2000	

以 L 为横坐标,R 为纵坐标,对其进行线性拟合,纵坐标截距为 $2R_c$,斜率为 R_{sh},由此可以得 R_c。

思考题:试图分析误差来源,调研并讨论不同传输线模型。比较四探针法与二探针法测接触电阻的不同之处。

将探针分别落在接触电阻链的两端,测量接触电阻,记录接触链接触孔的边长、伏安曲线,如图 12.12 所示。

将探针分别落在扩散电阻链的两端,测量扩散电阻,记录扩散电阻的长度、扩散电阻结构阻值。伏安曲线,如图 12.13 所示。

计算:减去接触电阻估算扩散电阻值,扩散电阻方块电阻,伏安曲线的线性度和斜率。对比工艺过程中的方块电阻,讨论伏安曲线所反映的器件情况。

实验二 光电二极管伏安特性曲线测试

1. 打开显微镜、空气泵、源表、激光器打开。其中,激光器为预热状态,电源开关打开,单个激光器的控制开关关闭。

2. 把圆硅片放置在探针台上,对显微镜进行调焦,得到清晰的像。(先小倍率再大倍率)

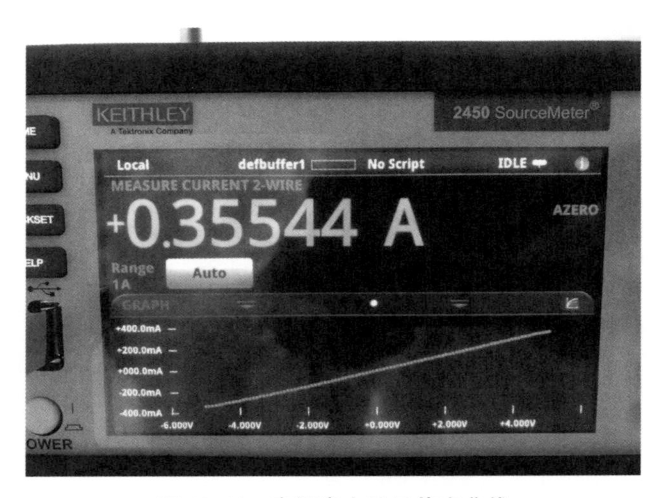

图 12.12　在源表上显示伏安曲线

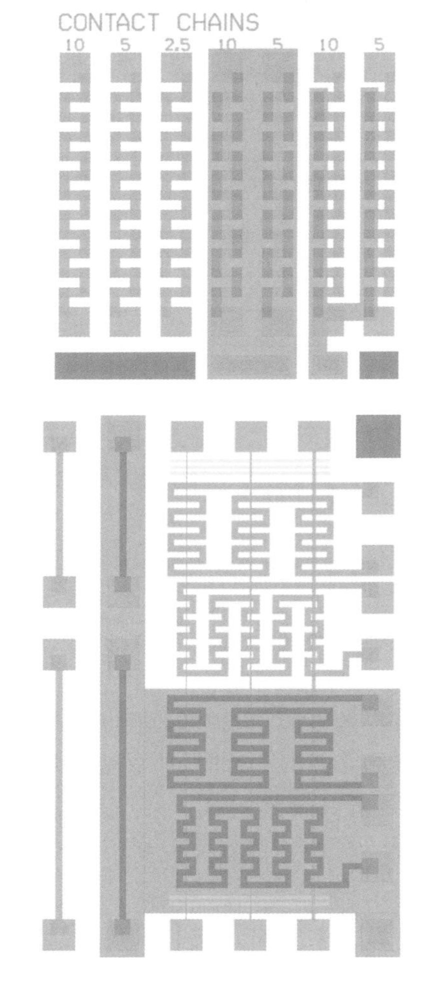

图 12.13　扩散电阻链的伏安曲线测量

3. 加探针于成像位置(调整探针台的位置,左右前后,慢慢移动,直到在显示器中看到阴影,视场明暗有变化,然后下降探针至焦平面,得到清晰的探针像)。如图 12.14 所示,可稍稍前后移动探针,看到划痕,即说明接触良好。

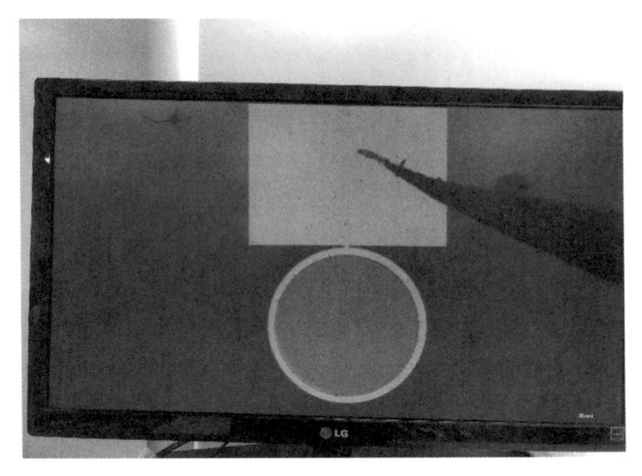

图 12.14 显微镜下探针测量光电探测器的光电流

4. 利用源表测量无光照下的伏安曲线。设置电压范围为－5～5V,测量电流,如图 12.15 所示,将数据存盘,对文件名进行修改,并用 Origin 软件处理数据。

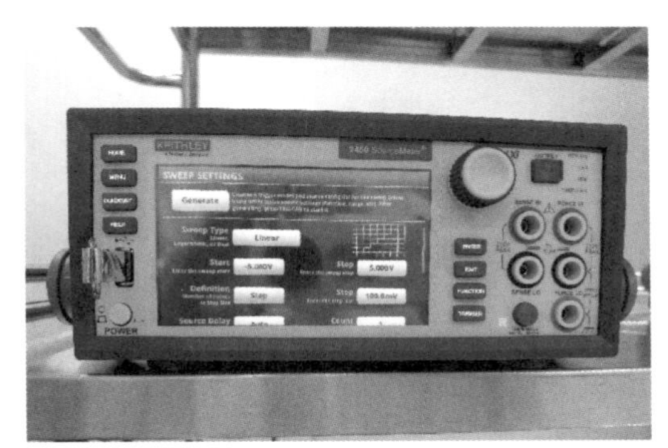

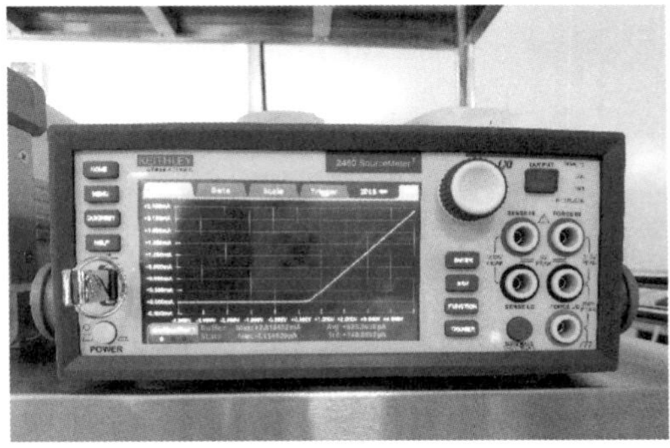

图 12.15 源表设置和光电流测量

5. 增加激光照射样品(为操作方便,选可见光波长),选择 2 或 3 个不同的光强,设置电压范围为－5～5V,测电流,将数据存盘,可用 Origin 软件处理以上几组数据,画在同一图内,比较不同光照、不同电压下的光电流的大小。

6. 加恒定偏压－2V,在室内光照下、显微镜灯光下测量光电二极管的暗电流。(参考值,室内光照的影响约 1mA、显微镜的影响约几十微安)

实验三 光电二极管响应谱的测量

1. 将源表设置为恒压模式(见图 12.16),加恒定偏压－2V,先采用可见光激光照射样品(见图 12.17),测量光电二极管在不同可见光波长、不同光强下产生的电流,并记录数据，见表 12.7(要求：起始点以表格的第一个点为准，至少取 5 个点)。

2. 可见光波长测量完成后，关闭激光器，拔掉光纤，并在输入端扣好防尘盖。

3. 在近红外激光器输出端插入光纤，加恒定偏压 -2V，测量光电二极管在同一波长下产生的不同的电流，并记录数据，见表 12.7(要求：起始点以表格的第一个点为准，至少取 5 个点)。

4. 近红外光波长测量完成后，关闭激光器，拔掉光纤，并在输入端扣好防尘盖。

5. 根据以上数据，计算出响应谱，填写在表 12.8 中。

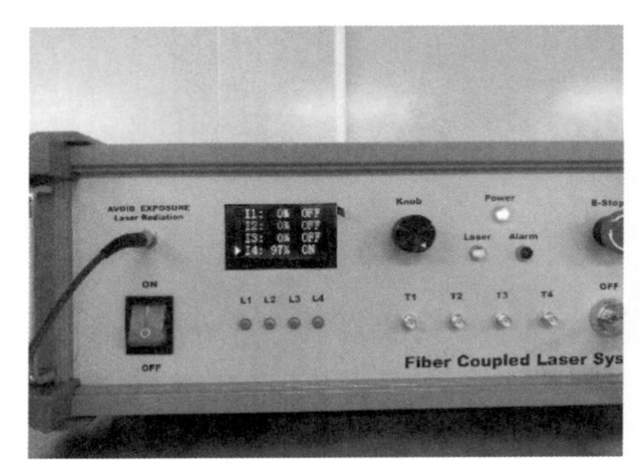

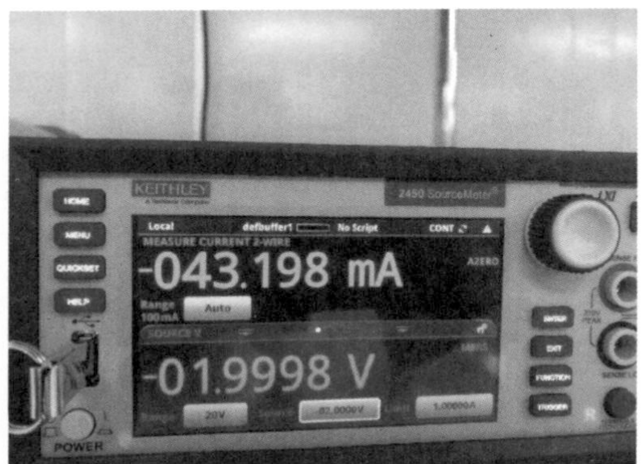

图 12.16　源表设置和光电二极管响应谱的测量

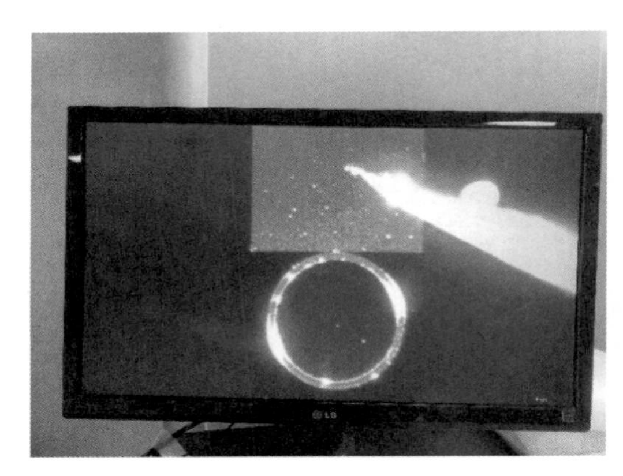

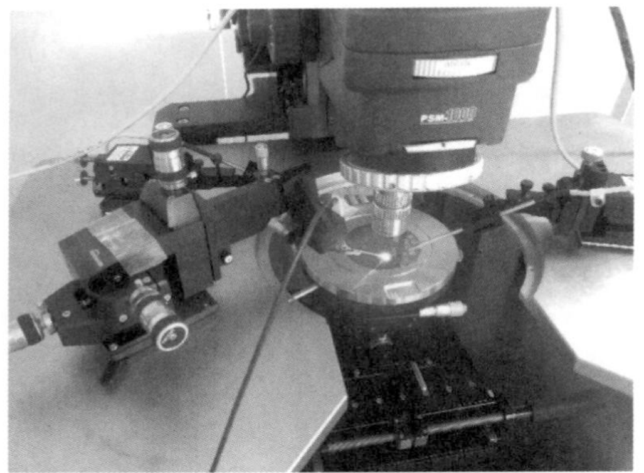

图 12.17　激光照射下的光电二极管

表 12.7　光电二极管器件在不同波长(405nm、473nm、561nm、640nm、785nm、808nm、980nm、1060nm)激光下的光电流记录表

波长/nm	电流百分比/%	光功率/mW(相对值)	光电流/mA
405	1	1	
	12	20	
	21	40	
	29	60	

续表

波长/nm	电流百分比/%	光功率/mW(相对值)	光电流/mA
405	47	100	
	62	140	
	79	180	
	88	200	
	96	220	

表 12.8 不同激光波长响应谱记录表

波长/nm	光功率/mW	光电流/mA
405		
473		
561		
640		
785		
808		
980		
1060		

实验四 NMOS 管特性测量

1. 把圆硅片放在探针台上，4 根探针分别与 NMOS 器件的源极、漏极和栅极接触，如图 12.18 所示，为方便起见，采用共源的设置。

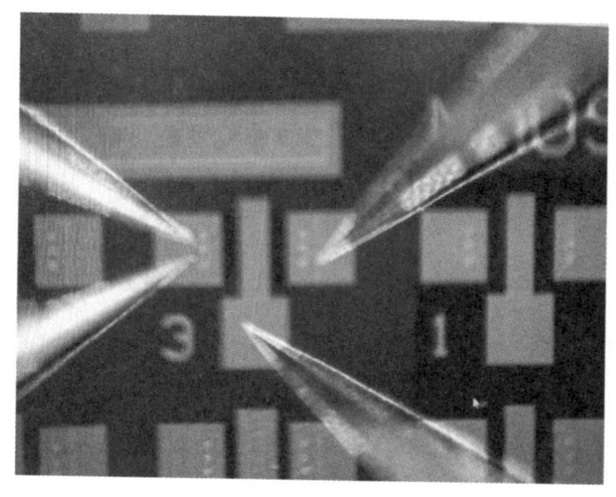

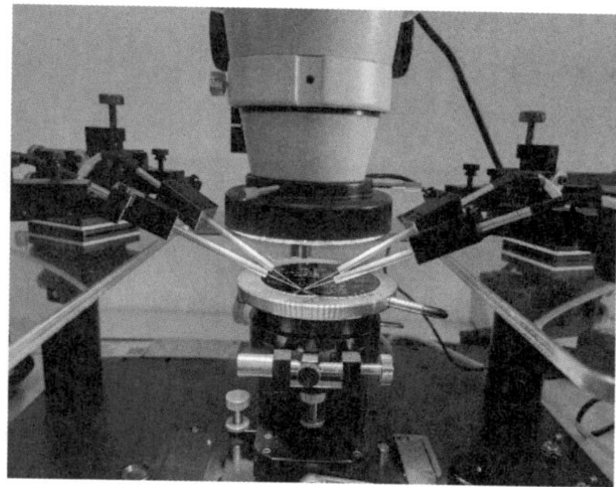

图 12.18 探针台上 NMOS 管特性测量

2. 将连接 LO 的探针放在 MOS 的左侧电极。
3. 将连接 HI 的探针放在 MOS 的右侧电极。
4. 在源表上直接进行伏安扫描测量，确认其曲线正常。
5. 将连接电源负极的探针放在左侧电极。
6. 将连接电源正极的探针放在栅电极。

7. 运行自动测试软件，获取在不同栅压下的伏安曲线。

8. 实验记录：芯片标号、MOS管类型(一般、场氧栅、窄沟道)、伏安曲线。

9. 电学计算及讨论。

(1) 阈值电压、线性区斜率、饱和电流与栅压的关系，以上参数与MOS管结构的关系。

(2) 尽可能多地从测量曲线中提取器件参数。

(3) 讨论所测的不同栅长的器件的伏安曲线变化是否符合预期。

(4) 尝试将所获得的参数与接触电阻、扩散区方块电阻等参数对应。

(5) 尝试将所获得的参数与工艺参数对应。

扩展阅读：仪器操作与说明

激光器操作规范如下。

(1) 旋开激光器输出口上的挡光帽，将光纤与激光器输出口紧密连接。

(2) 将电源线与电源插口连接。

(3) 打开电源开关，红色信号灯 POWER 亮起。

(4) 打开钥匙开关，约 5s 后，绿色信号灯 Laser 亮起。

(5) 打开使能开关，相应的激光开始工作，室温下约 10min 后，激光器稳定工作。

注意事项：

(1) 激光器启动需要 10min 才能稳定工作。

(2) 通过使能开关 L1～L4 切换激光时，需要等待 3～5min 才能稳定工作。

数字源表操作规范如下。

扫描电压测电流的设置说明：

数字源面板如图 12.19 所示。

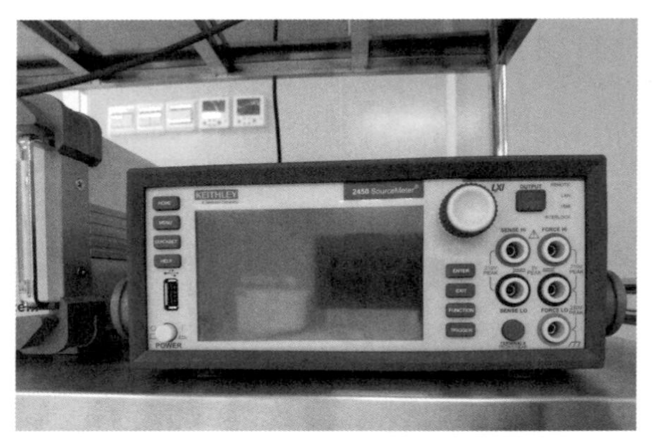

图 12.19　吉时利 2450 数字源表面板

(1) 打开电源开关，按下 QUICKSET 按键，在触摸屏上单击 Ammeter。

(2) 按下 TERMINALS 按键，当 R 指示灯亮起时，表示为后面板输出。

(3) 按下 FUNCTION 按键,单击 Source Voltage and Measure 栏目下的 Current。

(4) 按下 MENU 按键,在触摸屏上单击 Sweep,Start 设为−5V,Stop 设为+5V,Step 设为 0.1V,Source limit 设为 100mA,设置好后,单击 Generate。

(5) 按下 HOME 按键、TRIGGER。

(6) 按下 MENU 按键,在触摸屏上单击 Reading Buffers,重命名,且选择 Save to USB。

恒定电压测电流的设置说明:

(1) 按下 QUICKSET 按键,在触摸屏上单击 Ammeter。

(2) 按下 TERMINALS 按键,当 R 指示灯亮起时,表示为后面板输出。

(3) 按下 FUNCTION 按键,单击 Source Voltage and Measure 栏目下的 Current。

(4) 按下 HOME 按键,直接在触摸屏上修改所加电压(如−2V)及限制电流,按下 OUTPUT 按键,即可看到测量的电流值,在表格中记录数据。

参考文献

[1] Pierret R F. 半导体器件基础[M]. 黄如，王漪，王金延，等译. 北京：电子工业出版社，2004.

[2] 崔铮. 微纳米加工技术及其应用[M]. 4 版. 北京：高等教育出版社，2020.

[3] 张汝京，等. 纳米集成电路制造工艺[M]. 2 版. 北京：清华大学出版社，2017.

[4] Zant P V. 芯片制造——半导体工艺制程实用教程[M]. 6 版. 韩郑生，译. 北京：电子工业出版社，2014.

[5] 谢德英，陈晖，黄展云，等. 半导体工艺与测试实验[M]. 北京：科学出版社，2015.

[6] Quirk M，Serda J. 半导体制造技术[M]. 韩郑生，等译. 北京：电子工业出版社，2009.

[7] Campbell S A. *Fabrication Engineering at the Micro and Nanoscale* [M]. New York：Oxford University Press，2008.

[8] Chang C Y，Sze S M. ULSI Technologies[M]. New York：McGraw-Hill，1996.

[9] Shon-Roy L，Wiesnoski A，Zorich R. *Advanced Semiconductor Fabrication Handbook* [M]. Scottsdale：Integrated Circuit Engineering Corp.，1998.

[10] Xiao H. *Introduction to Semiconductor Manufacturing Technology* [M]. 2nd ed. New Jersey Prentice Hall，2015.

[11] Sze S M. *Physics of Semiconductor Devices* [M]. 2nd ed. New York：John Wiley & Sons，Inc.，1981.

[12] Sze S M. *VLSI Technology*[M]. 2nd ed. New York：McGraw-Hill Companies，Inc.，1988.

[13] Ziegler J F. *Ion Implantation—Science and Technology* [M]. New York：Ion Implantation Technology Co.，1996.

[14] Lieberman M A，Lichtenberg A J. *Principles of Plasma Discharges and Materials Processing* [M]. New York：John Wiley & Sons，1994.

[15] Baldwin D G，Williams M E，Murphy P L. *Chemical Safety Handbook for the Semiconductor/Electronics Industry*[M]. 2nd ed. Beverly，MA：OME Press，1996.

[16] Coburn J W. *Plasma Etching and Reactive Ion Etching*[M]. New York：American Institute of Physics，Inc.，1982.

[17] Ghandhi S K. *VLSI Fabrication Principles* [M]. 2nd ed. New York：John Wiley & Sons，Inc.，1994.